教育部　财政部职业院校教师素质提高计划成果系列丛书
教育部　财政部职业院校教师素质提高计划职教师资培养资源开发项目
"机械设计制造及其自动化"专业职教师资培养资源开发（VTNE007）

数控加工技术

主　编　杨　永
副主编　王祥祯
参　编　姚　屏　连俊茂　周　莉
　　　　郑振兴　杨景卫　闫　华

机械工业出版社

本书按照"项目导向、任务驱动"的思路编写，以学生为中心，以应用能力的培养为目标，使学生在零件加工过程中学习。本书把机械零件中轴套类、盘盖类、箱体类和曲面类四种类型的零件，分别通过四个项目阐述其数控加工过程。本书共分为13个任务，每个任务均由任务导入、任务目标、知识准备、技能准备、任务实施、检查评价、拓展训练七部分组成，可使学生在任务实施过程中自然而然地掌握数控编程、加工工艺、数控机床操作等各方面的技能。

本书既可作为本科、专科、高职、高级技工院校等数控类专业教材，也可作为职业院校机电一体化、机械制造类专业教材及机械加工工人岗位培训和自学用书。

图书在版编目（CIP）数据

数控加工技术/杨永主编. —北京：机械工业出版社，2018.1（2025.1重印）
（教育部. 财政部职业院校教师素质提高计划成果系列丛书）
ISBN 978-7-111-59256-3

Ⅰ.①数… Ⅱ.①杨… Ⅲ.①数控机床 – 加工 – 高等职业教育 – 教材
Ⅳ.①TG659

中国版本图书馆CIP数据核字（2018）第036140号

机械工业出版社（北京市百万庄大街22号　邮政编码100037）
策划编辑：王晓洁　责任编辑：王晓洁
责任校对：郑　婕　封面设计：路恩中
责任印制：常天培
北京机工印刷厂有限公司印刷
2025年1月第1版第2次印刷
184mm×260mm・20.5印张・538千字
标准书号：ISBN 978-7-111-59256-3
定价：49.90元

电话服务　　　　　　　网络服务
客服电话：010-88361066　机 工 官 网：www.cmpbook.com
　　　　　010-88379833　机 工 官 博：weibo.com/cmp1952
　　　　　010-68326294　金　书　网：www.golden-book.com
封底无防伪标均为盗版　机工教育服务网：www.cmpedu.com

丛书编委会

主　任：刘来泉
副主任：王宪成　郭春鸣
成　员：（按姓氏笔画排列）
　　　　刁哲军　王乐夫　王继平　邓泽民　石伟平　卢双盈
　　　　米　靖　刘正安　刘君义　汤生玲　李仲阳　李栋学
　　　　李梦卿　沈　希　吴全全　张元利　张建荣　孟庆国
　　　　周泽扬　姜大源　郭杰忠　夏金星　徐　流　徐　朔
　　　　曹　晔　崔世钢　韩亚兰

序

  《国家中长期教育改革和发展规划纲要（2010—2020年）》颁布实施以来，我国职业教育进入到加快构建现代职业教育体系、全面提高技能型人才培养质量的新阶段。加快发展现代职业教育，实现职业教育改革发展新跨越，对职业学校"双师型"教师队伍建设提出了更高的要求。为此，教育部明确提出，要以推动教师专业化为引领，以加强"双师型"教师队伍建设为重点，以创新制度和机制为动力，以完善培养培训体系为保障，以实施素质提高计划为抓手，统筹规划，突出重点，改革创新，狠抓落实，切实提升职业院校教师队伍整体素质和建设水平，加快建成一支师德高尚、素质优良、技艺精湛、结构合理、专兼结合的高素质专业化的"双师型"教师队伍，为建设具有中国特色、世界水平的现代职业教育体系提供强有力的师资保障。

  目前，我国共有60余所高校正在开展职教师资培养，但教师培养标准的缺失和培养课程资源的匮乏，制约了"双师型"教师培养质量的提高。为完善教师培养标准和课程体系，教育部、财政部在"职业院校教师素质提高计划"框架内专门设置了职教师资培养资源开发项目，中央财政划拨1.5亿元，用于系统开发本科专业职教师资培养标准、培养方案、核心课程和特色教材等系列资源。其中，包括88个专业项目，12个资格考试制度开发等公共项目。该项目由42家开设职业技术师范专业的高等学校牵头，组织近千家科研院所、职业学校、行业企业共同研发，一大批专家学者、优秀校长、一线教师、企业工程技术人员参与其中。

  经过三年的努力，培养资源开发项目取得了丰硕成果。一是开发了中等职业学校88个专业（类）职教师资本科培养资源项目，内容包括专业教师标准、专业教师培养标准、评价方案，以及一系列专业课程大纲、主干课程教材及数字化资源；二是取得了6项公共基础研究成果，内容包括职教师资培养模式、国际职教师资培养、教育理论课程、质量保障体系、教学资源中心建设和学习平台开发等；三是完成了18个专业大类职教师资资格标准及认证考试标准开发。上述成果，共计800多本正式出版物。总体来说，培养资源开发项目实现了高效益，形成了一大批资源，填补了相关标准和资源的空白；凝聚了一支研发队伍，强化了教师培养的"校—企—校"协同；引领了一批高校的教学改革，带动了"双师型"教师的专业化培养。职教师资培养资源开发项目是支撑专业化培养的一项系统化、基础性工程，是加强职教教师培养培训一体化建设的关键环节，也是对职教师资培养培训基地教师专业化培养实践、教师教育研究能力的系统检阅。

  自2013年项目立项开题以来，各项目承担单位、项目负责人及全体开发人员做了大量深入细致的工作，结合职教教师培养实践，研发出很多填补空白、体现科学性和前瞻性的成果，有力推进了"双师型"教师专门化培养向更深层次发展。同时，专家指导委员会的各位专家以及项目管理办公室的各位同志，克服了许多困难，按照"两部"对项目开发工作的总体要求，为实施项目管理、研发、检查等投入了大量时间和心血，也为各个项目提供了专业的咨询和指导，有力地保障了项目实施和成果质量。在此，我们一并表示衷心的感谢。

广东技术师范学院非常重视项目研究工作，专门成立了"机械设计制造及其自动化"主要专业课教材编写委员会，由项目负责人李玉忠任主任委员，其成员有：王晓军、姚屏、杨永、罗永顺、阳湘安、宋雷。在专家委员会尤其是在刘来泉、姜大源、吴全全、张元利、韩亚兰、王乐夫等专家的具体指导下，多次召开了编写大纲和书稿审定会议，反复修改教材结构和内容，最终才形成了现在的教材。

另外，邝卫华、候文峰、何七荣、刘晓红、刘修泉等也多次参与各教材书稿的审核工作，并提出很多建设性的意见。在这里一并表示衷心的感谢。

编写委员会

前　言

本书不仅是一本教材，更是一种教学方法、一种教学模式、一种教学理念的体现，它是按照"项目导向、任务驱动"的思路来编写的。本书彻底打破了传统的学科体系，以学生为中心，以应用能力的培养为目标，使学生在零件加工过程中学习。根据需要，将所有使用到的理论知识分配到每一个任务中，用什么讲什么、讲什么做什么，针对性强。

本书的总体结构如图1所示，针对机械零件中轴套类、盘盖类、箱体类和曲面类四种类型的零件，分别通过四个项目阐述其数控加工过程。项目1通过介绍轴套类零件的数控车削加工过程，着重介绍了数控车削加工工艺、数控车削编程、数控车床基础知识、使用数控车床加工轴套类零件等知识；项目2通过介绍盘盖类零件数控铣削加工过程，着重介绍了数控铣削加工工艺、数控铣削编程、数控铣床基础知识、使用数控铣床加工盘盖类零件等知识；项目3通过介绍箱体类零件的数控加工过程，着重介绍了箱体的加工工艺、螺纹铣削编程、加工中心基础知识、使用加工中心加工箱体类零件等知识；项目4通过介绍曲面类零件的数控加工过程，着重介绍了方程曲面的加工工艺、宏程序编程及软件编程知识、使用数控机床加工曲面类零件等知识。

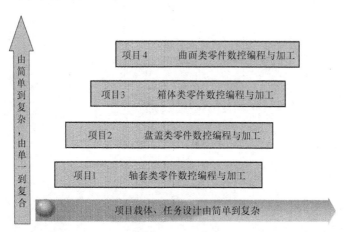

图1　总体结构

本书共分为13个任务，每个任务均由任务导入、任务目标、知识准备、技能准备、任务实施、检查评价、拓展训练七部分组成（图2）。不同的任务中改变的是加工零件的类型与结构，而重复的是零件加工的步骤，强调的是零件的加工工艺，强化的是数控编程和机床操作技能，获得的是使用数控机床加工各类机械零件的能力，可使学生在任务实施过程中自然而然地掌握数控编程、加工工艺、数控机床操作等各方面的技能。

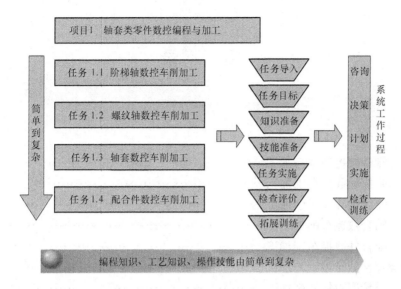

图2　典型工作任务开发过程示意图

本书在编写中融入了理念、设计、内容、方法、载体、环境、评价等要素，既不是各种技术资料的汇编，也不是培训手册，而是包含工作过程相关知识，体现完整工作过程，实现教、学、做一体化，为"数控加工技术"课程提供工学结合的整体解决方案。它在教师真正参与教育教学改革的热情中诞生，在"教学生产化、场地车间化、学生主体化"的践行中形成。

本书由广东技术师范学院杨永任主编、九江职业技术学院王祥祯任副主编，姚屏、连俊茂、周莉、郑振兴、杨景卫、闫华参加编写。在本书的编写过程中得到了九江职业技术学院汪程、杨静云、张文华以及广东技术师范学院李玉忠的大力支持和帮助，同时对参考的相关书籍和数控系统资料的作者，在此一并致谢！

限于编者水平有限，加之时间仓促，书中难免有不当之处，敬请批评指正，在此深表感谢！

编　者

目 录

序
前言
项目1 轴套类零件数控编程与加工 … 1
    任务1.1 阶梯轴数控车削加工 … 1
    任务1.2 螺纹轴数控车削加工 … 25
    任务1.3 轴套数控车削加工 … 44
    任务1.4 配合件数控车削加工 … 62
项目2 盘盖类零件数控编程与加工 … 85
    任务2.1 外轮廓数控铣削加工 … 85
    任务2.2 内轮廓数控铣削加工 … 122
    任务2.3 孔的数控钻镗加工 … 151
    任务2.4 配合件数控铣削加工 … 177
项目3 箱体类零件数控编程与加工 … 206
    任务3.1 箱体数控铣削加工 … 206
    任务3.2 螺纹数控铣削加工 … 225
项目4 曲面类零件数控编程与加工 … 238
    任务4.1 回转体方程曲面数控车削加工 … 238
    任务4.2 平面方程曲面数控铣削加工 … 253
    任务4.3 车铣复合零件数控加工 … 279
参考文献 … 320

项目1 轴套类零件数控编程与加工

任务1.1 阶梯轴数控车削加工

【任务导入】

本任务要求在数控车床上,采用自定心卡盘对零件进行定位装夹,用外圆车刀、切断刀加工图1-1-1所示的阶梯轴零件,并对阶梯轴零件工艺编制、程序编写及数控车削加工全过程进行详细分析。

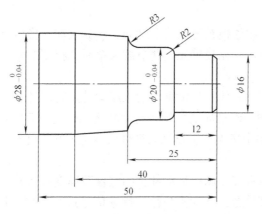

图1-1-1 阶梯轴零件图

【任务目标】

1. 了解数控车床的基础知识。
2. 理解数控机床坐标系与工件坐标系的概念。
3. 熟练掌握数控加工程序的基本组成格式。
4. 熟练掌握数控车削基本编程指令的格式及编程方法。
5. 熟练掌握阶梯轴车削加工工艺。
6. 熟练掌握数控车床的基本操作方法。
7. 遵守安全文明生产的要求,操作数控车床加工阶梯轴零件。

【知识准备】

知识点1 数控车床的工艺范围

数控车床与普通车床一样,也是用来加工轴类或盘类的回转体零件的。但是由于数控车床是自动完成内外圆柱面、圆锥面、圆弧面、端面、螺纹等工序的切削加工,所以其工艺范围较普通车床更广泛,数控车床特别适合加工形状复杂的轴类或盘类零件。数控车床加工零件的公差等级为IT5~IT6,表面粗糙度值可达 $Ra1.6\mu m$ 以下。

数控车床具有加工灵活、通用性强、能适应产品的品种和规格频繁变化的特点，能够满足新产品的开发和多品种、小批量、生产自动化的要求，因此被广泛应用于机械制造业，如汽车制造厂、发动机制造厂等。

知识点 2　数控车床的主要部件及功用

1. 数控装置

数控装置的作用是接收输入装置传入的数字信息，经译码、运算、储存及控制处理后，将指令信息输出到伺服系统，从而控制机床的运动，完成零件自动加工过程。数控装置主要包括输入/输出装置、译码器、运算器、存储器、控制器及显示器等。

2. 机床基础部件

数控车床基础部件用于支承机床中各零部件，并承受切削力。其主要包括床身、底座、立柱、横梁、滑座和工作台等。

3. 主轴部件

主轴部件的作用就是产生不同的主轴切削速度（主轴转速），以满足不同的加工条件要求。其一般由主轴电动机、传动系统和主轴组件等组成。

4. 伺服系统

伺服系统的作用是接收数控系统的指令脉冲，经放大和转换后驱动执行元件实现预期的运动。其一般由驱动控制单元、比较单元、调节放大单元、控制对象及反馈环节等组成。

5. 进给传动部件

数控车床进给传动部件的作用是负责驱动机床运动执行部件实现预期的运动。

（1）滚珠丝杠副　滚珠丝杠副的作用是将旋转运动转变成直线运动。

（2）导轨　导轨主要用来支承引导运动部件沿一定的轨道运动。

6. 检测装置

检测装置的作用是对数控机床中运动部件的位置及速度进行检测，把测量信号作为反馈信号，并将其转换成数字信号送回计算机与脉冲指令信号进行比较，以控制驱动元件正确运转。检测装置的精度直接影响数控机床的定位精度和加工精度。位置检查装置一般有直线型（感应同步器、光栅、磁尺）和旋转型（旋转编码器、脉冲编码器、测速发电机）两种。

7. 自动换刀装置

自动换刀装置的作用是夹持切削刀具并在加工过程中进行自动换刀，帮助数控机床节省辅助时间，并满足在一次安装中完成多工序、工步加工要求。数控车床换刀装置有排刀式刀架、方刀架和自动回转刀架三种形式。

8. 自动排屑装置

自动排屑装置的作用是迅速、有效地自动清除机床内的切屑。常见的自动排屑装置有平板链式、刮板式和螺旋式三种。

知识点 3　数控车床的分类

随着数控车床制造技术的不断发展，数控车床形成了产品繁多、规格不一的局面。对数控车床的分类可以采用不同的方法。

1. 按数控系统的功能分类

（1）经济型数控车床　经济型数控车床是在普通车床基础上进行改进设计的，一般采用步进电动机驱动的开环伺服系统，其控制部分通常采用单板机或单片机实现。其加工精度不高，主要用于精度要求不高，有一定复杂性的零件。

（2）全功能型数控车床　这是较高档次的数控车床，具有刀尖圆弧半径自动补偿、恒线速、倒角、固定循环、螺纹切削、图形显示、宏程序等功能，加工能力强，适宜加工精度高、形状复杂、工序多、循环周期长、品种多变的单件或中小批量零件。

（3）车削中心　车削中心的主体是数控车床，配有动力刀座或机械手，可实现车、铣复合加工，如高效率车削、铣削凸轮槽和螺旋槽。

2. 按主轴的配置形式分类

（1）卧式数控车床　主轴轴线处于水平位置的数控车床，如图 1-1-2a 所示。

（2）立式数控车床　主轴轴线处于垂直位置的数控车床，如图 1-1-2b 所示。

（3）双轴卧式数控车床　具有两根主轴的车床，又称为双轴立式数控车床，如图 1-1-2c 所示。

a) 卧式数控车床　　　　b) 立式数控车床　　　　c) 双轴卧式数控车床

图 1-1-2　按主轴的配置形式分类

3. 按数控系统控制的轴数分类

（1）两轴控制的数控车床　机床上只有一个回转刀架，可实现两坐标轴控制。当前大多数数控车床采用两轴联动，即 X 轴、Z 轴联动。

（2）多轴控制的数控车床　档次较高的数控车削中心都配备了动力铣头，还有些配备了 Y 轴和 C 轴，使机床不但可以进行车削，还可以进行铣削加工。

4. 按进给运动形式分类

（1）走刀式数控车床　其加工过程是用筒夹夹住材料，通过车刀前后、左右移动来加工零件，与普通车床的加工方式相同。此类机床的加工范围比较大，可车削加工比较复杂的零件，特别是铜件的加工，速度快。

（2）走心式数控车床　其是车铣一体的，以前称为纵切车床。其加工过程是通过筒夹夹住加工材料，材料向前运动，而刀具不动，通过加工材料的直线运动或摇摆运动来加工零件。此类车床加工细长零件尤为突出，最小加工直径可小于 1mm，最长可加工到 50mm。

知识点 4　数控车床的特点与发展趋势

1. 数控车床的特点

数控车床与普通车床相比，有以下几个特点。

（1）高精度　数控车床控制系统的性能不断提高，机械结构不断完善，机床精度日益提高。

（2）高效率　随着新刀具材料的应用和机床结构的完善，数控车床的加工效率、主轴转速、传动功率不断提高，使得新型数控车床的空转动时间大为缩短，其加工效率比普通车床高 2～5 倍。加工零件形状越复杂，越体现出数控车床高效率的加工特点。

（3）高柔性　数控车床具有高柔性，适应 70% 以上的多品种、小批量零件的自动加工。

(4) 高可靠性　随着数控系统的性能提高，数控机床的无故障工作时间迅速提高。

(5) 工艺能力强　数控车床既能用于粗加工又能用于精加工，可以在一次装夹中完成零件全部或大部分工序的加工。

(6) 模块化设计　数控车床的设计多采用模块化原则设计。

2. 数控车床的发展趋势

随着数控系统、机床结构和刀具材料的技术发展，数控车床将向高速化发展，进一步提高主轴转速、刀架快速移动及转位换刀速度；工艺和工序将更加复合化和集中化；数控车床向多主轴、多刀架加工方向发展；为实现长时间无人化全自动操作，数控车床向全自动化方向发展；机床的加工精度向更高方向发展，同时数控车床也向简易型发展。

知识点 5　机床坐标系与工件坐标系

1. 机床坐标系、机床原点和机床参考点

机床坐标系是机床固有的坐标系，机床坐标系的原点称为机床原点或机床零点。在机床经过设计、制造和调整后，这个原点便确定下来，它是机床上固有的一个点。对于数控车床，一般将在卡盘后端面与主轴旋转中心的交点定义为机床原点，如图 1-1-3 中的 O 点。

机床坐标系一般有两种建立的方法。第一种坐标系建立的方法是：X 轴的正方向朝上建立，刀架处于操作者的外侧，如图 1-1-3a 所示。第 2 种坐标系建立的方法是：X 轴的正方向朝下建立，适用于平床身（水平导轨）卧式数控车床，这种类型的数控车床刀架处于操作者的内侧，如图 1-1-3b 所示。机床坐标系 X 轴的正方向是朝上还是朝下建立主要根据刀架处于机床的位置而确定，其程序及相应的设置相同。

数控装置通电后并不知道机床原点位置，为了正确地在机床工作时建立机床坐标系，通常在每个坐标轴的移动范围内（一般在 X 轴和 Z 轴的正方向最大行程处）设置一个机床参考点（测量起点）。机床起动时，通常要机动或手动进给返回参考点，以建立机床参考点到机床原点的距离。机床回了参考点位置，也就知道了该坐标轴的原点位置，找到所有坐标轴的参考点。数控系统就建立了机床坐标系。

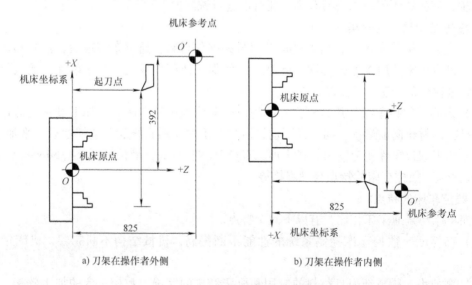

a) 刀架在操作者外侧　　　　b) 刀架在操作者内侧

图 1-1-3　数控车床机床坐标系

机床参考点的位置由设置在机床 X 方向、Z 方向滑板的机械挡块的位置来确定。当刀架返回到机床参考点时，装在 X 向和 Z 向的滑板上的两挡块分别压下对应的开关，向数控系统发出信号,停止刀架滑板运动,即完成了"回参考点"的操作。

机床参考点在其进给轴方向上距机床原点的距离在出厂时已确定,利用系统指定的自动返回参考点 G28 指令,可以使受控轴自动返回到机床上的参考点。在机床通电后,刀架返回参考点之前,不论刀架处于什么位置,此时屏幕上显示的 X、Z 坐标值均为 0。当完成了返回机床参考点的操作后,屏幕上立即显示刀架中心点(对刀参考点)在机床坐标系中的坐标值,即建立了机床坐标系。

2. 工件坐标系、工件原点、对刀点和换刀点

编制数控程序时,首先要建立一个工件坐标系,程序中的坐标值均以此坐标系为依据。工件坐标系是编程人员在编程时使用的,编程人员选择工件上的某一已知点为原点,建立一个新的坐标系,称为工件坐标系(也称为编程坐标系)。工件坐标系一旦建立便一直有效,直到被新的工件坐标系所取代。

工件坐标系的原点选择要尽量满足编程简单、尺寸换算少、引起的加工误差小等条件。为了编程方便,将工件坐标系设在工件上,并将坐标原点设在图样的设计基准和工艺基准处,其坐标原点称为工件原点(或加工原点)。

工件原点是人为设定的,从理论上讲,工件原点选在任何位置都是可以的,但实际上为了编程方便及尺寸较为直观,数控车床工件原点一般都设在主轴中心线与工件左端面或右端面的交点处,如图 1-1-4 所示。

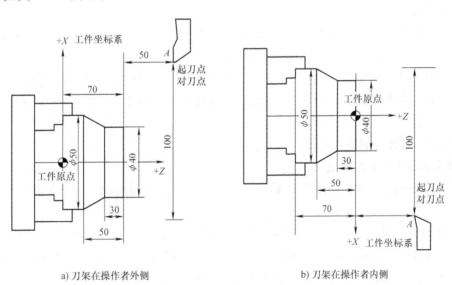

a) 刀架在操作者外侧　　　b) 刀架在操作者内侧

图 1-1-4　数控车削工件坐标系

设定工件坐标系就是以工件原点为坐标点,确定刀具起始的坐标值。工件坐标系设定后,CRT 屏幕上显示的是车刀刀尖相对于工件原点的坐标值。编程时,工件的各尺寸坐标都是相对工件原点而言的。

对刀点是数控加工中刀具相对于工件运动的起点,是零件程序加工的起点,所以对刀点也称"程序零点"。对刀的目的是确定工件原点在机床的坐标系中的位置,即工件坐标系与机床坐标系的关系。

对刀点可设在工件上并与工件原点重合,也可设在工件外任何便于对刀之处,但该点与工件原点之间必须有确定的坐标联系。一般情况下,对刀点即是加工程序执行的起点,也是加工

程序执行的终点。一般把对刀点 A 设在工件对面和起刀点重合，该点的位置可由 G50、G92、G54 等指令设定。通常把建立该点的过程称为"对刀"或建立工件坐标系。

FANUC 数控系统用 G50（G92）指令来建立工件坐标系（用 G54～G59 指令来选择工件坐标系）。该指令一般作为第一条指令放在整个程序的最前面。其格式为"G50（G92）X_Z_;"。

X_、Z_为刀具刀位点（刀具起始点）在工件坐标系中（相对于程序零点）的初始位置（坐标）。执行 G50（G92）指令后，系统内部即对（X、Z）进行记忆并显示在显示器上，这就相当于在系统内部建立了一个以工件原点为坐标原点的工件坐标系。

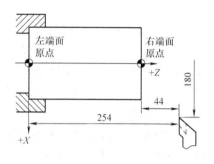

如图 1-1-5 所示，当以工件左端面为工件原点时，则工件坐标系建立指令为"G50（G92）X180.0 Z254.0;"；当以工件右端面为工件原点时，则工件坐标系建立指令为"G50（G92）X180.0 Z44.0;"。

图 1-1-5　建立工件坐标系

由上可知，同一工件上工件原点变了，程序段的坐标尺寸也随之改变。工件原点是设定在工件左端面的中心还是设定在工件右端面的中心，主要是考虑零件图上的尺寸能方便地换算坐标值，使编程方便。

因为一般车刀是右端向左端车削，所以将工件原点设在工件右端要比设在左端换算尺寸方便，所以推荐将工件原点设在工件的右端面中心处。

车床刀架的换刀点是指刀架转位换刀时所在的位置。换刀点的位置可以是固定的，也可以是任意的一点。本书的设定原则是以刀架转位时不碰工件或机床上其他部件为准则，通常和刀具的起始点重合。

知识点 6　数控车削编程基础

1. 数控车削编程基本规定

（1）直径值编程　数控车削中 X 轴方向坐标无论是绝对值编程还是增量值编程均采用直径值编程。

（2）小数点编程　FANUC 0i 系统中在整数没有输入小数点的情况下，当系统参数 No. 3401#0 的值设为 0 时，设为最小单位；设为 1 时，设为 mm、in、s。例如：当 No. 3401#0 参数设为 0 时，用米制编程时 Z15.0 表示 Z 向 15mm，Z15 表示 Z 向 15μm。

（3）绝对值和增量值　在数控车削程序编制过程中，有两种指令控制刀具的移动：一种是绝对值指令，另一种是增量值指令。在绝对值指令中，编程终点的坐标值和运动位置的坐标值是相对于固定的坐标原点给出的；在增量值指令中，编程移动距离和运动位置的坐标值是相对于前一位置计算的。绝对值指令用 X、Z 来表示，增量值指令用 U、W 来表示。例如：在图 1-1-6 所示的编程轨迹中，假设刀具运动前已经处在 0（0，0）点的位置，那么 1→2→3 轨迹的各点的坐标值表示见表 1-1-1。

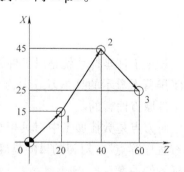

图 1-1-6　编程轨迹

项目1 轴套类零件数控编程与加工

表 1-1-1 绝对值坐标与增量值坐标

坐标点	绝对值坐标	增量值坐标
1	X15.0 Z20.0	U15 W20
2	X45.0 Z40.0	U30 W20
3	X25.0 Z60.0	U-20 W20

2. F、M、S、T 功能（代码）简介

(1) F 功能（进给功能） F 功能用来指定刀具的进给速度，用地址字 F 和其后的数字组成。在 FANUC 0i 系统编程指定中，用 G98 指定每分钟进给方式，F 后面的数值指定刀具每分钟的进给量，单位为 mm/min；用 G99 指定每转进给方式，F 后面的数值指定主轴每转的刀具进给量，单位为 mm/r。切削进给的实际执行速度可由操作面板上的进给倍率开关（或旋钮）0%～150%来调节，但螺纹切削时无效。

(2) M 功能（辅助功能） M 功能是控制数控机床或系统辅助动作（主轴、切削液、程序结束等）的一种命令。M 代码由地址字 M 加两位数字（00~99）组成。常用 M 代码功能说明见表 1-1-2。

表 1-1-2 常用 M 代码功能说明

M 代码	功能	说明
M00	程序停止	在包含 M00 的程序段执行后，自动运行停止，所有的模态信息保持不变，按"循环启动"按键可恢复自动运行
M01	程序选择停止	功能与 M00 相似，但是只有当机床操作面板上的"选择停"按键按下时 M01 才能有效
M02	主程序结束	在包含 M02 的程序段执行后，自动运行停止且数控装置被复位。在 FANUC 0i 系统中，在包含 M02 的程序段执行后是否控制返回到程序的开头由参数 No.3404#5 的设置值决定，值设置为 0 时返回，为 1 时不返回
M03	主轴正转	此代码用于使机床的主轴正向旋转
M04	主轴反转	此代码用于使机床的主轴反向旋转
M05	主轴停止	此代码用于使机床的主轴停止转动
M07	2 号切削液开	通常定义为辅助切削液开，切削液从刀具中喷出
M08	1 号切削液开	通常定义为主切削液开，切削液从切削液管中喷出
M09	切削液关	此代码用于关闭所有的切削液
M30	主程序结束	功能与 M02 相似，但是自动运行停止且数控装置被复位。在 FANUC 0i 系统中，在包含 M30 的程序段执行后是否控制返回到程序的开头由参数 No.3404#4 的设置值决定，值设置为 0 时返回，为 1 时不返回
M98	子程序调用	此代码用于调用子程序（在主程序中用）
M99	子程序结束	此代码表示子程序结束，执行 M99 后控制返回到主程序（在子程序末尾使用）

注：M07 和 M08 代码的功能由机床制造商来定义

注意事项：

1) 当一个程序段中指定了运动指令和辅助功能时，有两种执行顺序，第一种是运动指令和辅助功能同时执行，第二种是运动指令执行完成后执行辅助功能指令，具体选择哪种顺序应查询机床制造商的说明书。

2) 通常情况下，一个程序段中只有一个 M 代码有效，但是，一个程序段中最多可以指定三个 M 代码。一个程序段中是否只有一个 M 代码有效取决于系统参数的设定，在 FANUC 0i 系统中，当参数 No.3404#7 的值设为 0 时，一个程序段中只有一个 M 代码有效；值设为 1 时，一个程序段中最多允许三个 M 代码有效。

(3) S 功能（主轴功能） S 功能用来指定主轴转速，用地址字 S 和其后的数字组成。

1) 恒线速度控制（G96）：G96 是恒线速度控制的指令。系统执行 G96 指令后，S 后面的数值表示切削速度。例如：G96 S80 表示切削速度是 80m/min。

2）恒转速控制（G97）：G97 是取消恒线速度控制的指令。系统执行 G97 指令后，S 后面的数值表示主轴每分钟的转数。例如：G97 S800 表示主轴转速为 800r/min（系统开机状态为 G97 状态）。

3）主轴最高转速限定（G50）：G50 除有坐标系设定功能外，还有主轴最高转速设定功能，即用 S 指定的数值设定主轴的最高转速。例如：G50 S4000 表示主轴转速最高为 4000r/min。用恒线速度控制加工端面、锥度和圆弧时，由于 X 坐标值不断变化，当刀具逐渐接近工件的旋转中心时，主轴转速会越来越高，工件有从卡盘飞出的危险，所以为防止事故的发生，必须限定主轴的最高转速。

（4）T 功能（刀具功能）　T 功能用来选择刀具和刀具偏置地址，用地址字 T 和其后的四位数字组成，其中前两位指定刀位号，后两位指定偏置号。

知识点 7　数控加工程序的组成

1. 数控程序组成结构

一个程序由若干个程序段组成，一般情况下，一个完整的程序应包含程序号、程序内容和程序结束三部分，如图 1-1-7 所示。

（1）程序号　开始部分，O 后面跟四位数字，放在首位（第一行）。

（2）程序内容　机床要完成的各部分动作，也称程序段。

（3）程序结束　结束整个程序，如 M02、M30。

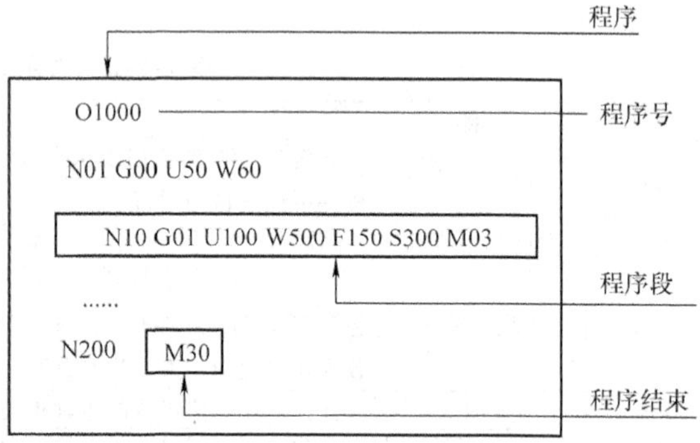

图 1-1-7　数控程序组成结构

2. 程序段的格式

一个程序段由若干个指令字组成，如图 1-1-8 所示。

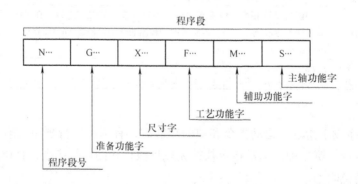

图 1-1-8　程序段的格式

3. 指令字的格式

指令字通常由英文字母表示的功能字、地址字和地址字后面的数字和符号组成，如图 1-1-9 所示。

地址字的含义见表 1-1-3。

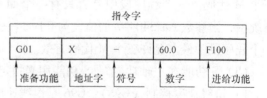

图 1-1-9　指令字的格式

表 1-1-3　地址字的含义

项目	地址	含　　义
程序号	O、P	指定程序编号，子程序号
顺序号	N	顺序编号
准备功能	G	指令动作方式
坐标字	X、Y、Z	坐标轴的移动指令
	A、B、C、U、V、W	附加轴的移动指令
	I、J、K	圆弧中心坐标
进给速度	F	进给速度指令
主轴功能	S	主轴转速指令
刀具功能	T	刀具编号的指令
辅助功能	M	机床开关指令
补偿号	H、D	指定补偿号
暂停	P、X	指定暂停时间
重复次数	L	子程序及固定循环的重复次数
圆弧半径	R	实际上是坐标字的一种

知识点 8　数控车削编程基本指令

1. 准备功能 G 代码概述

准备功能 G 代码是设立机床工作方式或控制系统工作方式的一种命令。因其地址字规定为 G，故又称为 G 功能或 G 指令。G 代码可分模态和非模态两种，模态 G 代码也称续效 G 代码，执行以后一直有效，直到同组代码取代为止；非模态 G 代码只在当前程序段有效。

G 的后面一般为两位数（00~99），也有极少数控机床系统为三位数（非标准化规定）。如 G00 X60.0 Z5.0 或 G01 X80.0 Z0.0 F100，其中 G00 或 G01 为 G 代码，后面的数字为坐标值及进给速度。

目前，G 代码标准化规定的程度不是很高，在具体编程时必须按照所用数控系统说明书的具体规定使用，切不可盲目套用。

2. 快速点定位指令（G00）

快速点定位指令用于刀具以点位控制方式，用绝对值指令或增量值指令从刀具所在点快速移动到目标位置，无刀具路径要求，移动速度由机床参数和控制面板中的快速倍率控制。

（1）指令格式　G00 X _(U _) Z _(W _)；。

（2）说明

1）"X _(U _) Z _(W _)"为目标点的坐标值。用绝对值指令时，_是终点的坐标值，用增量值指令时，_是刀具移动的距离。

2）";"代表一个程序段的结束。

（3）举例　图 1-1-10 所示 A→B 轨迹的快速点定位程序为 G00 X100.0 Z200.0 F200 ；。

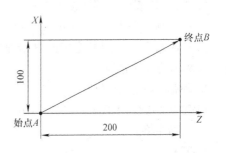

图 1-1-10　刀具路径图 1

（4）注意事项

1）G00 指令的运动轨迹由参数 No.1401#1 设定值决定。当值设为 1 时，两轴同时到达，其刀具路径如图 1-1-10 中 A→B 所示；当值设为 0 时，各轴分别快速移动（快移），当两轴快移速度相同时，其刀具路径如图 1-1-11 中 A→C→B 所示。

2）部分机床由于参数设置的关系，所有坐标值的整数值单位默认为 μm，所以在编程过程中坐标值的整数值后面需要加"."或".0",程序格式为"G00 X100. Z200. F200"或"G00 X100.0 Z200.0 F200"。在FANUC 0i系统中,坐标值是否需要使用小数点编程由系统参数No.3401#0来决定,当值设为0时,设为最小单位,需要使用小数点编程;当值设为1时,设为mm、in、s,整数值可以省略小数点。

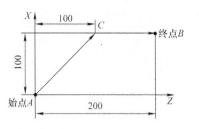

图1-1-11 刀具路径图2

3) 执行G00指令时,用F指定的进给速度无效,坐标轴单独快移的移动速度由系统参数设定,在FANUC 0i系统中,G00的移动速度由参数No.1420设定;其实际执行速度由快速倍率控制,快速倍率为0时是否移动由参数No.1401#4设定,值为0时,移动速度由参数No.1421设定,值为1时不移动;空运行时G00是否有效,由参数No.1401#6设定,值为0时无效,值为1时有效。G00指令旨在实现快速定位,移动速度一般较高,所以通常运用在刀具和工件没有接触的场合。

3. 直线插补指令(G01)

直线插补指令用于直线或斜线运动,可使数控车床沿X轴、Z轴方向以F指定的进给速度执行单轴运动,也可以沿XZ平面内任意斜率的直线运动。

(1) 指令格式 G01 X_(U_) Z_(W_) F_;。

(2) 说明

1) "X_(U_) Z_(W_)"为目标点的坐标值。用绝对值指令时,是终点的坐标值,用增量值指令时,是刀具移动的距离。

2) "F_"为刀具的进给速度(进给量)。其单位可以是mm/min或mm/r,在FANUC 0i系统中,当系统参数No.3402#4的值设为0时,开机默认mm/r(每转进给方式);设为1时,开机默认mm/min(每分进给方式)。同时进给速度F指令后数值的单位也可以由程序指令来控制,当程序中使用指令"G98"时,进给速度的单位为mm/min;使用指令"G99"时,进给速度的单位为mm/r。

最大进给速度由参数No.1422设定。其实际执行速度还可能受切削进给倍率控制(车螺纹时无效),在FANUC 0i系统中,当系统参数No.1401#1设定值为0时,切削进给倍率控制有效,设定值为1时,切削进给倍率控制无效(固定为100%)。

3) ";"代表一个程序段的结束。

(3) 举例 图1-1-10所示A→B轨迹的快速定位程序为G01 X100.0 Z200.0 F200;。

(4) 注意事项 用F指定的进给速度是刀具沿着直线运动的速度,当两个坐标轴同时移动时为两轴的合成速度。

4. 圆弧插补指令(G02/G03)

圆弧插补指令用于命令刀具沿圆弧运动。

(1) 指令格式

$$\begin{Bmatrix} G02 \\ G03 \end{Bmatrix} X(U)\_ Z(W)\_ \begin{Bmatrix} I\_ K\_ \\ R\_ \end{Bmatrix} F\_;$$

(2) 说明

1) G02为顺时针方向圆弧插补,G03为逆时针方向圆弧插补。顺逆定义为从垂直于圆弧所在平面的坐标轴的正方向往负方向看到的回转方向(即加工平面内观察者迎着Y轴的指向向-Y看的回转方向)。在两个坐标轴正方向的象限内,+X转向+Z为G02;+Z转向+X为

G03，如图 1-1-12 所示。也可理解为当刀架在操作者方向，刀架由右向左移动时，凹圆弧用 G02，凸圆弧用 G03。

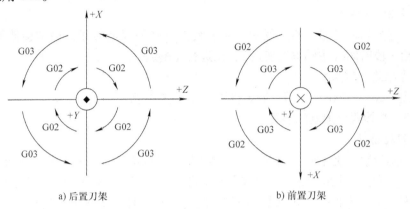

图 1-1-12　顺、逆圆弧的判断方法

2）X(U)_ Z(W)_为圆弧的终点坐标（绝对或增量），如图 1-1-13 中的 B 点所示。

3）I_、K_分别为圆弧起点到圆心的有向距离在 X 轴、Z 轴上的投影，即圆心相对于圆弧起点的增量，如图 1-1-13 所示。可用下式计算

$$I = (X_{圆心} - X_{起点})/2 \qquad K = Z_{圆心} - Z_{起点}$$

式中　X——直径值（mm），计算结果如果为负，也要包含负号。

4）R_为圆弧的半径。当圆弧中心角 ≤180°时，R 为正值；圆弧中心角 >180°时，R 为负值。

5）F_为进给速度，其值为进给切线方向的速度，如图 1-1-14 所示。

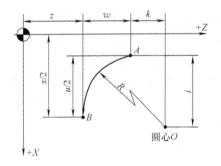

图 1-1-13　圆弧插补轨迹图

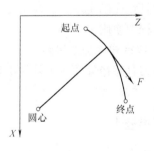

图 1-1-14　圆弧进给速度

6）";"代表一个程序段的结束。

(3) 举例　图 1-1-15 中第①段轨迹 A→B 的程序为 "G02 X0.0 Z15.0 R -15.0 F100;" 或者为 "G02 X0.0 Z15.0 I0.0 K15.0 F100;"。图 1-1-15 中第②段轨迹 B→A 的程序为 "G03 X15.0 Z0.0 R15.0 F100;" 或者为 "G02 X15.0 Z0.0 I0.0 K -15.0 F100;"。

(4) 注意事项

1）I 和 K 后面跟的数值与 G90 和 G91 无关，I0.0 和 K0.0 可省略不写。

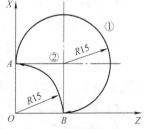

图 1-1-15　圆弧轨迹图

2）如果地址 I 和 K 同时指定，由地址 R 指定的圆弧优先，其余被忽略，即 R 有效，I 和

K 无效。

3）整圆（即圆弧的终点和起点一致）时只能使用 I、K 编程，不能使用 R 来编程。

5. 暂停指令（G04）

在进行一些如切槽等加工的过程中，为了获得较好的表面质量，通常会使用暂停指令让刀具停止进给一段时间（主轴继续旋转），以进行光整加工。

（1）指令格式　G04 X_(P_);。

（2）说明　X_后单位为 s，P_后单位为 ms，该指令需单独占一行。

知识点 9　数控程序编制的步骤

1. 安排刀具路径

刀具路径是指数控机床加工过程中，刀具相对工件的运动轨迹和方向，即指刀具从对刀点（或机床原点）开始运动起，直至返回该点并结束加工程序所经过的路径，包括切削加工的路径及刀具切入、切出等非切削空行程，数控车削的刀具路径不太复杂，且有一定的规律可循。在安排刀具路径的时候要充分考虑以下因素。

1）应能够保证加工精度和表面粗糙度。

2）应尽可能缩短刀具路径，减少刀具空行程时间。

3）应尽量减少不必要的刀具消耗及机床进给机构滑动部件的磨损。

因精加工切削过程的刀具路径基本上都是沿着工件轮廓顺序进行的，所以确定刀具路径的重点主要在于确定粗加工及空行程的刀具路径。

2. 建立工件坐标系

在零件图中建立工件坐标系，工件坐标系原点的选择应遵循基准统一的原则，即尽量选择设计基准和工序基准作为工件坐标系的原点，同时应充分考虑到编程坐标节点计算的方便性。

3. 计算节点坐标

刀具路径确定后，需要把刀具运动过程中每个点在工件坐标系中的坐标计算好，以备编写程序过程中使用。

4. 编写零件加工程序

将刀具路径编写成工件加工程序，每一段轨迹应该对应有一段程序，写程序时一定要注意程序指令的格式。

【技能准备】

技能点 1　数控车床安全操作规程

数控加工存在一定的危险性，操作数控车床时，操作者必须严格遵守安全操作规程，以免发生人身伤害和财产损失。数控车床安全操作规程如下。

1）操作人员必须熟悉数控车床使用说明书等。例如主要技术参数、传动原理、主要结构、润滑部位及保养等一般知识。

2）开机前应对数控车床进行全面细致的检查，确认无误后方可操作。

3）机床开始工作前要有预热，认真检查润滑系统工作是否正常，如机床长时间未开动，可先采用手动方式向各部分供油润滑。

4）数控车床通电后，检查各开关、按钮和按键是否正常、灵活，机床有无异常现象。

5）检查电压、油压是否正常。

6）各坐标轴手动回零。

7）程序输入后，应仔细核对代码、地址、数值、正负号、小数点及语法是否正确。

8）正确测量和计算工件坐标系，并对所得结果进行检查。

9）输入工件坐标系，并对坐标、坐标系、正负号及小数点进行认真核对。

10）未装工件前，空运行一次程序，看程序能否顺利运行，刀具和夹具安装是否合理，有无超程现象。

11）工件伸出车床100mm以外时，须在伸出位置设防护物。

12）检查大尺寸轴类零件的中心孔是否合适，中心孔如太小，工作中易发生危险。

13）无论是首次加工的工件，还是重复加工的工件，首件都要对照图样、工艺规程、加工程序和刀具调整卡进行试切。

14）试切时快速进给倍率开关必须转到较低档位。

15）每把刀具首次使用时，必须先验证它的实际长度与所给刀补值是否相符。

16）试切进刀时，在刀具运行至工件表面30~50mm处，必须在进给保持下，验证Z轴和X轴坐标剩余值与加工程序是否一致。

17）试切和加工中，刃磨刀具和更换刀具后，要更新测量刀具位置并修改刀补。

18）程序修改后，对修改部分要仔细核对。

19）手动进给连续操作时，必须检查各种开关所选择的位置是否正确，运行方向是否正确，然后再进行操作。

20）必须在确认工件夹紧后才能起动机床，严禁加工过程中、工件转动时测量、触摸工件。

21）车床运转中，操作者不得离开岗位，出现工件跳动、振动异常声音及夹具松动等异常情况时必须立即停机处理。

22）加工完毕后，依次关掉机床操作面板上的电源和总电源，并清除切屑、擦拭机床，使机床与环境保持清洁状态。

23）加工完毕后，注意检查或更换磨损坏了的机床导轨防护罩。检查润滑油、切削液的状态，及时添加或更换。

技能点2　数控车床操作面板

1. 系统操作面板

系统操作面板分为手动数据输入面板和功能选择面板两大部分，如图1-1-16所示。

（1）地址/数字键　主要用于程序指令输入、参数设置。对于有多个字母的按键，通过"Shift"键切换输入内容，如 键，直接按下输入"X"，先按"Shift"键再按字母键输入"U"。地址/数字键中 用于加工程序输入时，每个程序段的结束符。

（2）程序编辑键　在程序编辑模式下进行程序编辑。

1）替换键ALTER：利用缓存区中的内容替换光标指定的内容。

2）插入键INSERT：将缓存区中的内容插入到光标的后面。

3）删除键DELETE：删除程序中光标指定位置的内容。

4）换档键SHIFT：切换同一按键中

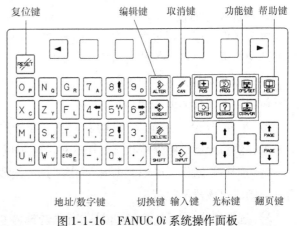

图1-1-16　FANUC 0i系统操作面板

不同字符的输入。

5）取消键 |CAN|：删除缓存区中最后一个字符。

注意事项：FANUC 系统中没有存储键，程序中的指令或数字输入完毕就会自动保存。

（3）输入键 |INPUT|　将缓存区中的参数写入到寄存器中。与屏幕底端的操作软键中的"INPUT"键功能相同。

（4）屏幕功能键　用于选择将要显示的屏幕的种类。

1）位置屏幕显示功能键 |POS|：按该键可结合扩展功能软键，显示当前位置在机床坐标系、工件坐标系、相对坐标系中的坐标值，以及在程序执行过程中各坐标轴距指定位置的剩余移动量。

2）程序屏幕显示功能键 |PROG|：在 Edit（编辑）模式下，可进行程序的编辑、修改、查找，结合扩展功能软键可使数控系统与计算机进行程序传输。在 MDI（手动数据输入）模式下，可写入指令值，控制机床执行相应的操作；在 MEM（程序自动运行）模式下，可显示程序内容及其执行进度。

3）偏置/设置屏幕显示功能键 |OFS/SET|：设定加工参数，结合扩展功能软键可进入刀具长度补偿、刀具半径补偿值设定页面，系统状态设定页面，系统显示与系统运行方式有关的参数设定页面，工件坐标系设定页面。

4）系统屏幕显示功能键 |SYSTEM|：用于设置、编辑参数；显示、编辑 PMC（可编程序机床控制器）程序等。这些功能仅供维修人员使用，通常情况下禁止修改，以免出现设备故障。

5）信息屏幕显示功能键 |MESSAGE|：可用于显示报警信息。

6）刀具路径图形模拟页面功能键 |CSTM/GR|：结合扩展功能软键可进入动态刀具路径显示、坐标值显示及刀具路径模拟有关参数设定页面。

（5）复位键 |RESET|　用于系统取消报警等。有些参数要求热启动系统才可使修改生效。

（6）帮助键 |HELP|　提供对 MDI 操作方法的帮助信息。

（7）操作软键　在不同的屏幕对应不同的菜单，如图 1-1-17 所示。

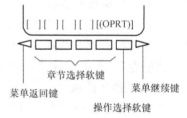

图 1-1-17　操作软键

2. 机床操作面板

机床操作面板主要包含工作方式选择键、主轴转速倍率调整旋钮、进给速度调节旋钮、各种辅助功能键、手轮、各种指示灯等，如图 1-1-18 所示。

（1）自动运行方式 ▣（MEM）：可实现自动加工、程序校验、模拟加工等功能，在这种方式下包含以下几种辅助功能。

1）单程序段 ▣（SingleBlock）：启动"单程序段"功能，每按一次"循环启动"键只执行一段，然后处于进给保持状态。用这种功能可以检查程序。

2）选择跳段 ▣（BlockDelete）：当"选择跳段"功能起作用时，程序执行到带有"/"语句时，则跳过该段不执行。

3）选择停止 ▣（OptionStop）：当"选择停止"功能起作用时，程序执行到"M01"指

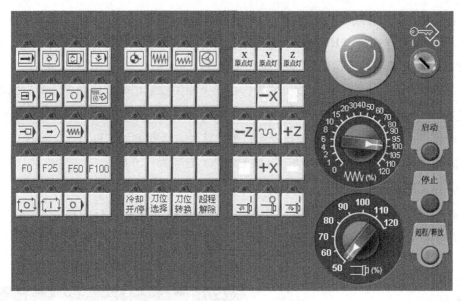

图 1-1-18　FANUC 0i 机床操作面板

令，程序暂停，机床处于进给保持状态。

4）试运行 ▨（DryRun）：利用一个参数设定速度代替程序中所有 F 值。通过操作面板上的旋钮，控制刀具运动的速度。常用于检验程序。

5）机床锁住状态 ▨（MachineLock）：机床坐标轴处于停止状态，只有轴位置显示在变。将机床闭锁功能与试运行功能同时使用，用于快速校验程序。

6）程序再启动 ▨（NCRestart）：由于刀具破损或节假日等原因自动操作停止后，程序可以从指定的程序段重新启动。

(2) 编辑方式 ▨（Edit）　选择编程功能 PROG 和编辑方式，可输入并编辑加工程序。

(3) 手动数据输入方式（MDI）　在 MDI 方式下，通过 MDI 面板，可编制、执行最多 10 行的程序，程序格式和通常程序一样。用于简单测试操作。

(4) 在线加工方式 ▨（RMT）　同步执行机床存储器以外存储器［计算机硬盘、移动存储设备（CF 卡）］中的程序。

(5) 回零方式 ▨（REF）　利用操作面板上的回零按键(X 轴回零、Y 轴回零、Z 轴回零)，使机床各移动轴返回到机床参考点位置，即手动回参考点。

(6) 手动连续运行方式 ▨（JOG）　通过机床控制面板上的相关按键来控制机床的动作，如各坐标轴的连续（快速）移动，刀库动作，主轴的正、反、停转，切削液的开关等。

1）坐标轴选择键：在手动进给方式下，选择相应的坐标轴。

2）快速进给键 ▨（手动方式）：按此键后，连续运行方式下执行各坐标轴的移动时为快速移动。

3）主轴正转 ▨：使主轴电动机正方向（顺时针）旋转。

4）主轴反转 ▨：使主轴电动机反方向（逆时针）旋转。

5）主轴停转 ▨：使主轴电动机停转。

6）超程解除：当发生硬超程时，按此键强制伺服电动机上电。

7）切削液通断：开或者关切削液，交替使用功能。

（7）手轮操作方式 ⌸（Handle） 通过手摇脉冲发生器相关控件（轴选择按钮、倍率选择开关和手摇轮）来控制机床运动（连续移动、点动）。

（8）步进方式 ⌸（INC） 通过机床操作面板上相关按键精确地移动机床各坐标轴。

（9）手轮示教方式 ⌸

（10）程序的执行键 启动程序自动运行加工零件或者暂停加工进行中途检查。

1）循环启动 ⌸：启动程序自动运行加工零件，自动操作开始。

2）进给保持 ⌸：暂停加工，自动操作停止。

3）程序停止 ⌸：自动操作中用 M00 程序停止操作时，该按钮显示灯亮。

（11）倍率修调 包括主轴倍率修调旋钮、进给倍率修调旋钮、快速倍率按键。

（12）存储器保护钥匙 转至 0 时保护无效；转至 1 时保护生效。

技能点 3　数控车床的基本操作

1. 开机

开机的步骤如下。

1）接通机床外部电源。

2）打开数控车床电气柜总开关。

3）按操作面板上的"系统启动"。

4）右旋急停按钮。如机床一切正常，在 CRT 显示器上显示图 1-1-19 所示的画面。

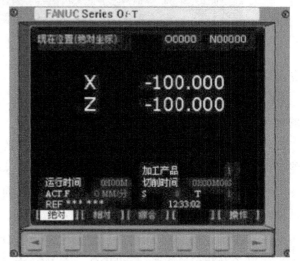

图 1-1-19　启动后画面

2. 回零（返回参考点）**操作**

正常开机后，操作人员首先应进行回零操作。因为机床在断电后就失去了对各坐标位置的记忆，所以在接通电源后，必须让各坐标值回零。回零的步骤如下。

1）选择回零"REF"工作方式。

2）分别按"坐标轴移动键"中"+X""+Z"键。机床回零后，"方向键"指示灯熄灭，操作完成。按页面下面相应的"软键"，可以进入绝对坐标、相对坐标和综合坐标三个页面。

注意事项：即使机床已经进行回零操作，数控车床在"机械锁定"状态下进行程序的空运行操作后仍须重新进行回零操作。

回零后，选择手动"JOG"方式，分别按"方向键"中"-X""-Z"键，使刀架离开回零位置，回到换刀位置附近。

3. 主轴的旋转与停止操作

FANUC 系统为了保证操作安全，在开机后直接使用主轴正转或反转按键无法启动主轴，必须使用 MDI 方式（也可以使用自动加工的方式、用"循环启动"按键运行程序来启动主轴，但这种方法使用较少）启动机床主轴后，才可以使用按键启动主轴。具体步骤如下。

1）开机后回零（返回参考点）。

2）选 MDI 工作方式，按程序 PROG 键，输入"M03 S500"，按插入 INSERT 键，再按循

环启动 键，主轴即可启动。

3）按复位 RESET 键，主轴停止旋转。

4）选择手动连续运行 方式（JOG）、步进方式（INC）或手轮操作方式（Handle），主轴旋转按键即可正常工作。

① 主轴正转 ：使主轴电动机正方向（顺时针）旋转。

② 主轴反转 ：使主轴电动机反方向（逆时针）旋转。

③ 主轴停转 ：使主轴电动机停转。

4. 工件棒料的装夹

装夹工件棒料时应使自动心卡盘夹紧工件棒料，并有一定的夹持长度，棒料的伸出长度应考虑到零件的加工长度及必要的安全距离等。棒料中心线尽可能与主轴中心线重合。如装夹外圆已精车的工件，必须在工件外圆上包一层铜皮，以防损伤外圆表面。

在自定心卡盘上装夹工件时，必须用夹长套管夹紧，以保证必须的夹紧力。方法是在确保卡盘不转的情况下，将卡盘扳手的方榫插入卡盘的方孔中，用左手手心处握住卡盘扳手顶部（防止夹紧时卡盘扳手与卡盘的转动），右手将套管套入卡盘扳手的横把手上，用力拧紧，由于自定心卡盘是联动的，只需拧紧一个孔即可。

自定心卡盘的三个卡爪是联动的，能自动定心，装夹方便。装夹工件不需人工找正，但夹紧力小，定位精度不高，一般用来装夹形状比较规则的轴类工件或尺寸较小的盘、套类工件，自定心卡盘装夹工件的实例如图 1-1-20 所示。

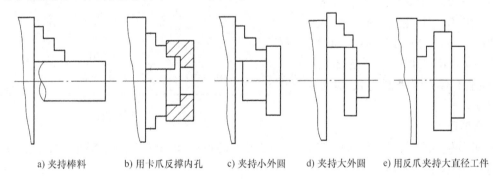

a) 夹持棒料　　b) 用卡爪反撑内孔　　c) 夹持小外圆　　d) 夹持大外圆　　e) 用反爪夹持大直径工件

图 1-1-20　自定心卡盘装夹工件的实例

注意事项：

1）如果装夹部位为精加工表面，则用力要适当，同时加工时应选择较小的切削用量，防止工件转动或飞出。

2）在装夹工件时，切记卡盘扳手一定要随手拿下来放回原位，只要不是正在夹紧或松开就不准将卡盘扳手放在卡盘上，以防卡盘转动时带动卡盘扳手转动伤人。

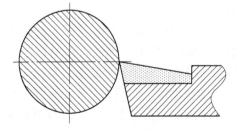

图 1-1-21　车刀刀尖应与车床的主轴轴线等高

5. 刀具的装夹

为了使车刀在工作时能保持合理的切削角度，必须正确地安装车刀，安装车刀时应注意下列事项。

1）车刀刀尖应与车床的主轴轴线等高，如图 1-1-21 所示，可根据尾座顶尖高度来对刀。

2）车刀刀杆应与车床主轴轴线垂直。

3）车刀刀杆伸出不宜过长，一般伸出长度不超过刀杆厚度的 2 倍，否则易使刀杆刚性减弱，切削时产生振动。

4）刀杆下面的垫片应平整，并与刀架对齐，一般不超过 2~3 片，太多则夹紧时高度会降低且不容易垫平。

5）车刀刀杆应尽量靠左。

6）车刀安装要牢固，一般用两个螺钉交替拧紧。

7）装好刀具后，应检查当车刀在工件的加工极限位置时，车床上有无相互干涉或碰撞的可能。

6. 对刀

对刀的目的是调整数控车床每把刀的刀位点，这样在刀架转位后，虽然各刀具的刀尖不在同一点上，但通过刀具补偿，将使每把刀的刀位点都在某一理想位置上重合，编程者只按工件轮廓编制加工程序而不必考虑不同刀具长度和刀尖半径的影响。

数控车床对刀的方法较多，下面主要介绍试切法对刀。

1）装夹刀具，装夹工件。

2）选择手动数据输入"MDI"方式，显示屏将显示图 1-1-22 所示的页面。如果没有显示此页面，则按功能键中的"PROG"键进入该页面。在键盘上分别输入"T0100；"→"INPUT"→"M03 S800；"→"INPUT"→"循环启动"，换上 1 号刀（外圆刀），并使主轴转动。

```
程式                          O0001    N0000
(MDI)
                    G01 F
                    G97 M
                    G99 T
                    G21
                    G40 X         0.00
                    G54 SSPM      0
ADRS        S                    OT0100
                                 MDI
[程式]    [现单节]    [次单节]    [MDI]
```

图 1-1-22 MDI 页面

注意事项：

① 此处输入的刀具号必须是 T0100、T0200、T0300、T0400 等，前面两位数字是刀具号，后面的 00 表示不带刀补。

② 也可以选择手动"JOG"方式或者手摇"HND"方式，利用"换刀"键和"主轴正转"键来操作。

3）选择手动"JOG"方式或者手摇"HND"方式，利用"方向键"或手轮并结合"进给倍率旋钮"移动 1 号刀，切削端面，如图 1-1-23a 所示。切到工件中心为止，不要过切，否则有可能损坏刀具。切削端面后，不要移动 Z 轴，按"+X"键以原进给速度退出，使刀具与工件脱离接触，以减少磨损。可以使主轴保持旋转，也可以停止，如果停止主轴需要在第 5）步时重新启动主轴。

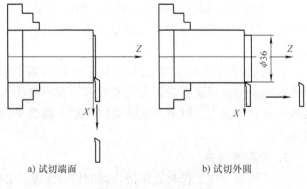

a) 试切端面　　　b) 试切外圆

图 1-1-23 试切法对刀

4) 按"OFS/SET"键,进入图 1-1-24 所示的页面,确认 G54 下 X、Z 值应为 0,如果不为 0,在键盘上输入"X0.0"或"Z0.0"→"INPUT"。继续按"OFS/SET"键,或按刀具偏置对应的"软键"进入图 1-1-25 所示的页面,利用键盘上的"光标移动键"使光标移动到"G01",在键盘上输入"Z0.0"→"测量"软键完成 1 号刀的 Z 向对刀。

工件坐标系设定		O0001	N0000
NO.	(G54)	NO.	(G55)
_00	X 0.000	02	X 0.000
	Z 0.000		Z 0.000
NO.	(G54)	NO.	(G56)
01	X 0.000	03	X 0.000
	Z 0.000		Z 0.000
现在位置(相对坐标)			
	U -18.156	W -25.005	
ADRS.		S	OT0100
[摩耗] [形状] [工件坐标系] [MACRO] [ ]			

图 1-1-24 工件坐标系设置页面

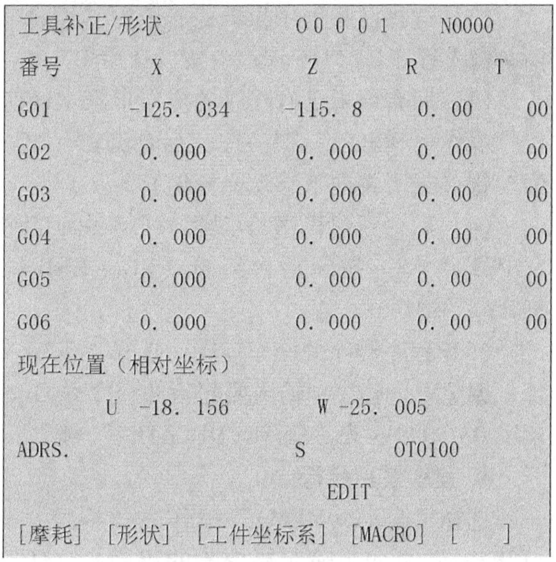

工具补正/形状		O0001	N0000	
番号	X	Z	R	T
G01	-125.034	-115.8	0.00	00
G02	0.000	0.000	0.00	00
G03	0.000	0.000	0.00	00
G04	0.000	0.000	0.00	00
G05	0.000	0.000	0.00	00
G06	0.000	0.000	0.00	00
现在位置(相对坐标)				
	U -18.156	W -25.005		
ADRS.		S	OT0100	
		EDIT		
[摩耗] [形状] [工件坐标系] [MACRO] [ ]				

图 1-1-25 刀具偏置设置页面

5) 选择手动"JOG"或者手摇"HND",利用"方向键"使 1 号刀具移动,试切工件外圆,如图 1-1-23b 所示。切完一段后,不要移动 X 轴,按"+Z"键以原来的进给速度退刀,退刀后按"主轴停转"按键使主轴停转。用千分尺测量试车部分的外圆直径,如测得外圆直径为 φ36mm。

6) 再次进入图 1-1-25 所示的页面,光标移动到"G01"项,在键盘上输入"X36.0"→按"测量"软键,完成 1 号刀的 X 向对刀。

7) 完成 1 号刀对刀后,利用"方向键"移动刀架离开工件,退回到换刀点位置附近。

8) 其他刀具对刀。在"方向键""+X/-X、+Z/-Z"移动方式下,让刀具在安全位置换刀,重复上述 2)~6)步骤。

注意事项:

① 一般选取工件的右端面中心为工件坐标系的原点,故用第 1 把刀具平端面后(其 Z 轴的坐标值为 Z0),后续的刀具在对 Z 坐标时不能再进行车削端面,否则前面对的刀具 Z 坐标就不准确,只要用慢速或手轮摇刀架,使刀具轻轻接触端面即可。如果要准确对刀,也可以不切端面,而是切一个台阶,方法如下:启动主轴正转,向 X 负方向进刀,然后向 Z 负方向切削 2~3mm,向 X 正方向退刀,Z 轴不动,停止主轴转动,用深度千分尺或游标卡尺的测深杆测台阶的高度(以端面为基准),记下测量值并输入系统中。假定测量值为 2.452mm,则说明此时刀尖所在点的 Z 坐标值为 -2.452mm,在上述 4)中,输入"Z-2.452",再按"测量"软键即可。

② X 轴的坐标原点是工件的回转中心且与机床主轴的回转中心重合,工件调头装夹或更换工件后,其回转中心不变,故刀具的 X 轴刀补值不变,无须重新对刀。但工件伸出的长度往往会发生变化,其端面的位置也会发生变化,故需要重新对刀具的 Z 轴刀补值。

③ 切断刀有两个刀尖,用哪个刀尖对刀就用哪个刀尖编程,否则会出错。

④ 刀具更换后需要重新对 X、Z 轴的刀补值，没有更换的刀具不受影响。

7. 程序的输入与编辑

（1）新建程序的操作步骤　选择"编辑（EDIT）"工作方式→选择"程序（PROG）"页面→输入程序号（Oxxxx）→按"插入（INSERT）"键（注："xxxx"为四个数字）。

（2）选择已有程序的步骤　选择"编辑（EDIT）"工作方式→选择"程序（PROG）"页面→输入程序号（Oxxxx）→按"O 检索"键（或者按向下移动光标键）。

（3）后台编辑已有程序的操作步骤　任何一种工作方式→选择"程序（PROG）"页面→按"操作（OPRT）"键→按"后台编辑（BG-END）"键→输入程序号（Oxxxx）→按"O 检索"键（或者按向下移动光标键）。

（4）后台新建程序的步骤　任何一种工作方式→选择"程序（PROG）"页面→按"操作（OPRT）"键→按"后台编辑（BG-END）"键→输入程序号（Oxxxx）→按"插入（INSERT）"键。

（5）程序删除的操作步骤　选择"编辑（EDIT）"工作方式→选择"程序（PROG）"页面，删除单个程序：输入要删除的程序号 Oxxxx→按"删除（DELETE）键"。删除全部程序：输入 0~9999→按"删除（DELETE）"键。

8. 程序模拟运行

选择"自动（MEM）"工作方式→按"机床锁住"键→按"空运行"键→选择"程序（PROG）"页面→输入要校验的程序号（Oxxxx）→按"O 检索"键（或者按向下移动光标键）→按"图形功能（CSTM/GR）"键→按"循环启动"键→观察程序规定的刀具路径，检查程序的正确性（注：机床锁住只能锁住机床的移动轴，并不能锁住机床的主轴。若要校验的程序已经在前台中，则可以省略程序的检索操作）。

9. 执行零件程序加工

（1）自动运行的操作步骤　选择"自动（MEM）"工作方式→选择"程序（PROG）"页面→输入要执行的程序号（Oxxxx）→按"O 检索"键（或者按向下移动光标键）→按"循环启动"键（注：若要校验的程序已经在前台中，则可以省略程序的检索操作）。

（2）单段运行的操作步骤　选择"自动（MEM）"工作方式→选择"单段"方式→输入要执行的程序号（Oxxxx）→按"O 检索"键（或者按向下移动光标键）→按"循环启动"键（注：若要校验的程序已经在前台中，则可以省略程序的检索操作）。

（3）指定行运行的操作步骤　选择"编辑（EDIT）"工作方式→选择"程序（PROG）"页面→输入要执行的程序号（Oxxxx）→按"O 检索"键（或者按向下移动光标键）→输入要执行的行号"Nxx"→按"N 检索"键（或者按向下移动光标键）→切换到"自动（MEM）"工作方式→按"循环启动"键。

【任务实施】

步骤 1　零件分析

图 1-1-1 所示阶梯轴零件为简单回转体零件，工件轮廓由三个外圆面、两个圆弧面、一个圆锥面和一个倒角组成，形状相对比较简单，在直径方向上精度要求相对较高，是一个典型的数控车削类零件，适合初学数控车床加工人员使用。该零件宜采用 $\phi 30mm$ 的棒料毛坯。

步骤 2　工艺制订

1. 确定定位基准和装夹方案

毛坯是一个 $\phi 30mm$ 的 45 钢棒，且有足够的夹持长度和加工余量，便于装夹。采用自定心卡盘定位夹紧,能自动定心,工件伸出卡盘65~70mm,能够保证50mm车削长度,同时便于切断刀进行切断加工。阶梯轴定位装夹示意图如图1-1-26所示。

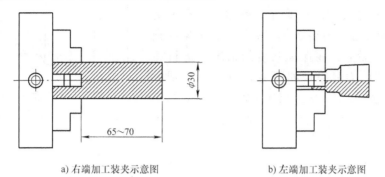

a) 右端加工装夹示意图　　　　b) 左端加工装夹示意图

图1-1-26　阶梯轴定位装夹示意图

2. 选择刀具与切削用量

选择刀具时需要根据零件结构特征确定刀具类型,图1-1-1所示阶梯轴需要加工外圆,则应该选择外圆车刀,加工完毕后要利用切断刀把零件切断下来,所以还应该选择切断刀。根据零件的精度要求和工序安排确定刀具几何参数及切削用量,见表1-1-4。

表1-1-4　刀具几何参数及切削用量表

工步	工步内容	刀具号	刀具类型	主轴转速/(r/min)	进给量/(mm/min)	背吃刀量/mm
1	粗车外圆各台阶	T01	外圆车刀	500	150	3
2	精车外圆各台阶	T01	外圆车刀	1000	100	0.3
3	切断	T02	切断刀	400	40	3

3. 确定加工顺序

该零件为单件生产,右端面在对刀时手动完成加工,由于在直径方向上尺寸精度要求相对较高,故选用外圆车刀进行粗、精加工外轮廓,外轮廓加工完毕后,换切断刀进行切断;调头装夹,车左端面保证总长,完成零件加工。阶梯轴数控加工工序卡见表1-1-5。

表1-1-5　阶梯轴数控加工工序卡

数控加工工序卡		零件图号		零件名称		材料		使用设备	
				阶梯轴		45钢棒		数控车床	
工步号	工步内容	刀具号	刀具名称	刀具规格	主轴转速/(r/min)	进给量/(mm/min)	刀尖半径补偿号	刀具长度补偿号	备注
1	粗车外轮廓面	T01	外圆车刀	93°	500	150	D01	H01	
2	精车外轮廓面	T01	外圆车刀	93°	1000	100	D01	H01	
3	切断	T02	切断刀	3mm	400	40		H02	
4	车零件左端面	T01	外圆车刀	93°	600	100	D01	H01	手动

步骤3　程序编写

1. 建立工件坐标系

该零件为单件生产,端面为设计基准,也是长度方向上的测量基准,故本项目中工件坐标系选择在工件右端面中心处,如图1-1-27所示。

2. 确定刀具路径

该零件选用外圆车刀进行粗、精加工外轮廓,因径向加工余量相对较大,故要分层粗加工,直至留 0.3mm 余量给精加工。外轮廓加工完毕后,刀架回到安全位置后换切断刀,在保证长度的情况下进行切断。外轮廓加工的刀具路径如图 1-1-28 所示。图中 $A \sim Q$ 为粗加工轨迹,$I' \sim Q'$ 为精加工轨迹。

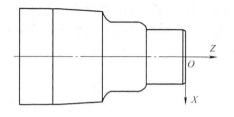

图 1-1-27 建立工件坐标系

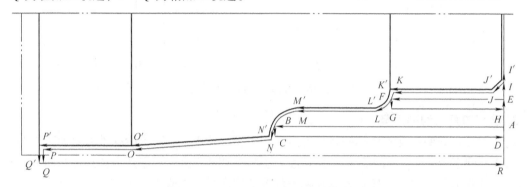

图 1-1-28 刀具路径图

3. 计算节点坐标

结合图 1-1-28 所示刀具路径图,该工件手工编程所需坐标点见表 1-1-6。

表 1-1-6 手工编程所需坐标点

坐标点	坐标值	坐标点	坐标值	坐标点	坐标值
A	X24, Z0.3	J	X16.6, Z-0.876	I'	X13.4, Z0.3
B	X24, Z-24.508	K	X16.6, Z-11.72	J'	X16, Z-1
C	X26, Z-24.508	L	X20.6, Z-14	K'	X16, Z-12
D	X26, Z0.3	M	X20.6, Z-22	L'	X20, Z-14
E	X18, Z0.3	N	X26.56, Z-24.685	M'	X20, Z-22
F	X18, Z-11.929	O	X28.6, Z-39.98	N'	X26, Z-25
G	X20, Z-11.929	P	X28.6, Z-49.7	O'	X28, Z-40
H	X20, Z0.3	Q	X32, Z-49.7	P'	X28, Z-50
I	X14.248, Z0.3	R	X32, Z0.3	Q'	X32, Z-50

4. 编写程序

手工编写零件加工程序,图 1-1-1 所示阶梯轴零件加工程序见表 1-1-7。

表 1-1-7 阶梯轴零件加工程序

程序内容	程序说明
O1101;	程序号
N10 T0101;	调用 1 号刀,1 号刀补
N20 M03 S500;	主轴正转 500r/min
N30 G00 X24.0 Z0.3;	快速移动到 X24, Z0.3 的位置(定位到 A 点)
N40 G01 Z-24.508 F150;	车 ϕ24mm 外圆,进给量为 150mm/min($A \rightarrow B$)
N50 G01 X26.0;	车台阶($B \rightarrow C$)
N60 G00 Z0.3;	快速退回($C \rightarrow D$)

(续)

程序内容	程序说明
N70 G00 X18.0;	快速进刀（D→E）
N80 G01 Z-11.929;	车φ18mm外圆（E→F）
N90 G01 X20.0;	车台阶（F→G）
N100 G00 Z0.3;	快速退回（G→H）
N110 G00 X14.248;	快速进刀（H→I）
N120 G01 X16.6 Z-0.876;	粗车倒角（I→J）
N130 G01 Z-11.72;	粗车φ16mm外圆（J→K）
N140 G03 X20.6 Z-14.0 R2.3;	粗车R2mm圆弧（K→L）
N150 G01 Z-22.0;	粗车φ20mm外圆（L→M）
N160 G02 X26.56 Z-24.685 R2.7;	粗车R3mm圆弧（M→N）
N170 G01 X28.6 Z-39.98;	粗车圆锥（N→O）
N180 G01 Z-49.7;	粗车φ28mm外圆（O→P）
N190 G01 X32.0;	粗车台阶（P→Q）
N200 G00 Z0.3;	快速退回（Q→R）
N210 G00 X13.4 M03 S1000;	快速进刀（R→I'），主轴正转1000r/min
N220 G01 X16.0 Z-1.0 F100;	精车倒角（I'→J'）
N230 G01 Z-12.0;	精车φ16mm外圆（J'→K'）
N240 G03 X20.0 Z-14.0 R2.0;	精车R2mm圆弧（K'→L'）
N250 G01 Z-22.0;	精车φ20mm外圆（L'→M'）
N260 G02 X26.0 Z-25.0 R3.0;	精车R3mm圆弧（M'→N'）
N270 G01 X28.0 Z-40.0;	精车圆锥（N'→O'）
N280 G01 Z-50.0;	精车φ28mm外圆（O'→P'）
N290 G01 X32.0;	精车台阶（P'→Q'）
N300 G00 X100.0 Z150.0;	退刀到安全位置
N310 T0202;	调用第2号刀，2号刀补
N320 M03 S400;	主轴正转400r/min
N330 G00 X34.0 Z-48.0;	快进，准备切断
N340 G01 X-1.0 F40;	切断
N350 G00 X100.0 Z150.0;	退刀
N360 M30;	程序结束

步骤4 工具材料领用

完成本任务零件加工所需的工、刃、量、辅具清单见表1-1-8。

表1-1-8 工、刃、量、辅具清单

序号	名　称	规　格	数　量	备　注
1	游标卡尺	0~150mm/0.02mm	1把	
2	外径千分尺	0~25mm/0.01mm，25~50mm/0.01mm	各1把	
3	钢直尺	0~200mm/1mm	1把	
4	外圆车刀	93°	1把	
5	切断刀	刀宽3mm	1把	
6	游标万能角度尺	0°~360°/2'	1把	
7	R规	R1~R6.5mm	1把	
8	材料	45钢棒	1根	
9	其他辅具	铜棒、铜皮、毛刷等；计算器、相关指导书等	1套	选用

步骤5 零件加工

1）按照工、刃、量、辅具清单领取相应的工、刃、量、辅具。
2）开机上电。
3）复位。
4）返回机床参考点。
5）装夹工件毛坯。
6）装夹刀具并找正。
7）对刀,建立工件坐标系。
8）程序的输入。
9）程序校验。
10）零件加工。
11）零件测量。
12）校正刀具磨损值。
13）加工合格后对机床进行相应的保养。
14）按照工、刃、量、辅具清单归还相应的工、刃、量、辅具。
15）填写工作日志并关闭机床电源。

注意事项：

1）程序编好后,待教师检查无误方可运行。
2）运行时要用单段方式进行,且注意将机床的防护罩关闭。
3）出现紧急情况马上按急停按钮。
4）注意进给倍率的控制。

【检查评价】

加工完成后对零件进行去毛刺和尺寸的检测,阶梯轴零件检测的评分表见表1-1-9。

表1-1-9 阶梯轴零件检测的评分表

项目	序号	技术要求	配分	评分标准	得分
程序与工艺 （15%）	1	程序正确完整	5	不规范每处扣1分	
	2	切削用量合理	5	不合理每处扣1分	
	3	工艺过程规范合理	5	不合理每处扣1分	
机床操作 （20%）	4	刀具选择安装正确	5	不正确每次扣1分	
	5	对刀及工件坐标系设定正确	5	不规范每次扣1分	
	6	机床操作规范	5	不正确每次扣1分	
	7	工件加工正确	5	不正确每次扣1分	
工件质量 （40%）	8	尺寸精度符合要求	30	不合格每处扣3分	
	9	表面粗糙度符合要求	8	不合格每处扣1分	
	10	无毛刺	2	不合格不得分	
文明生产 （15%）	11	安全操作	5	出错全扣	
	12	机床维护与保养	5	不合格全扣	
	13	工作场所整理	5	不合格全扣	
相关知识及职业能力 （10%）	14	数控加工基础知识	2	视情况酌情给分	
	15	自学能力	2		
	16	表达沟通能力	2		
	17	合作能力	2		
	18	创新能力	2		

【拓展训练】

拓展训练 1

在数控车床上完成图 1-1-29 所示零件的加工。毛坯材料为 45 钢棒，尺寸为 φ32mm × 55mm。注意编程的基本步骤和程序的基本格式组成，同时注意粗、精加工刀具路径的安排。

拓展训练 2

在数控车床上完成图 1-1-30 所示零件的加工。毛坯材料为 45 钢棒，尺寸为 φ35mm × 60mm。注意圆弧插补指令（G02/G03）的运用，尤其注意顺圆、逆圆的判定；同时注意刀具角度的选择。

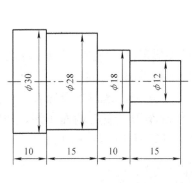

图 1-1-29　拓展训练 1 图

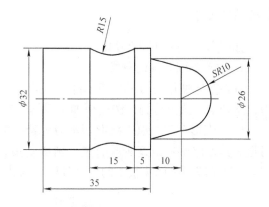

图 1-1-30　拓展训练 2 图

任务 1.2　螺纹轴数控车削加工

【任务导入】

本任务要求在数控车床上，采用自定心卡盘对零件进行定位装夹，用外圆车刀、切断刀、外螺纹车刀加工图 1-2-1 所示的螺纹轴零件。对螺纹轴零件工艺编制、程序编写及数控车削加工全过程进行详细分析。

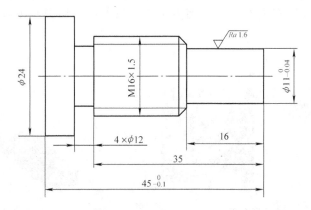

图 1-2-1　螺纹轴零件图

【任务目标】

1. 熟练掌握车刀的相关知识。
2. 熟练掌握切断（槽）加工工艺。
3. 熟练掌握螺纹加工工艺。
4. 熟练掌握单一形状固定循环指令和螺纹车削指令的格式及运用。
5. 熟练掌握螺纹轴车削加工工艺。
6. 熟练掌握车刀刃磨和机夹刀安装的方法。
7. 遵守安全文明生产的要求，操作数控车床加工螺纹轴零件。

【知识准备】

知识点1　数控车削刀具

1. 数控车削刀具的分类

数控车床使用的刀具按切削部分的形状一般分为三类，即尖形车刀、圆弧形车刀和成形车刀，从切削方式上分为外圆表面加工刀具、端面加工刀具和中心孔类加工刀具。

（1）尖形车刀　以直线形切削刃为特征的车刀一般称为尖形车刀。这种车刀的刀尖（同时也为其刀位点）由直线形的主、副切削刃构成，如90°内外圆车刀、左右端面车刀、切断（槽）刀（即刀尖倒棱很小的各种外圆和内孔车刀）。常见的尖形车刀如图1-2-2所示。

a) 90°外圆车刀　　　　　　b) 切断(槽)刀

图1-2-2　常见的尖形车刀

（2）圆弧形车刀　圆弧形车刀的特征：构成主切削刃的切削刃形状为一圆度误差或线轮廓度误差很小的圆弧；该圆弧刃每一点都是圆弧形车刀的刀尖，因此，刀位点不在圆弧上，而在该圆弧的圆心上。圆弧形车刀可以用于车削内、外表面，特别适合于车削各种光滑连接（凹形）的成形面，如图1-2-3所示。

（3）成形车刀　成形车刀俗称样板车刀，其加工零件的轮廓形状完全由车刀切削刃的形状和尺寸决定。常见的成形车刀有小半径圆弧车刀、非矩形车槽刀和螺纹车刀等，如图1-2-4所示。

　　　a)　　　　　　　b)

图1-2-3　圆弧形车刀　　　　　　　　　　图1-2-4　成形车刀

2. 常用车刀用途

通常会根据被加工零件的结构来选择车刀的类型及角度。为了减少车刀的修磨时间和换刀时间，以便于实现机械加工的标准化，数控车削加工时，在条件允许的情况下，应尽量使用标准化的机夹可转位刀具。

常用焊接车刀种类及用途如图 1-2-5 所示。常用机夹车刀种类及用途如图 1-2-6 所示。

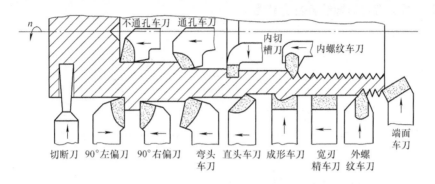

图 1-2-5 常用焊接车刀种类及用途

知识点 2 切断（槽）加工工艺

1. 切断和切槽时的切削用量

由于切断刀和切槽刀刀头强度比其他车刀低，所以在选择切削用量时，应适当减小其数值。

（1）背吃刀量（a_p） 横向切削时，背吃刀量等于垂直于工件已加工表面方向的切削层的厚度。所以切断和切槽时的背吃刀量也等于切断刀的主切削刃宽度。

（2）进给量（f） 进给量太大，容易使切断刀折断；进给量太小，切削时车刀后面和工件产生强烈的摩擦，发热增多，并容易引起振动。生产中常根据工件材料和刀具材料来选择进给量：

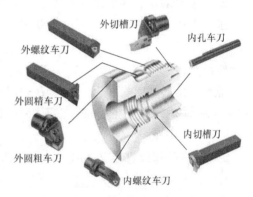

图 1-2-6 常用机夹车刀种类及用途

用高速工具钢切断刀切钢料时，$f=0.05 \sim 0.10$ mm/r；用硬质合金切断刀切钢料时，$f=0.10 \sim 0.20$ mm/r。

（3）切削速度（v） 使用高速工具钢切断刀切钢料时，建议取 $30 \sim 40$ m/min；使用硬质合金切断刀切钢料时，建议取 $80 \sim 120$ m/min。

2. 切断时切断刀的选择

1）切断是为了防止切下的工件端面留有小台，以及带孔的工件留有边缘，可以将切断刀主切削刃磨得略斜些。

2）一般在切断时，由于切屑和工件槽宽相同，容易将切屑堵塞在槽内。为了使排屑顺利，可把主切削刃两边倒角或把主切削刃磨成人字形。

3. 切断刀的刃磨要求

1）刃磨切断刀时，必须保证两个副后角平直、对称，使其与两个副偏角相等，且位置对称。

2）在两个刀尖处各磨一个小圆弧过渡刃，以增加刀尖强度。

知识点 3　螺纹加工工艺

螺纹是常用联接件和传动件，标准螺纹有很好的通用性和互换性。螺纹种类很多，按牙型分为三角形螺纹、矩形螺纹和梯形螺纹，其中每种螺纹又有单线和多线、左旋和右旋之分。常用螺纹都有国家标准。普通螺纹公称尺寸可查表。

1. 普通螺纹的各部分名称及公称尺寸

图 1-2-7 所示为普通螺纹各部分代号。

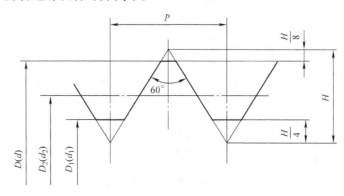

图 1-2-7　普通螺纹各部分代号

螺距用 P 表示，牙型角用 α 表示，其他各部分名称及公称尺寸如下。

螺纹大径（公称直径）　　　　$D(d)$

螺纹中径　　　　　　　　　　$D_2(d_2) = D(d) - 0.649P$

螺纹小径　　　　　　　　　　$D_1(d_1) = D(d) - 1.028P$

原始三角形高度　　　　　　　$H = 0.866P$

式中　D——内螺纹直径（mm），不标下角者为大径，标下角"1"为小径，标下角"2"为中径；

　　　d——外螺纹直径（mm），不标下角者为大径，标下角"1"为小径，标下角"2"为中径。

粗牙普通螺纹用字母"M"和公称直径表示，如 M20；细牙普通螺纹用字母"M"和公称直径×螺距表示，如 M20×1.5。

决定螺纹的基本要素有三个：

（1）牙型角 α　它是螺纹轴向剖面内螺纹两侧面的夹角，普通螺纹 $\alpha = 60°$，管螺纹 $\alpha = 55°$。

（2）中径 $D_2(d_2)$　它是一个假想圆柱的直径，该圆柱的素线通过螺纹牙厚与槽宽相等的地方。

（3）螺距 P　相邻两牙在中径线上对应两点间的轴向距离。

要使内、外螺纹相配合，它们的旋向和线数也必须相同，而螺纹配合的质量则主要取决于以上三个基本要素的精度。

车削螺纹前，一般应先在工件上加工出退刀槽。

2. 保证螺纹三个基本要素的方法

（1）牙型角 α　由螺纹车刀的几何形状及安装效果来保证。螺纹车刀两侧刃的夹角应等于螺纹的牙型角 α，且前角为 0°（图 1-2-8）；螺纹车刀安装后，刀尖必须与工件的旋转中心等高，刀尖角的平分线与工件轴线垂直（图 1-2-9）。

(2) 中径 D_2 (d_2) 通过控制多次进刀的总背吃刀量来保证。只有外螺纹中径 d_2 与内螺纹中径 D_2 相等，两者才能很好地配合。螺纹中径的大小与加工时的背吃刀量有关，切得越深，外螺纹的中径越小，内螺纹的中径越大。必须根据被切削螺纹的牙型高度，确定总背吃刀量，进而合理分配每次的背吃刀量。对高精度螺纹，最后还需用螺纹量规进行检测。

(3) 螺距 P 对单线螺纹，如工件每旋转一周，螺纹车刀准确地移动一个螺距，即保证了螺距 P。

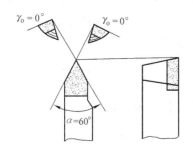
图 1-2-8　螺纹车刀的几何角度

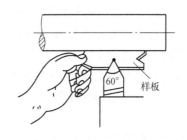
图 1-2-9　用样板对刀

3. 螺纹的车削方法

(1) 进刀方式　在数控车床上加工螺纹常用的方法有直进法、斜进法两种，如图 1-2-10 所示。直进法适合加工螺距较小（≤3mm）的螺纹，斜进法适合加工螺距较大的螺纹。螺纹加工中的走刀次数和背吃刀量会直接影响螺纹的加工质量，应根据螺距大小选取适当的走刀次数及背吃刀量。用直进法高速车削普通螺纹时，螺距小于3mm的螺纹一般3～6刀完成，且大部分余量在第一、二刀时去掉。

(2) 螺纹车削的切入与切出行程　在数控车床上加工螺纹时，螺距是通过伺服系统中装在主轴上的位置编码器进行检测，并实时地读取主轴转速并转换为刀具的每分钟进给量来保证的。由于机床伺服系统本身具有滞后特性，会在螺纹的起始段和停止段出现螺距不规则，所以实际加工螺纹的长度应包括切入和切出的空行程量。如图 1-2-11 所示，L_1 为切入空行程量，一般取 2～5mm；L_2 为切出空行程量，一般取 2～3mm。

a) 斜进法

b) 直进法

图 1-2-10　螺纹的进刀方式

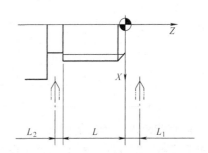
图 1-2-11　螺纹的切入与切出空行程量

(3) 多线螺纹的分线方法　在实际应用中经常会碰到多线螺纹的加工，多线螺纹的数控加工方法与单线螺纹加工相似，只需加工完一条螺纹后沿轴向移动一个螺距，再车另一条螺纹即可。当然，有些数控系统提供多线螺纹的加工功能，则可以利用程序指令实现分线。

4. 车削螺纹的步骤

（1）装夹工件和车刀

（2）对刀　螺纹车刀对刀的方法与外圆车刀对刀方法相同，对 X 刀补值时采用试切的方法，对 Z 刀补值时，不必很准确，因为螺纹的长度不是由螺纹车刀控制的，而是由切断刀控制的。

（3）车出退刀槽

（4）车削螺纹底轴（底孔）　先按要求车出螺纹轴（底孔）直径，并在端面倒 45° 或 30° 倒角。车 1.5~3.5mm 螺距的外螺纹，其底轴直径一般比大径（公称直径 d）小 0.2~0.4mm；车内螺纹，其底孔直径要比大径（公称直径 D）小一个螺距值。

（5）车削螺纹直至合格为止

5. 螺纹车削的进给次数与背吃刀量的控制

在车削螺纹时，三角形螺纹的总背吃刀量按以下经验公式来计算

$$a_p = 1.3P$$

式中　a_p——总背吃刀量（直径值，mm）；

P——螺距（mm）。

由于加工螺纹的背吃刀量较大，螺纹车刀刀尖处强度较低，一次车削全部深度容易打刀，所以要分几次进刀车削。高速车 1.5~3.5mm 螺距的螺纹，一般分 3~6 刀车出。由于随着切削次数的增加，螺纹槽逐渐加深，造成刀具参与切削的面积增加，从而使切削力增加，车刀刀尖容易崩断，故每次进刀时背吃刀量应递减，可按每次背吃刀量都是剩余背吃刀量的一半来分配背吃刀量。常用螺纹切削的进给次数与背吃刀量见表 1-2-1。

表 1-2-1　常用螺纹切削的进给次数与背吃刀量　　　　（单位：mm）

		米制螺纹						
螺距		1.0	1.5	2.0	2.5	3.0	3.5	4.0
背吃刀量（直径值）		1.3	1.95	2.6	3.25	3.9	4.55	5.2
切削次数及背吃刀量（直径值）	1 次	0.7	0.8	0.9	1.0	1.2	1.5	1.5
	2 次	0.4	0.6	0.6	0.7	0.7	0.7	0.8
	3 次	0.2	0.4	0.6	0.6	0.6	0.6	0.6
	4 次		0.15	0.4	0.4	0.4	0.6	0.6
	5 次			0.1	0.4	0.4	0.4	0.4
	6 次				0.15	0.4	0.4	0.4
	7 次					0.2	0.2	0.4
	8 次						0.15	0.3
	9 次							0.2

6. 影响螺纹加工精度的因素

加工三角形螺纹时，精度不容易控制，主要是由以下几个因素造成的。

（1）外圆柱直径的影响　在进给量、刀具角度等条件相同的情况下（在讨论某一个因素的影响时，假定其他条件都不变，以下同），外圆柱直径大，则车出的螺纹中径大；外圆柱直径小，则车出的螺纹中径小。

（2）对刀深浅的影响　如果对刀进得深，则车出的螺纹中径小，反之则大。

（3）刀尖圆弧半径的影响　在进给量相同（即背吃刀量相同）时，刀尖圆弧半径小（刀

具尖），则车出的螺纹槽窄，中径大。反之，如果刀尖圆弧半径大（相当于刀尖宽），则车出的螺纹槽宽，中径小。

（4）刀尖角的影响　如果刀尖角小，则车出的螺纹槽窄，中径大；反之，则槽宽，中径小。

所有这些因素都会影响到螺纹的加工精度，若这些因素的变化都是在正常的变化范围内，则可以通过改变总进给量来车出合格的螺纹。

在练习时，为了尽快掌握车螺纹的技术，应保证外圆柱直径、对刀深浅、刀尖圆弧半径大小以及刀尖角大小的一致性，这样才容易车出合格的螺纹。

另外，为了车出合格的螺纹，可以采用环规（塞规）试测试切的方法。例如车削螺距为 1.5mm 的螺纹，总背吃刀量为 1.95mm，共 4 刀车完，第 1 刀车 0.8mm，第 2 刀车 0.6mm，第 3 刀车 0.4mm，先不车到尺寸，然后用环规检测螺纹的情况，根据实际情况再确定是否进刀、进刀多少。如果环规还仅能旋进 1 圈，则第 4 刀车 0.15mm；如果能旋进 2 圈，则第 4 刀进 0.05mm；如果环规能旋进 3 圈以上，则第 4 刀车削时无须进刀，仅光刀即可（在上次的 X 值上车削，不进刀），有时需要光刀几次才行。

知识点 4　单一形状固定循环编程指令

1. 外径/内径车削循环（G90）

（1）指令格式　G90 X(U)＿Z(W)＿R＿F＿;。

（2）说明

1)"X(U)＿Z(W)＿"为切削表面终点坐标值（绝对或增量）。用绝对值指令时，是终点的坐标值；用增量值指令时，是刀具移动的距离。

2)"R＿"为锥面始点与终点半径差，当 R＿值为 0 时表示加工圆柱面，可以省略不写。

3)";"代表一个程序段的结束。

4) 圆柱面加工过程刀具路径如图 1-2-12 中 $A→B→C→D→A$ 所示。圆锥面加工过程刀具路径如图 1-2-13 中 $A→B→C→D→A$ 所示。其中 R 为快速移动，F 为进给切削加工，即 $AB(G00)→BC(G01)→CD(G01)→DA(G00)$。

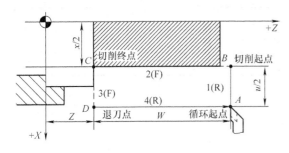
图 1-2-12　G90 指令加工圆柱面刀具路径图

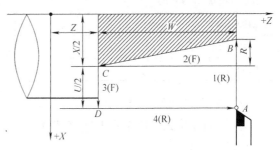
图 1-2-13　G90 指令加工圆锥面刀具路径图

（3）注意事项

1) 执行该循环前需利用程序将刀具定位到循环起点，然后开始执行 G90，而且要注意刀具每次执行完一次 G90 后又回到循环起点，所以循环起点的选择应选在工件毛坯的外面。

2) G90 为模态指令，执行后一直有效。

3) 固定循环为简化编程指令，其功能完全可以用其他指令代替。

（4）举例　图 1-2-14 所示零件的毛坯材料为 45 钢棒，尺寸为 $\phi40\text{mm}×50\text{mm}$，其工件坐标系建立如图 1-2-15 所示，其加工程序见表 1-2-2。

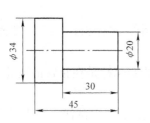 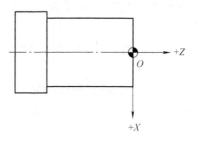

图 1-2-14 零件图（一）　　　　　图 1-2-15 工件坐标系建立（一）

表 1-2-2 零件加工程序

程序内容	程序说明
O1201；	程序号
N10 T0101；	调用1号刀，1号刀补
N20 M03 S500；	主轴正转 500r/min
N30 G00 X42.0 Z2.0；	快速移动到循环起点的位置
N40 G90 X34.0 Z-45.0 F100；	车 φ34mm 外圆，进给量为 100mm/min
N50 G90 X28.0 Z-30.0；	车 φ28mm 外圆
N60 G90 X22.0 Z-30.0；	车 φ22mm 外圆
N70 G90 X20.0 Z-30.0；	车 φ20mm 外圆
N80 G00 X100.0 Z150.0；	快速退回
N90 T0202；	调用第2号刀，2号刀补
N100 M03 S300；	主轴正转 300r/min
N110 G00 X44.0 Z-48.0；	快进，准备切断
N120 G01 X-1.0 F30；	切断
N130 G00 X100.0 Z150.0；	退刀
N140 M05；	主轴停止
N150 M30；	程序结束

2. 端面车削循环（G94）

（1）指令格式　G94 X(U)_ Z(W)_ R_ F_；。

（2）说明

1）"X(U)_ Z(W)_"为切削表面终点坐标值（绝对或增量）。用绝对值指令时，是终点的坐标值；用增量值指令时，是刀具移动的距离。

2）"R_"为端面切削始点相对于终点的 Z 向有向距离（即端面切削终点到始点位移在 Z 轴方向上的投影矢量），当 R 值为 0 时表示加工平端面，可以省略不写。

3）";"代表一个程序段的结束。

4）平端面加工过程刀具路径如图 1-2-16 中 A→B→C→D→A 所示。圆锥面加工过程刀具路径如图 1-2-17 中 A→B→C→D→A 所示。其中 R 为快速移动，F 为进给切削加工，即 AB(G00)→BC(G01)→CD(G01)→DA(G00)。

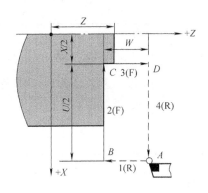
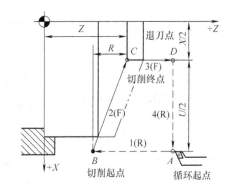

图 1-2-16　G94 指令加工平端面刀具路径图　　　图 1-2-17　G94 指令加工圆锥面刀具路径图

（3）注意事项

1）执行该循环前需利用程序将刀具定位到循环起点，然后开始执行 G94，而且要注意刀具每次执行完一次 G94 后又回到循环起点。

2）由于 X(U)_ Z(W)_ 和 R_ 的数值在固定循环期间是模态的，所以如果没有重新指定 X(U)_ Z(W)_ 或 R_，则原来指定的数据有效。因此，当 X 轴移动量没有变化时，只要对 Z 轴指定移动指令，就可以重复固定循环。

3）G90 与 G94 的区别：G90 与 G94 刀具路径是相反的，其切削的位置不同；G90 主要用于轴向余量比径向余量大的情况，如轴类零件，进行轴向切削节省时间；G94 主要用于径向余量比轴向余量大的情况，如盘类零件，进行径向车削节省时间。在生产中，所用的刀具也是不同的，在练习中如果没有专门的刀具而采用普通的 90°外圆车刀，要特别注意此时刀具用副切削刃进行切削，背吃刀量要小，否则很容易损坏刀具。

（4）举例　图 1-2-18 所示零件的毛坯材料为 45 钢棒，尺寸为 $\phi 55mm \times 45mm$，其工件坐标系建立如图 1-2-19 所示，其加工程序见表 1-2-3。

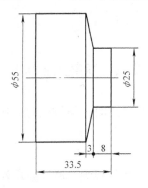
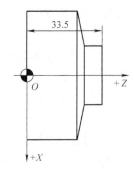

图 1-2-18　零件图（二）　　　图 1-2-19　工件坐标系建立（二）

表 1-2-3　零件加工程序

程序内容	程序说明
O1202;	程序号
N10 T0101;	调用 1 号刀，1 号刀补
N20 M03 S500;	主轴正转 500r/min
N30 G00 X58.0 Z35.0;	快速移动到循环起点的位置

(续)

程序内容	程序说明
N40 G94 X25.0 Z33.5 R-3.0 F100;	车锥面，进给量为100mm/min（A→B→C→D→A） 与该指令等同的指令： G00 X58.0 Z30.5；（30.5 = 33.5 - 3） G01 X25.0 Z33.5 F100； G00 Z35.0； G00 X58.0；
N50 Z31.5;	车锥面
N60 Z29.5;	车锥面，（A→G→H→D→A） 写出与该指令等同的指令： G00 G01 G00 G00
N70 Z27.5;	车锥面
N80 Z25.5;	车锥面
N90 G00 X100.0 Z150.0;	快速退回
N100 T0202;	调用第2号刀，2号刀补
N110 M03 S300;	主轴正转300r/min
N120 G00 X58.0 Z19.5;	快进，准备切断
N130 G01 X-1.0 F30;	切断
N140 G00 X100.0 Z150.0;	退刀
N150 M30;	程序结束

知识点5　螺纹车削编程指令

1. 单程螺纹车削指令（G32）

（1）指令格式　G32 X(U)_ Z(W)_ F_；。

（2）说明

1）"X(U)_ Z(W)_"为切削螺纹终点坐标值（绝对或增量）。用绝对值指令时，是终点的坐标值，用增量值指令时，是刀具移动的距离。

2）"F_"为螺纹导程，单线螺纹时为螺纹的螺距，多线螺纹时为螺纹的螺距乘以螺纹的线数。

3）";"代表一个程序段的结束。

4）该指令控制的轨迹和G01一致，使用该指令车削螺纹比较麻烦，所以应用较少。

2. 螺纹车削单一循环指令（G92）

（1）指令格式　G92 X(U)_ Z(W)_ R_ F_；。

（2）说明

1）"X(U)_ Z(W)_"为切削螺纹终点坐标值（绝对或增量）。用绝对值指令时，是终点的坐标值；用增量值指令时，是刀具移动的距离。

2）"R_"为圆锥螺纹起点与终点的半径差（即螺纹切削终点到始点位移在X轴方向上的投影矢量），当R_值为0时表示加工圆柱螺纹，可以省略不写。

3）";"代表一个程序段的结束。

4)"F_"为螺纹导程,单线螺纹时为螺纹的螺距,多线螺纹时为螺纹的螺距乘以螺纹的线数。

5)圆柱螺纹加工过程刀具路径如图1-2-20中 $A \rightarrow B \rightarrow C \rightarrow D \rightarrow A$ 所示。圆锥螺纹加工过程刀具路径如图1-2-21中 $A \rightarrow B \rightarrow C \rightarrow D \rightarrow A$ 所示。其中R为快速移动,F为进给切削加工,即 $AB(G00) \rightarrow BC(G01) \rightarrow CD(G00) \rightarrow DA(G00)$ 。

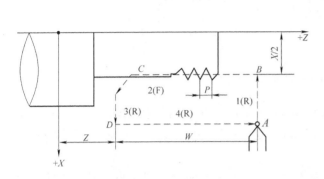 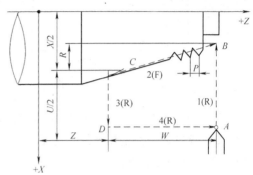

图1-2-20　G92指令加工圆柱螺纹刀具路径图　　　　图1-2-21　G92指令加工圆锥螺纹刀具路径图

(3)注意事项

1)执行该循环前需利用程序将刀具定位到循环起点,然后开始执行G92,而且要注意刀具每次执行完一次G92后又回到循环起点。

2)由于X(U)_Z(W)_和R_的数值在固定循环期间是模态的,当Z轴移动量没有变化时,只要对X轴指定移动指令,就可以重复固定循环。

3)由于车螺纹时数控系统通过安装在车床主轴上的脉冲编码器来检测主轴的转角,通过控制系统来控制刀具的进给,使其保证主轴旋转一转刀具前进一个导程,从而加工出合格的螺纹,因此,如果用"MST锁住"功能锁住主轴不转,则无法进行螺纹加工的模拟。

4)数控车床在车削螺纹时,收到脉冲编码器的零标志位信号时才开始进刀切削,故多次进刀车削也不会出现像普通车床车螺纹时的乱牙问题。但如果在车削过程中更换了螺纹车刀就会出现乱牙问题,而且很难纠正。

5)车螺纹就是要保证主轴旋转一转刀具前进一个导程,实际加工的情况是主轴一直在旋转,以车M24×1.5的圆柱螺纹为例,主轴转速选择500r/min,刀具的运动速度要达到750mm/min才行,然而刀具在Z向是由静止到运动又到静止的过程,不可能从静止突变到750mm/min,不管时间多么短暂,也总是需要时间的,那么在这短暂的时间内如果切削螺纹,其螺距肯定是不合格的,在即将停止的时候也是如此。因此螺纹的加工必须有一段升速和降速的时间和行程,这就要求有退刀槽,且在编程的时候应让螺纹车刀的起点距离螺纹的起点在轴向有3~5mm的距离,螺纹车刀的终点在退刀槽的中部。

3. 螺纹车削复合循环指令(G76)

(1)指令格式

G76 P(m)(r)(a) Q(Δd_{min}) R(d);
G76 X(U)_Z(W)_R(i) P(k) Q(Δd) F_;

(2)说明

1)执行G76指令时,加工过程刀具路径及各参数值如图1-2-22所示。

2)"m"为精加工重复次数(1~99)。该值是模态的,可用参数No.5142设定,由程序指令改变。

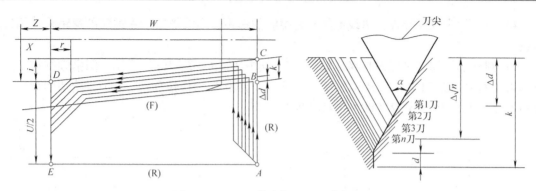

图 1-2-22　G76 指令加工刀具路径图

3)"r"为倒角量。当螺距由 L 表示时,可以由（0~9.9）L 设定,单位为 0.1L（两位数：00~99）。该值是模态的,可用参数 No.5130 设定,由程序指令改变。r 和 e 表示为螺纹 Z 向和 X 向的退尾长度。

4)"a"为刀尖角度。可以选择 80°、60°、55°、30°、29°和 0°六种中的一种,由两位数规定。该值是模态的,可用参数 No.5143 设定,用程序指令改变。注：m、r 和 a 用地址 P 同时指定。如当 $m=2$,$r=1.2L$,$a=60°$时,指定：P021260。

5)"Δd_{min}"为最小背吃刀量（用半径值指定）。当一次循环运行的背吃刀量小于此值时,背吃刀量设定为 Δd_{min} 该值是模态的,可用参数 No.5140 设定,用程序指令改变。

6)"d"为精加工余量。该值是模态的,可用参数 No.5141 设定,用程序指令改变。

7)"i"为螺纹半径差,如果 $i=0$,可以进行普通直螺纹切削。

8)"k"为螺纹牙型高度,这个值用半径值规定。

9)"Δd"为第一刀背吃刀量（半径值）。

10)"F _"为导程,单线螺纹时为螺纹的螺距,多线螺纹时为螺纹的螺距乘以螺纹的线数。

(3) 注意事项

1) 按 G76 段中的 X(U) 和 Z(W) 指令实现循环加工,增量编程时,要注意 U 和 W 的正负号（由刀具路径 AC 和 CD 段的方向决定）。

2) G76 循环进行单边切削,减小了刀尖的受力。第 1 次切削时背吃刀量为 Δd,第 n 次总的背吃刀量为 $\Delta d \sqrt{n}$,每次循环的背吃刀量为 $\Delta d(\sqrt{n}-\sqrt{n-1})$。

3) 图 1-2-22 中,C 到 D 点的切削速度由 F 代码指定,而其他刀具路径均为快速进给。

4) 使用 G76 指令加工循环结束时,刀具返回到循环起点 A。

5) 使用 G76 指令可完成一个螺纹的整个加工过程,使用 G92 可以完成一个切削循环,使用 G32 仅车一刀,其辅助运动需要另外编程才能实现；G76 编程参数多,容易搞错,尽量少用；G32 指令需要较多辅助指令的编写,较烦琐；G92 编程简洁、方便,使用较多。

【技能准备】

技能点 1　车刀的刃磨

新的焊接车刀或者用钝的车刀都必须刃磨,以形成其合理的标注角度和形状。车刀有机械刃磨和手工刃磨两种刃磨方法,手工刃磨车刀是车工的基本功之一。下面以 90°外圆车刀为例,详细介绍车刀的刃磨方法及注意事项。

1. 外圆车刀的刃磨步骤

外圆车刀的刃磨步骤如图 1-2-23 所示。

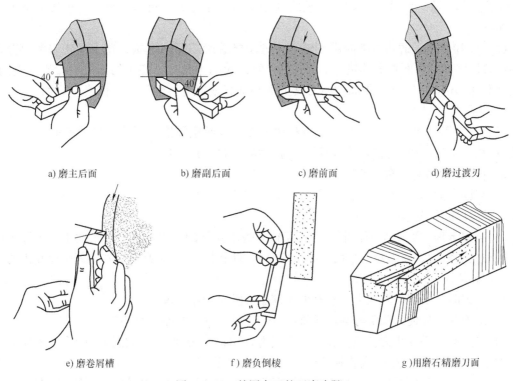

a) 磨主后面　　b) 磨副后面　　c) 磨前面　　d) 磨过渡刃

e) 磨卷屑槽　　f) 磨负倒棱　　g) 用磨石精磨刀面

图 1-2-23　外圆车刀的刃磨步骤

（1）磨削主后面　右手拿住刀头部分，左手拿住刀杆的尾部，使刀杆水平，主切削刃朝上。刀杆沿轴线转动调整主后角，左手前移增大主偏角。

（2）磨削副后面　左手拿刀头部分，右手拿刀杆部分，使副切削刃朝上，此时刀杆不再水平，刀头高刀尾低，刀头刀尾相差越大，则其副后角越大。刀尾向右移，则增大副偏角。

（3）刃磨前面

1）刃磨时，操作者应站在砂轮的侧面，两脚自然分开，与肩同宽，上臂自然下垂，左手握住刀头，右手握住刀杆尾部，两手分开尽可能远（这样磨削时不容易晃动），使刀杆水平，主切削刃朝上（便于操作者观察磨削情况）。

2）使刀头处远离主切削刃的一边先接触砂轮，然后刀具沿刀杆轴线转动（从右往左看为顺时针转动），逐步使前面贴到砂轮的侧面，进行磨削。转动角度的大小，决定了前角刃磨的大小，如果前面磨削得多，靠近主切削刃处磨得少，则前角大，反之则前角小。转动合适的位置后不再转动，保持该角度，然后调整刃倾角。其方法是右手握住刀杆往前移，使刀杆在水平面内逆时针转动（注意此时刀杆仍在水平面内，且前角不变），如果靠近刀杆处磨得多，头尖部分磨得少，则刃倾角大，反之，则刃倾角小。转动合适位置后，停止转动，保持刀具所处的角度不变，使刀具在水平面内平行于砂轮轴线左右移动、均匀磨削，防止砂轮表面的不平整而把切削刃磨成曲线。

3）磨削过程中要随时停下来，观察其磨削的角度是否正确。如果角度不合适要及时调整，角度调整合适后再继续刃磨，直到将整个刀面磨好为止。

4）其他两个面的磨削与此类似。

(4) 磨过渡刃 将三个刀面磨好后，要磨过渡刃，方法是右手握住刀头部分，左手握住刀杆尾部，使刀杆与砂轮轴线成45°夹角。前面朝上，两后面的交线下部轻轻接触砂轮，然后慢慢使刀尾部上移，将两后面相交的棱线磨去即可。注意不要将刀尖磨低，过渡刃宽度不大于0.5mm。

(5) 磨卷屑槽 磨卷屑槽需用砂轮笔将砂轮修成所需要的形状，左手握住刀头部分，右手握住刀杆尾部，前面对准砂轮，下部轻轻接触砂轮的尖角处，使主切削刃平行于砂轮侧面，且离开磨削部位1~3mm的距离，使刀具上下平动将槽磨好。然后，再修磨主后面和副后面，直至达到要求。

(6) 用磨石精磨 为了减小各刀面和切削刃的表面粗糙度，要用加机油的磨石贴平各刀面进行精磨，将砂轮的痕迹磨平。但要注意不要把切削刃磨钝。

2. 车刀刃磨时需注意的事项

1）牢固掌握90°外圆车刀的特点（一尖、二刃、三面、六角；无论从哪个刀面看，刀尖都处于最突出的位置）。

2）牢固掌握"磨一个面控制两个相互独立的角度"的方法。这两个角度是一个面上的两个相互独立的角度，要磨好一个面，必须两个角度同时磨好，否则，会在磨好一个角度时将前一个角度破坏。

3）磨刀时，切削刃要向上，这样便于观察、控制磨削情况。

4）磨刀时，应使刀头部分与砂轮轴线等高，这样便于控制刀具角度。

5）磨刀时，手要用力握住砂轮，不要用力往前推，否则，刀具会振动严重，不易磨好刀具。如果砂轮有托架，则手应放到托架上，这样会更稳当。

6）磨刀时，手要握住刀具左右平动，否则会由于砂轮的不平整使刀具刃口不平整。

7）磨高速工具钢刀具应勤沾水冷却，不要长时间磨削或过分用力磨削，否则，磨削热会使切削刃部分退火（切削刃处瞬时变红）而降低硬度。硬质合金刀具不能沾水，也应注意冷却。

8）在磨刀时应将刀面磨好后再磨切削刃，在磨硬质合金刀具时可看到切削刃处有一排小火花（长度3~5mm），火花所在的地方就是磨削的部位。只要使这排小火花从切削刃的一端移到另一端，则这一切削刃就磨好了。千万不能使小火花停留在一个位置，因为切削刃很容易磨坏。

注意事项：

1）刃磨刀具前，应首先检查砂轮有无裂纹，砂轮轴螺母是否拧紧，并经试转后使用，以免砂轮碎裂或飞出伤人。

2）刃磨刀具不能用力过大，否则会使手打滑而触及砂轮面，造成工伤事故。

3）磨刀时应戴防护眼镜，以免砂粒和铁屑飞入眼中。

4）磨刀时不要正对砂轮的旋转方向站立，以防意外。

5）磨小刀头时，必须把小刀头装入刀杆上。

6）砂轮支架与砂轮的间隙不得大于3mm，如发现过大，应调整适当。

3. 车刀角度检测的方法

(1) 目测法 观察车刀角度是否合乎切削要求，切削刃是否锋利，表面是否有裂痕和其他不符合切削要求的缺陷。观察角度的方法如下。

将刀杆平端至与视线等高，刀头在左、刀杆在右，且使刀杆垂直于视线，观察水平面与主切削刃的夹角，即为刃倾角，刃尖高为正值；将副后面看成一条线，与垂直平面的夹角即为副后角。观察两者大小是否与要求的一致。使刀杆平行于视线，将主切削刃看成一个点，则前面就看成了一条线,观察其与水平面的夹角,则为前角,刀尖高为正值;将主后面看成一条线,与垂直平面的夹角即为主后角,观察两者大小是否与要求的一致。将刀具放下,使刀杆垂直于某一铅垂面(如墙壁),则主切削刃与该平面的夹角为主偏角,副切削刃与该平面的夹角为副偏角。观察两者大小是否与要求的一致。

(2)角度尺和样板测量法 对于角度要求高的车刀,可用此法检查。

4. 刀具刃磨良好的标准

刃磨良好的刀具应达到:刃口平直无崩口;刀具平整,表面粗糙度值低;角度正确;刀尖无损伤。其关键要看刀尖、刀尖附近的刃口、刃口附近的刀面。因为切削主要是刀尖和刀尖附近的切削刃来完成的,只要能保证附近的区域达到上述要求,其他部分不影响强度、无干涉即可。

技能点2 机夹车刀安装步骤

如图1-2-24所示,选好合适的刀片和刀体,按刀片和刀体的配合方式把刀片放入刀体内,使其完全贴合,然后用专用扳手拧紧紧固螺钉,最后检查刀具角度和间隙。

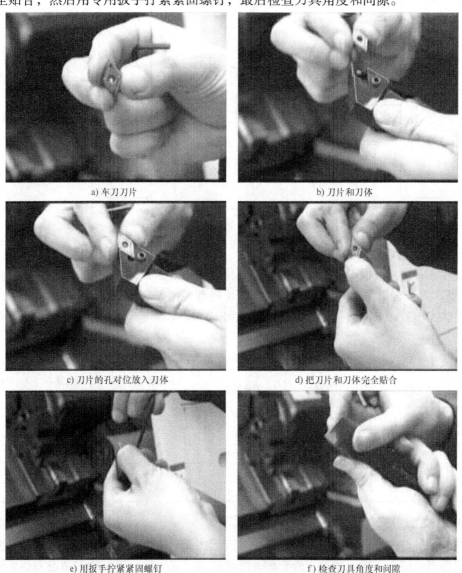

a) 车刀刀片 b) 刀片和刀体
c) 刀片的孔对位放入刀体 d) 把刀片和刀体完全贴合
e) 用扳手拧紧紧固螺钉 f) 检查刀具角度和间隙

图1-2-24 机夹车刀的安装

【任务实施】

步骤1　零件分析

图1-2-1所示螺纹轴零件为简单回转体零件，工件轮廓由两个外圆柱面、一个退刀槽、一个外螺纹和一个倒角组成，形状相对比较简单，在直径方向上精度要求相对较高，是一个典型的数控车削类零件，适合初学数控车床加工人员使用。该零件宜采用ϕ30mm的棒料毛坯。

步骤2　工艺制订

1. 确定定位基准和装夹方案

毛坯是一个ϕ30mm的45钢棒，且有足够的夹持长度和加工余量，便于装夹。采用自定心卡盘定位夹紧，能自动定心，工件伸出卡盘60～65mm，能够保证45mm车削长度，同时便于切断刀进行切断加工。螺纹轴定位装夹示意图如图1-2-25所示。

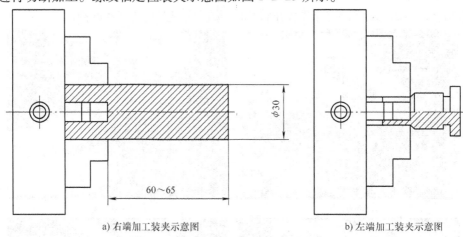

a) 右端加工装夹示意图　　　　b) 左端加工装夹示意图

图1-2-25　螺纹轴定位装夹示意图

2. 选择刀具与切削用量

选择刀具时需要根据零件结构特征确定刀具类型，图1-2-1所示螺纹轴零件中外圆柱面选择90°外圆车刀（以下简称外圆车刀）加工，切槽和切断选择4mm刀宽切断刀加工，车外螺纹选择外螺纹车刀加工。根据零件的精度要求和工序安排确定刀具几何参数及切削用量，见表1-2-4。

表1-2-4　刀具几何参数及切削用量表

工步	工步内容	刀具号	刀具类型	主轴转速/(r/min)	进给量/(mm/min)	背吃刀量/mm
1	粗车外圆柱面	T01	外圆车刀	600	120	3
2	精车外圆柱面	T01	外圆车刀	1000	100	0.2
3	切退刀槽	T02	切断刀	300	30	3
4	车外螺纹	T03	外螺纹车刀	400		
5	切断	T02	切断刀	300	30	3

3. 确定加工顺序

该零件为单件生产，右端面在对刀时手动完成加工，由于在直径方向上尺寸精度要求相对较高，故选用外圆车刀粗、精加工外轮廓，外轮廓加工完毕后，换切断刀切退刀槽，然后换外螺纹车刀车外螺纹，再换切断刀切断；最后调头装夹，车左端面保证总长，完成零件加工。螺纹轴数控加工工序卡见表1-2-5。

项目1 轴套类零件数控编程与加工

表1-2-5 螺纹轴数控加工工序卡

数控加工工序卡		零件图号	零件名称		材料		使用设备		
			螺纹轴		45钢棒		数控车床		
工步号	工步内容	刀具号	刀具名称	刀具规格	主轴转速 /(r/min)	进给量 /(mm/min)	刀尖半径补偿号	刀具长度补偿号	备注
1	车右端面	T01	外圆车刀	90°	600		D01	H01	手动
2	粗车外轮廓面	T01	外圆车刀	90°	600	120	D01	H01	
3	精车外轮廓面	T01	外圆车刀	90°	1000	100	D01	H01	
4	切退刀槽	T02	切断刀	4mm	300	30		H02	
5	车外螺纹	T03	外螺纹车刀	60°	400			H03	
6	切断	T02	切断刀	4mm	300	30		H02	
7	车零件左端面	T01	外圆车刀	90°	600	100	D01	H01	手动

步骤3 程序编写

1. 建立工件坐标系

螺纹轴零件为单件生产,端面为设计基准,也是长度方向上的测量基准,故本项目中工件坐标系选择在工件右端面中心处,如图1-2-26所示。

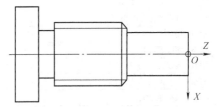

图1-2-26 建立工件坐标系

2. 确定刀具路径

该零件选用外圆车刀进行粗、精加工外轮廓,外轮廓加工完毕后,刀架回到安全位置后换切断刀,切退刀槽,再车螺纹。刀具路径如图1-2-27所示,其中图1-2-27a中$A→B(B')→C(C')→D→A$分别为ϕ24mm外圆柱面的粗、精车刀具路径,$A→E(E')→F(F')→G→A$分别为M16螺纹大径的粗、精车刀具路径,$A→H(H')→I(I')→J→A$分别为ϕ11mm外圆柱面的粗、精车刀具路径;图1-2-27b中$K→L→K$为切退刀槽的刀具路径。

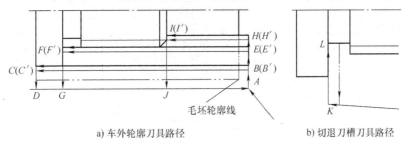

a) 车外轮廓刀具路径   b) 切退刀槽刀具路径

图1-2-27 刀具路径图

3. 计算节点坐标

因为外圆柱面采用单一形状固定循环G90指令编程,所以在外圆柱面加工过程中只要计算循环起点(A、K)、切削终点(C、F、I、C'、F'、I'、L)的坐标即可,结合图1-2-27所示刀具路径图,螺纹轴手工编程节点坐标见表1-2-6。

表1-2-6 螺纹轴手工编程节点坐标

坐标点	坐标值	坐标点	坐标值	坐标点	坐标值
A	X24, Z0.3	I	X26, Z0.3	I'	X20, Z-11.929
C	X24, Z-24.508	C'	X18, Z0.3	K	X20, Z0.3
F	X26, Z-24.508	F'	X18, Z-11.929	L	X14.248, Z0.3

4. 编写程序

手工编写零件加工程序，图 1-2-1 所示螺纹轴零件的加工程序见表 1-2-7。

表 1-2-7　螺纹轴零件的加工程序

程序内容	程序说明
O1203；	程序号
N10 T0101；	调用 1 号刀，1 号刀补
N20 M03 S600；	主轴正转 600r/min
N30 G00 X34.0 Z2.0；	快速移动到循环起点的位置
N40 G90 X24.4 Z-45.0 F120；	粗车 φ24mm 外圆，进给量为 120mm/min
N50 X18.0 Z-39.0；	粗车 φ15.9mm 外圆
N60 X16.3；	粗车 φ15.9mm 外圆
N70 X11.4 Z-16.0；	粗车 φ11mm 外圆
N80 M03 S1000；	主轴正转 1000r/min（精车转速）
N90 G90 X24.0 Z-45.0 F100；	精车 φ24mm 外圆，进给量为 100mm/min
N100 X15.9 Z-39.0；	精车 φ15.9mm 外圆
N110 X11.0 Z-16.0；	精车 φ11mm 外圆
N120 G00 X100.0 Z150.0；	快速退刀
N130 T0202；	调用第 2 号刀，2 号刀补
N140 M03 S300；	主轴正转 300r/min
N150 G00 X26.0 Z-39.0；	快速移动到切槽的位置
N160 G01 X12.0 F30；	切槽
N170 G04 X3.0；	光整加工退刀槽
N180 G00 X26.0；	退刀
N190 G00 X100.0 Z150.0；	快速退回
N200 T0303；	调用第 3 号刀，3 号刀补
N210 M03 S400；	主轴正转 400r/min
N220 G00 X18.0 Z-14.0；	快速移动到循环起点的位置
N230 G92 X15.1 Z-37.0；	车螺纹第 1 刀
N240 X14.5；	车螺纹第 2 刀
N250 X14.1；	车螺纹第 3 刀
N260 X13.94；	车螺纹第 4 刀
N270 G00 X100.0 Z150.0；	快速退刀
N280 T0202；	调用第 2 号刀，2 号刀补
N290 M03 S300；	主轴正转 300r/min
N300 G00 X34.0 Z-49.0；	快进，准备切断
N310 G01 X-1.0 F30；	切断
N320 G00 X100.0 Z150.0；	快速退刀
N330 M30；	程序结束

步骤 4　工具材料领用

完成本任务零件加工所需的工、刃、量、辅具清单见表 1-2-8。

表 1-2-8　工、刃、量、辅具清单

序号	名称	规格	数量	备注
1	游标卡尺	0~150mm/0.02mm	1 把	
2	外径千分尺	0~25mm/0.01mm，25~50mm/0.01mm	各 1 把	
3	钢直尺	0~200mm/1mm	1 把	
4	外圆车刀	90°	1 把	
5	切断刀	刀宽 4mm	1 把	
6	外螺纹车刀	60°	1 把	
7	螺纹环规	M16×1.5	1 副	
8	材料	45 钢棒	1 根	
9	其他辅具	铜棒、铜皮、毛刷等；计算器、相关指导书等	1 套	选用

步骤5 零件加工

1）按照工、刃、量、辅具清单领取相应的工、刃、量、辅具。
2）开机上电。
3）复位。
4）返回机床参考点。
5）装夹工件毛坯。
6）装夹刀具并找正。
7）对刀，建立工件坐标系。
8）程序的输入。
9）程序校验。
10）零件加工。
11）零件测量。
12）校正刀具磨损值。
13）加工合格后对机床进行相应的保养。
14）按照工、刃、量、辅具清单归还相应的工、刃、量、辅具。
15）填写工作日志并关闭机床电源。

注意事项：

1）程序编好后，待教师检查无误方可运行。
2）运行时要用单段方式进行，且注意将机床的防护罩关闭。
3）出现紧急情况马上按急停按钮。
4）注意进给倍率的控制。

【检查评价】

加工完成后对零件进行去毛刺和尺寸的检测，螺纹轴零件检测的评分表见表1-2-9。

表1-2-9 螺纹轴零件检测的评分表

项目	序号	技术要求	配分	评分标准	得分
程序与工艺（15%）	1	程序正确完整	5	不规范每处扣1分	
	2	切削用量合理	5	不合理每处扣1分	
	3	工艺过程规范合理	5	不合理每处扣1分	
机床操作（20%）	4	刀具选择安装正确	5	不正确每次扣1分	
	5	对刀及工件坐标系设定正确	5	不规范每处扣1分	
	6	机床操作规范	5	不正确每次扣1分	
	7	工件加工正确	5	不正确每次扣1分	
工件质量（40%）	8	尺寸精度符合要求	30	不合格每处扣3分	
	9	表面粗糙度符合要求	8	不合格每处扣1分	
	10	无毛刺	2	不合格不得分	
文明生产（15%）	11	安全操作	5	出错全扣	
	12	机床维护与保养	5	不合格全扣	
	13	工作场所整理	5	不合格全扣	
相关知识及职业能力（10%）	14	数控加工基础知识	2	视情况酌情给分	
	15	自学能力	2		
	16	表达沟通能力	2		
	17	合作能力	2		
	18	创新能力	2		

【拓展训练】

拓展训练1

在数控车床上完成图1-2-28所示零件的加工。毛坯材料为45钢棒，尺寸为$\phi 40mm \times 55mm$。注意螺纹车削的参数选择，同时注意切槽刀具路径的安排。

拓展训练2

在数控车床上完成图1-2-29所示零件的加工，毛坯材料为45钢棒，尺寸为$\phi 40mm \times 60mm$。注意螺纹车削指令（G92）的运用，同时注意切槽加工参数。

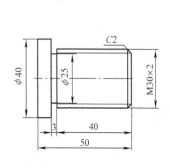

图1-2-28　拓展训练1图

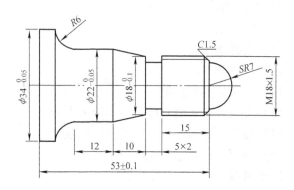

图1-2-29　拓展训练2图

任务1.3　轴套数控车削加工

【任务导入】

本任务要求在数控车床上，采用自定心卡盘对零件进行定位装夹，用外圆车刀、内孔车刀加工图1-3-1所示的轴套零件。对轴套零件工艺编制、程序编写及数控车削加工全过程进行详细分析。

【任务目标】

1. 熟练掌握内孔车削加工工艺。
2. 熟练掌握数控车削切削用量的选择方法。
3. 熟练掌握复合形状固定循环指令的格式及运用。
4. 熟练掌握轴套零件数控车削加工工艺。
5. 熟练掌握车削零件装夹找正的操作方法。
6. 熟练掌握内孔车刀安装与对刀的操作方法。
7. 遵守安全文明生产的要求，操作数控车床加工轴套零件。

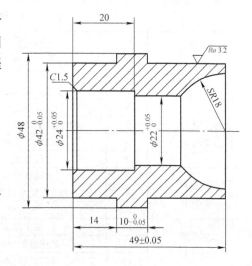

图1-3-1　轴套零件图

【知识准备】

知识点1 内孔车削加工工艺

1. 内孔车刀的分类

根据运用场合的不同,内孔车刀可分为通孔车刀和不通孔车刀两种,常见的内孔车刀形式如图1-3-2所示。内孔车刀可以作为粗加工刀具,也可以作为精加工刀具,公差等级一般可达IT7~IT8,表面粗糙度$Ra1.6~6.3\mu m$,部分精车可达$Ra0.8\mu m$或更小。

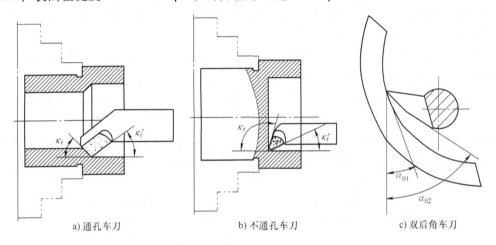

a) 通孔车刀　　b) 不通孔车刀　　c) 双后角车刀

图1-3-2　内孔车刀

（1）通孔车刀　车削直通孔时采用的内孔车刀为通孔车刀,也称为通孔镗刀,其切削部分的几何形状基本上与外圆车刀相似。在选用通孔车刀时应注意以下几点。

1）刀杆的长度不能太长,否则刀具刚性太差,易产生让刀、振动现象。刀杆一般比被加工孔深度长5~10mm。

2）通孔车刀的刀杆及刀具后面呈圆弧形,刀杆直径根据孔径确定,在略小于孔半径的情况下,尽量大些,以增加刚性,既避免刀杆碰伤工件内表面,又使刀杆能进入孔内。

3）为减少径向切削抗力,防止车孔时振动,主偏角应取得大些,一般为60°~75°,副偏角一般为15°~30°。为防止内孔车刀后面与孔壁摩擦,后角不便太大,一般磨两个后角。

（2）不通孔车刀　不通孔车刀用来车削不通孔或台阶孔,切削部分的几何形状基本上与93°外圆车刀相似,它的主偏角大于93°,后角的要求和通孔车刀一样,不同之处是不通孔车刀的刀尖在刀杆的最前端,刀尖到刀杆最大径向距离应小于零件孔的半径,否则无法车平孔的底面,且刀杆外侧与工件孔壁相碰。

2. 内孔车刀角度的选择

内孔车刀切削碳素钢时的角度参数推荐值见表1-3-1。

表1-3-1　内孔车刀切削碳素钢时的角度参数推荐值

车刀类型	前角 γ_o	后角 α_o	副后角 α'_o	主偏角 κ_r	副偏角 κ'_r	刃倾角 λ_s	刀尖圆弧半径 γ_ε/mm
通孔车刀	15°~20°	8°~10°	磨出双重后角	60°~75°	15°~30°	-8°~-6°	1~2
不通孔车刀	15°~20°	8°~10°		90°~93°	8°~6°	0°~2°	0.5~1

3. 内孔加工工艺特点

1) 零件的内孔一般都要求具有较高的尺寸精度、较小的表面粗糙度值和较高的几何精度。在安装和车削该零件时关键是要保证位置精度要求。

2) 内孔加工工艺常采用钻→粗镗→精镗的加工方式，孔径较小时可采用手动方式或MDI方式进行钻→铰加工。

3) 工件精度较高时，按粗、精加工交替进行内、外轮廓切削，以保证几何精度。

4) 内孔加工刀具由于受到孔径和孔深的限制，刀杆细而长、刚性差，切削条件差。切削用量较切削外圆时取小些（切削外圆时的30%~50%）。但因孔直径较外圆直径小，实际主轴转速可能会比切削外圆时大。

5) 内孔切削时切削液不易进入切削区域，切屑不易排出，切削温度可能会较高且孔内积屑造成堵塞，镗深孔或小孔时可以采用工艺性退刀，以促进切屑排出。

6) 内孔切削时切削区域不易观察，加工精度不易控制，大批量生产时测量次数需多安排。

7) 内孔切削时刀具路径与车削外圆基本相似，仅是X方向上的进给方向相反。另外在退刀时，注意正确的退刀路径（图1-3-3），径向移动量不能太大，以免刀杆与内孔相碰，这样该零件的尺寸公差才能保证。

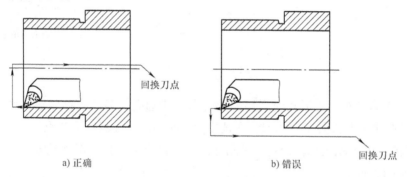

图1-3-3　内孔车削退刀路径

8) 薄壁零件的刚性较差，装夹时应选好定位基准，控制夹紧力大小，以防止工件变形，保证加工精度。

4. 内孔加工编程特点

1) 内沟槽和内螺纹的加工指令与外沟槽和外螺纹的加工指令相同，只是X向的进刀和退刀方向相反。

2) 加工时刀具回旋空间小，编程时进给量、退刀量必要时需仔细计算，需考虑单轴移动。

3) 确定换刀点时要考虑刀杆的方向和长度，以免换刀时刀具与工件、尾座（可能是钻头）发生干涉。

4) 在车内螺纹时，由于切削时的挤压作用，内孔直径会缩小（塑性金属较明显），所以车螺纹前孔径略大于小径的公称尺寸。

5) 编程需考虑螺纹检测时刀具的位置，以免测量时螺纹塞规与刀具相撞，损坏刀具；螺纹塞规需小幅度旋出，以免退出时螺纹塞规与刀具相撞，损坏刀具。

知识点2　数控车削切削用量的选择

切削用量的大小对切削力、切削功率、刀具寿命、加工质量和加工成本均有显著影响。数控车削加工中的切削用量包括背吃刀量 a_p、主轴转速 n 或切削速度 v_c（用于恒线速度切削）、进给速度 v_f 或进给量 f。这些参数均应在机床和刀具允许的范围内选取。

1. 切削用量的选用原则

数控加工过程中应力求在保证加工质量和刀具寿命的前提下，充分发挥机床性能和刀具的切削性能，使切削效率最高、加工成本最低。合理的切削用量的选用原则如下。

（1）粗车时　粗车的目的是尽可能快地去除工件余料，所以粗车时首先选取尽可能大的背吃刀量 a_p；其次根据机床动力和刚性的限制条件，选取尽可能大的进给量 f；最后根据刀具寿命，确定合适的切削速度 v_c。

（2）精车时　精车的目的是保证零件加工质量（加工精度和表面粗糙度），因此，精车时应选用较小（但不能太小）的背吃刀量和进给量，并选用性能高的刀具材料和合理的几何参数，以尽可能提高切削速度。

2. 切削用量的选择方法

（1）背吃刀量的选择　粗加工时，除留下精加工余量外，一次走刀尽可能切除全部余量。也可分多次走刀。精加工的加工余量一般较小，可一次切除。在中等功率机床上，粗加工的背吃刀量取 8~10mm；半精加工的背吃刀量取 0.5~5mm；精加工的背吃刀量取 0.2~1.5mm。

（2）进给速度（进给量）的确定　粗加工时，由于对工件的表面质量没有太高的要求，这时主要根据机床进给机构的强度和刚性、刀杆的强度和刚性、刀具材料、刀杆和工件尺寸及已选定的背吃刀量等因素来选取进给速度。精加工时，则按表面粗糙度要求、刀具及工件材料等因素来选取进给速度。进给速度 v_f 可以按公式 $v_f = fn$ 计算，式中 f 表示每转进给量（mm/r），粗车时一般取 0.3~0.8mm/r；精车时常取 0.1~0.3mm/r；切断时常取 0.05~0.2mm/r。

（3）切削速度的确定　切削速度 v_c 可根据选定的背吃刀量、进给量及刀具寿命进行选取。也可根据生产实践经验和查表的方法来选取。粗加工或工件材料的加工性能较差时，宜选用较低的切削速度。精加工或刀具材料、工件材料的切削性能较好时，宜选用较高的切削速度。切削速度 v_c 确定后，主轴转速 n（r/min）由工件直径 D 按公式 $n = 1000v_c/(\pi D)$ 来确定。

常用切削用量推荐表见表 1-3-2。硬质合金刀具常用切削用量推荐表见表 1-3-3。

表 1-3-2　常用切削用量推荐表

工件材料	加工方式	背吃刀量/mm	切削速度/(m/min)	进给量/(mm/r)	刀具材料
碳素钢 $R_m > 600$MPa	粗加工	5~7	60~80	0.2~0.4	P 类 （YT 类）
	半精加工	2~3	80~120	0.2~0.4	
	精加工	0.2~0.3	120~150	0.1~0.2	
	车螺纹		70~100	导程	
	钻中心孔		500~800r/min		W18Cr4V
	钻孔		25~30	0.1~0.2	
	切断（宽度<5mm）		70~110	0.1~0.2	P 类（YT 类）
合金钢 $R_m = 1470$MPa	粗加工	2~3	50~80	0.2~0.4	P 类 （YT 类）
	精加工	0.1~0.15	60~100	0.1~0.2	
	切断（宽度<5mm）		40~70		
铸铁 200HBW 以下	粗加工	2~3	50~70	0.2~0.4	K 类 （YG 类）
	精加工	0.1~0.15	70~100	0.1~0.2	
	切断（宽度<5mm）		50~70	0.1~0.2	

（续）

工件材料	加工方式	背吃刀量/mm	切削速度/(m/min)	进给量/(mm/r)	刀具材料
铝	粗加工	2~3	600~1000	0.2~0.4	K类（YG类）
铝	精加工	0.2~0.3	800~1200	0.1~0.2	K类（YG类）
铝	切断（宽度<5mm）		600~1000	0.1~0.2	K类（YG类）
黄铜	粗加工	2~4	400~500	0.2~0.4	K类（YG类）
黄铜	精加工	0.1~0.15	450~600	0.1~0.2	K类（YG类）
黄铜	切断（宽度<5mm）		400~500	0.1~0.2	K类（YG类）

表1-3-3 硬质合金刀具常用切削用量推荐表

刀具材料	工件材料	粗加工			精加工		
		背吃刀量/mm	进给量/(mm/r)	切削速度/(m/min)	背吃刀量/mm	进给量/(mm/r)	切削速度/(m/min)
硬质合金或涂层硬质合金	碳钢	3	0.2	220	0.4	0.1	260
	低合金钢	3	0.2	180	0.4	0.1	220
	高合金钢	3	0.2	120	0.4	0.1	160
	铸铁	3	0.2	80	0.4	0.1	120
	不锈钢	2	0.2	80	0.4	0.1	60
	钛合金	1.5	0.2	40	0.4	0.1	150
	灰铸铁	2	0.2	120	0.5	0.15	120
	球墨铸铁	2	0.2	100	0.5	0.15	120
	铝合金	1.5	0.2	1600	0.5	0.1	1600

3. 选择切削用量时的注意事项

（1）非车螺纹时的主轴转速　应根据零件上被加工部位的直径，并按零件和刀具的材料及加工性质等条件所允许的切削速度来确定。切削速度除了计算和查表（金属切削手册和刀具商提供的刀具切削用量）选取外，还可根据实践经验确定，需要注意的是交流变频调速数控车床低速输出力矩小，因而切削速度不能太低。

（2）车螺纹时的主轴转速　数控车床加工螺纹时，因其传动链的改变，原则上其转速只要能保证主轴每转一周时，刀具沿主进给轴（多为 Z 轴）方向位移一个螺距即可。在车削螺纹时，车床的主轴转速将受到螺纹的螺距 P（或导程）、驱动电动机的升降频特性，以及螺纹插补运算速度等多种因素影响，故对于不同的数控系统，推荐不同的主轴转速选择范围。大多数经济型数控车床推荐车螺纹时的主轴转速为

$$n \leqslant (1200/P) - k$$

式中　P——被加工螺纹螺距（mm）；

　　　k——保险系数，一般取为80。

知识点3　复合形状固定循环指令

在某些精车的特殊加工中，由于切削余量大，通常相同的刀具路径要重复多次，此时可以利用固定循环功能，一般一个固定循环程序段可指令多个单个程序段指定的刀具路径，使用固定循环功能指令可以大大简化编程。

1. 精车循环 G70

在数控车削加工过程中，使用粗车循环加工后，一般使用精车循环 G70 指令对工件进行精加工，以简化编程。

（1）指令格式　G70 P(ns) Q(nf)；

（2）说明

1）"ns"为精车加工程序第一个程序段的顺序号。

2）"nf"为精车加工程序结束程序段的顺序号。

3）使用 G70 指令时，$ns \sim nf$ 程序段中的 F、S 或 T 功能有效。

4）顺序号 $ns \sim nf$ 之间的程序段不能调用子程序。

2. 外径/内径粗车循环（Ⅰ型 G71 指令）

（1）指令格式

G71 U(Δd) R(e)；

G71 P(ns) Q(nf) U(Δu) W(Δw) F(f) S(s) T(t)；

（2）说明

1）"Δd"为背吃刀量（由半径给定，FANUC 0i 系统中可由参数 No.5133 设定，参数由程序指令改变），不带符号。

2）"e"为退刀量（FANUC 0i 系统中可由参数 No.5133 设定，参数由程序指令改变）。

3）"ns"为精车加工程序第一个程序段的顺序号。

4）"nf"为精车加工程序结束程序段的顺序号。

5）"Δu"为 X 轴方向精加工余量。

6）"Δw"为 Z 轴方向精加工余量。

7）"f、s、t"分别为 F、S、T 代码所赋的值，包含在 $ns \sim nf$ 程序段中的任何 F、S 或 T 功能在循环中被忽略，而在 G71 程序段中的 F、S 或 T 功能有效。

8）外径/内径粗车循环中，$ns \sim nf$ 中必须符合 X 轴、Z 轴形状单调递增或单调递减。循环中可以进行刀具补偿。外径/内径粗车循环指令刀具路径图如图 1-3-4 所示。

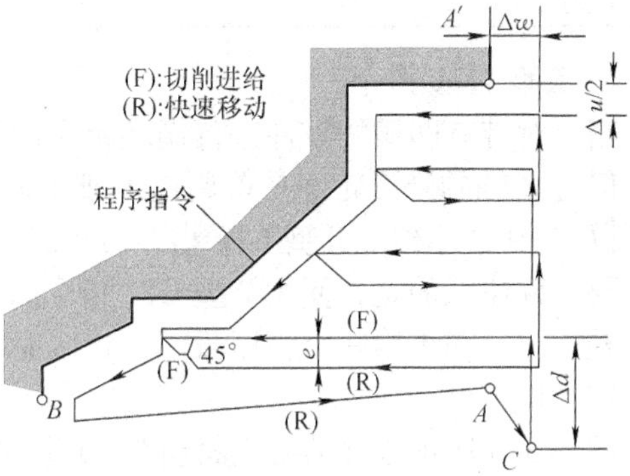

（3）注意事项

1）当恒表面切削速度控制时，在 A 点和 B 点间的运动指令指定的 G96 或 G97 无效，而在 G71 程序段或以前的程序段指定的 G96 或 G97 有效。

图 1-3-4　外径/内径粗车循环指令刀具路径图

2）A 和 A′之间的刀具路径是在包含 G00 或 G01 顺序号为 ns 的程序段中指定，并且在这个程序段中，不能指定 Z 轴的运动指令。

3）顺序号 $ns \sim nf$ 之间的程序段不能调用子程序。

4）顺序号 $ns \sim nf$ 之间的程序段不再被执行，如果要执行需用 G70 调用。

5）复合固定循环与单一固定循环都是简化编程指令，其循环终点又回到起点，单一固定循环仅完成一次加工，复合固定循环完成的加工次数更多，因而使编程更为简化。

6）G71 指令适合于棒料轴类零件的加工。

表 1-3-4 零件加工程序

程序内容	程序说明
O1301；	程序号
N10 T0101；	调用 1 号刀，1 号刀补
N20 M03 S500；	主轴正转 500r/min（粗车转速）
N30 G00 X32.0 Z2.0；	快速定位，接近工件
N40 G71 U2 R1.0；	每次进给量 4mm（直径），退刀量 1mm
N50 G71 P60 Q150 U0.2 W0.2 F100；	外轮廓粗车加工，精加工余量 X、Z 向 0.2mm
N60 G00 X0.0；	
N70 G01 Z0.0 F80；	
N80 X4.0；	
N90 G03 X10.0 Z-3.0 R3.0；	
N100 G01 Z-10.0；	N60～N150 为精加工外形轮廓程序
N110 X11.0；	
N120 G03 X15.0 Z-12.0 R2.0；	
N130 G01 Z-17.0；	
N140 G03 X21.0 Z-20.0 R3.0；	
N150 G01 Z-34.0；	
N160 M03 S1000；	主轴正转 1000r/min（精车转速）
N170 G70 P60 Q150；	精车外轮廓
N180 G00 X100.0 Z150.0；	退刀到安全位置
N190 T0202；	换回切断刀，刀宽 3mm
N200 M03 S300；	主轴正转 300r/min（切断转速）
N210 G00 X23.0 Z-33.5；	快速定位、接近工件
N220 G01 X-1.0 F30；	切断
N230 G00 X100.0 Z150.0；	退刀到安全位置
N240 M05；	主轴停转
N250 M30；	程序结束

3. Ⅱ型 G71 指令

当要对带有凹槽的零件进行循环粗车时，因零件 X 轴的外形轮廓不是单调递增或单调递减，但是 Z 轴的外形轮廓是单调递增或单调递减的，此时可以使用Ⅱ型 G71 指令，零件中最多可以有 10 个凹槽。Ⅱ型 G71 指令刀具路径图如图 1-3-5 所示。

要特别注意的是，使用Ⅱ型 G71 指令时，重复部分的第一个程序段（即 ns 段）中要固定两个轴运动，如果第一个程序段不包含 Z 运动（Z 轴不移动）而要使用Ⅱ型 G71 指令时，必须指定 W0。

图 1-3-6 所示零件的毛坯材料为 45 钢棒、尺寸为 φ30mm×450mm，其工件坐标系原点选在右端面与轴线交点处，其加工程序见表 1-3-4。

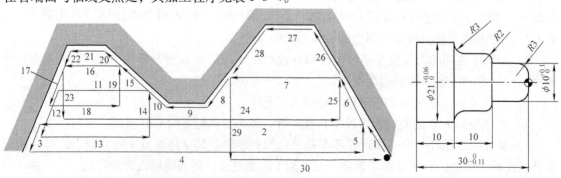

图 1-3-5　Ⅱ型 G71 指令刀具路径图　　　　图 1-3-6　零件图

4. 端面粗车循环（G72）

（1）指令格式

G72 W(Δd) R(e);

G72 P(ns) Q(nf) U(Δu) W(Δw) F(f) S(s) T(t);

（2）说明

1）"Δd"为背吃刀量，不带符号。

2）"e"为退刀量（FANUC 0i系统中可由参数 No.5133 设定，参数由程序指令改变）。

3）"ns"为精车加工程序第一个程序段顺序号。

4）"nf"为精车加工程序结束程序段顺序号。

5）"Δu"为 X 轴方向精加工余量。

6）"Δw"为 Z 轴方向精加工余量。

7）"f、s、t"分别为 F、S、T 代码所赋的值，包含在 $ns \sim nf$ 程序段中的任何 F、S 或 T 功能在循环中无效，而在 G72 程序段中的 F、S 或 T 功能有效。

8）$ns \sim nf$ 中必须符合 X 轴、Z 轴形状单调递增或单调递减。循环中可以进行刀具补偿。G72 指令刀具路径图如图 1-3-7 所示。

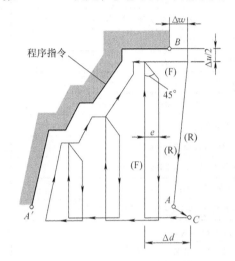

图 1-3-7　G72 指令刀具路径图

（3）注意事项

1）除了平行于 X 轴切削外，该循环和 G71 指令基本相同。

2）当恒表面切削速度控制时，在 A 点和 B 点间的运动指令指定的 G96 或 G97 无效，而在 G71 程序段或以前的程序段指定的 G96 或 G97 有效。

3）A 和 A′之间的刀具路径是在包含 G00 或 G01 顺序号为 ns 的程序段中指定，并且在这个程序段中，不能指定 X 轴的运动指令。

4）顺序号 $ns \sim nf$ 之间的程序段不能调用子程序。

5）顺序号 $ns \sim nf$ 之间的程序段不再被执行，如果要执行需用 G70 调用。

6）其循环终点又回到起点。

7）G72 指令适合于盘类零件的加工。

在数控车削加工过程中，并不是所有的零件毛坯都使用棒料，有时会使用铸造成形、锻造成形或是车削成形的和零件结构相接近的毛坯，这时可以使用仿形粗车循环 G73 指令对零件进行加工（见后文仿形粗车循环）。

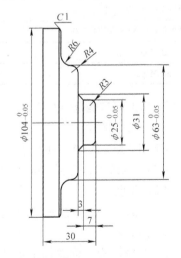

图 1-3-8　零件图

（4）举例　图 1-3-8 所示零件的毛坯材料为 45 钢棒、尺寸为 ϕ110mm×40mm，其工件坐标系原点选在右端面与轴线交点处，其加工程序见表 1-3-5。

表 1-3-5　零件加工程序

程序内容	程序说明
O1302；	程序号
N10 T0101；	调用 1 号刀，1 号刀补
N20 G96 M03 S40；	主轴正转 40r/min（粗车转速）
N30 G00 X112.0 Z2.0；	快速定位、接近工件
N40 G72 W2 R1.0；	每次进给量 4mm（直径），退刀量 1mm
N50 G72 P60 Q180 U0.2 W0.2 F100；	外轮廓粗车加工，精加工余量 X、Z 向 0.2mm
N60 G00 Z-30.0；	
N70 G01 X104.0 F80；	
N80 Z-21.0；	
N90 X102.0 Z-20.0；	
N100 X75.0；	
N110 G03 X63.0 W6 R6.0；	
N120 G02 X55.0 W4 R4.0；	N60~N180 为精加工外轮廓程序
N130 G01 X31.0；	
N140 X25.0 Z-7.0；	
N150 G01 Z-3.0；	
N160 G02 X19.0 Z0.0 R3.0；	
N170 G01 X0.0；	
N180 G01 Z1.0；	
N190 M03 S60；	主轴正转 60r/min（精车转速）
N200 G70 P60 Q180；	精车外轮廓
N210 G00 X100.0 Z150.0；	退刀到安全位置
N220 M05；	主轴停转
N230 M30；	程序结束

5. 仿形粗车循环（G73）

（1）指令格式

G73 U(Δi) W(Δk) R(d)；

G73 P(ns) Q(nf) U(Δu) W(Δw) F(f) S(s) T(t)；

（2）说明

1）"Δi" 为 X 向总加工余量（半径指定）。该值是模态值，可由参数 No.5135 指定，由程序指令改变。

2）"Δk" 为 Z 向总加工余量。该值是模态值，可由参数 No.5136 指定，由程序指令改变。

3）"d" 为分割数。此值与粗切重复次数相同（是模态值），可由参数 No.5137 指定，由程序指令改变。

4）"ns" 为精车加工程序第一个程序段的顺序号。

5）"nf" 为精车加工程序结束程序段的顺序号。

6）"Δu" 为在 X 轴方向加工余量的距离和方向（直径/半径）。

7）"Δw" 为在 Z 轴方向切削余量的距离和方向。

8)"f、s、t"分别为 F、S、T 代码所赋的值,包含在 $ns \sim nf$ 程序段中的任何 F、S 或 T 功能在循环中无效,而在 G73 程序段中的 F、S 或 T 功能有效。

9)执行 G73 指令时,刀具按照一定的切削形状逐渐地接近最终形状,适于铸造和锻造毛坯。G73 指令刀具路径图如图 1-3-9 所示。

10)顺序号 $ns \sim nf$ 之间的程序段不再被执行,如果要执行需用 G70 调用。

(3)注意事项

1)使用 G73 指令加工循环结束时,刀具返回到循环起点 A。

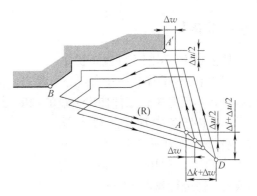

图 1-3-9 G73 指令刀具路径图

2)G73 适用于锻件和铸件或者余量均匀的工件。

3)FANUC 系统可用 G73 粗加工 G71 无法加工的工件,但所运行的空走刀较多。

4)Δi、Δk 表示粗加工时总的切削量。若粗加工次数为 r,则每次 X、Z 方向的切削量为 $\Delta i/r$,$\Delta k/r$。按 G73 段中的 P 和 Q 指令值实现循环加工,要注意 Δu、Δw、Δi、Δk 的正负号。

(4)举例 图 1-3-10 所示零件的毛坯为锻件毛

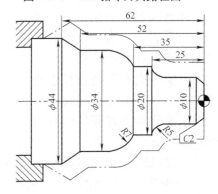

图 1-3-10 零件图

坯(尺寸如图中双点画线所示),其工件坐标系原点选在右端面与轴线交点处,其加工程序见表 1-3-6。

表 1-3-6 零件加工程序

程序内容	程序说明
O1303;	程序号
N10 T0101;	调用 1 号刀,1 号刀补
N20 M03 S500;	主轴正转 500r/min(粗车转速)
N30 G00 X60.0 Z3.0;	快速定位、接近工件
N40 G73 U6 W1.2 R3.0;	直径方向每次进给量 4mm,走 3 刀
N50 G73 P60 Q140 U0.3 W0.3 F100;	外轮廓粗车加工,精加工余量 X、Z 向 0.3mm
N60 G00 X0.0;	
N70 G01 X10.0 Z−2.0 F80;	
N80 Z−20.0;	
N90 G02 X20.0 Z−25.0 R5.0;	
N100 G01 Z−35.0;	N60~N140 为精加工外轮廓程序
N110 G03 X34.0 Z−42.0 R7.0;	
N120 G01 Z−52.0;	
N130 X44.0 Z−62.0;	
N140 X60.0;	
N150 M03 S1000;	主轴正转 1000r/min(精车转速)
N160 G70 P60 Q140;	精车外轮廓
N170 G00 X100.0 Z150.0;	退刀到安全位置
N180 M30;	程序结束

【技能准备】

技能点1　车削工件找正操作

1）将工件毛坯装夹在自定心卡盘上,自定心卡盘具有自动定心功能,对于较短工件不需要找正,本任务中,工件伸出卡盘的长度为34mm。

2）本任务中加工工件右端时,将已加工好的左端装夹在自定心卡盘上,利用磁性表座、指示表对工件进行找正(图1-3-11)。将指示表固定在工作台面上,测头触压在圆柱侧素线的上方,然后轻轻用手转动卡盘,根据指示表的读数用铜棒轻敲工件进行调整,当主轴再次旋转的过程中指示表的读数不再变化或变化很小时,表示工件装夹表面的轴线与主轴轴线同轴。

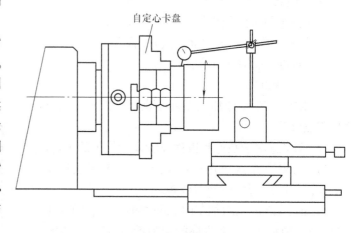

图1-3-11　工件找正示意图

3）工件找正时的注意事项

① 使用前,应检查指示表测量杆活动的灵活性。即轻轻推动测量杆时,测量杆在套筒内的移动要灵活,没有任何轧卡现象,且每次放松后,指针能回复到原来的刻度位置。

② 使用指示表时,必须把它固定在可靠的夹持架上(如固定在万能表架或磁性表座上),夹持架要安放平稳,以免使测量结果不准确或摔坏指示表;用夹持指示表的套筒来固定指示表时,夹紧力不要过大,以免因套筒变形而使测量杆活动不灵活。

③ 找正时,指示表的测量杆必须垂直于被测量表面,使测量杆的轴线与被测量尺寸的方向一致,否则将使测量杆活动不灵活或使测量结果不准确。为保持一定的起始测量力,测头与工件表面接触时,测量杆应有0.3~0.5mm的压缩量。

④ 找正时,不要使测量杆的行程超过它的测量范围;不要使测头突然撞在工件上;不要使指示表受到剧烈振动和撞击,免得损坏指示表的机件而失去精度;用指示表测量表面粗糙或有显著凹凸不平的零件是错误的。

⑤ 在使用指示表的过程中,要严格防止水、油和灰尘渗入表内,测量杆上也不要加油,免得黏有灰尘的油污进入表内,影响表的灵活性。

⑥ 指示表不使用时,应拆下来保存,使测量杆处于自由状态,避免使表内的弹簧失效。

技能点2　内孔车刀安装操作

安装内孔车刀时应注意的问题。

1）安装内孔车刀时其底面应清洁、无黏着物。若使用垫片调整刀尖高度,垫片应平直,最多不能超过3块。如果内侧和外侧面需用作安装定位面,则也应擦净。

2）内孔车刀的刀尖应与工件中心等高或稍高,若刀尖低于工件中心,切削时,在切削抗力作用下,容易将刀柄压低而出现扎刀现象,并可造成孔径扩大。

3）刀头伸出刀架不宜过长,一般比被加工孔长5~10mm即可。

4）内孔车刀的刀柄与工件轴线应基本平行,否则在一定深度时,刀柄后半部容易碰到工件的孔口。

5）车台阶孔时，内孔车刀除了刀尖应对准工件中心以及刀杆尽可能伸出短些外，内偏刀的主切削刃应和内端面呈 3°~5°夹角，并且在车削内平面时，要求横向有足够的退刀余地。

技能点 3　内孔车刀对刀操作

内孔车刀采用贴碰法对刀，操作步骤如下。

1. X 向对刀

1）选择"MDI"方式，选择内孔车刀，启动主轴，使主轴转速为 500r/min。

2）在"手动（JOG）或手摇（HND）"方式下移动刀具，车削一小段内孔直径，+Z 方向移动刀具、离开工件，如图 1-3-12a 所示。

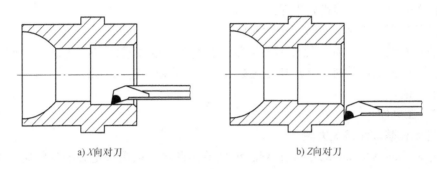

a) X 向对刀　　　　　　　　b) Z 向对刀

图 1-3-12　内孔车刀对刀示意图

3）停止主轴。

4）用游标卡尺测量已车削的内孔尺寸，假设测量值为 22mm。

5）按功能键中的"OFFSET"键，进入偏置设置页面，继续按功能键中的"OFFSET"键，或按刀具偏置对应的"软键"进入刀具偏置页面，利用键盘上的"光标移动键"使光标移动到"G02"，在键盘上输入"X22.0"，按"测量"软键 完成 1 号刀的 X 向对刀。

2. Z 向对刀

1）选择"MDI"方式，启动主轴，使主轴转速为 500r/min。

2）在"手动"方式下移动刀具，使刀尖贴碰工件端面，+X 向移动刀具、离开工件，如图 1-3-12b 所示。

3）停止主轴。

4）按功能键中的"OFFSET"键进入刀具偏置页面，利用键盘上的"光标移动键"使光标移动到"G01"，在键盘上输入"Z0.0"，按下"测量"软键完成 1 号刀的 Z 向对刀。

3. 对刀过程中的注意事项

1）对刀前机床必须先回零。

2）试切工件，端面到该刀具工件坐标系的零点位置的距离，也就是试切工件端面在要建立的工件坐标系中的 Z 轴坐标值。

3）设置的工件坐标系 X 轴零点偏置等于当前刀尖点机床坐标系 X 坐标减去试切直径，因而试切工件外径后，不得移动 X 轴。

4）设置的工件坐标系 Z 轴零点偏置等于当前刀尖点机床坐标系 Z 坐标减去试切长度，因而试切工件端面后，不得移动 Z 轴。

5）试切时，主轴应处于转动状态，且背吃刀量不能太大。

6）对刀时，最好用手摇方式，且手摇倍率应小于"×100"，如果在手动方式下对刀，则应将进给倍率调小至适当值，否则容易崩刀。

【任务实施】

步骤1 零件分析

(1) 尺寸精度

1) 本任务零件图中外轮廓较简单、内轮廓较复杂,精度要求较高的尺寸主要有 $\phi 42_{-0.05}^{0}$ mm、$\phi 22_{0}^{+0.05}$ mm、$\phi 24_{0}^{+0.05}$ mm、$10_{-0.05}^{0}$ mm、49 ± 0.05 mm 等。无热处理和硬度要求,单件生产。

2) 对于尺寸精度要求,主要通过在加工过程中的准确对刀、正确设置刀补及磨耗,以及正确制订合适的加工工艺等措施来保证。

(2) 几何精度　本项目零件图中没对此精度做要求。

(3) 表面粗糙度　只有一处外圆加工后的表面粗糙度要求为 $Ra3.2\mu m$。对于表面粗糙度要求,主要通过选用合适的刀具及其几何参数,正确的粗、精加工路线,合理的切削用量及冷却等措施来保证。

步骤2 工艺制订

1. 确定定位基准和装夹方案

毛坯为 $\phi 50mm \times 54mm$ 的 45 钢棒料,根据毛坯形状,采用自定心卡盘装夹,毛坯伸出卡盘长度为 34mm,能够保证 24mm 车削长度,加工零件左端外圆 $\phi 42_{-0.05}^{0}$ mm、$\phi 48$mm 及 $\phi 24_{0}^{+0.05}$ mm 内孔;调头加工时以左端 $\phi 42$mm 表面及左侧台阶面定位夹紧,加工零件右端,轴套定位装夹示意图如图 1-3-13 所示。

工件装夹时的夹紧力要适中,既要防止工件变形与夹伤,又要防止工件在加工过程中产生松动。工件装夹过程中,应对工件进行找正,以保证工件轴线与主轴轴线同轴。

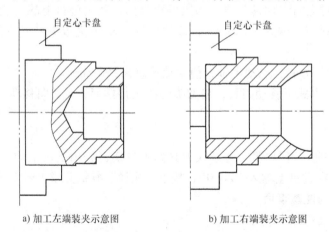

a) 加工左端装夹示意图　　　b) 加工右端装夹示意图

图 1-3-13　轴套定位装夹示意图

2. 选择刀具与切削用量

选择刀具时需要根据零件结构特征确定刀具类型,本项目零件需要外圆车刀、内孔车刀、中心钻、$\phi 20$mm 钻头各一个。根据零件的精度要求和工序安排确定刀具几何参数。根据零件的精度要求和工序安排要求,本项目各刀具及切削用量见表 1-3-7。

项目1 轴套类零件数控编程与加工

表1-3-7 刀具及切削用量

工步	工步内容	刀具号	刀具类型	主轴转速 /(r/min)	进给量 /(mm/min)	背吃刀量 /mm
1	粗车左端外圆	T01	外圆车刀	800	200	2
2	精车左端外圆	T01	外圆车刀	1200	80	0.5
3	粗车左端内孔	T03	内孔车刀	600	140	1.5
4	精车左端内孔	T03	内孔车刀	1000	80	0.5
5	粗车右端外圆	T01	外圆车刀	800	200	2
6	精车右端外圆	T01	外圆车刀	1200	80	0.5
7	粗车右端内孔	T03	内孔车刀	600	140	1.5
8	精车右端内孔	T03	内孔车刀	1000	80	0.5

3. 确定加工顺序

本项目零件采用两次装夹后完成粗、精加工的加工方案,先加工工件左端的内、外形,完成粗、精加工后,调头加工右端。轴套数控加工工序卡见表1-3-8。

表1-3-8 轴套数控加工工序卡

数控加工工序卡		零件图号	零件名称		材料		使用设备	
			轴套		45钢棒		数控车床	
工步号	工步内容	刀具号	刀具名称	刀具规格	主轴转速 /(r/min)	进给量 /(mm/min)	刀尖半径补偿号	刀具长度补偿号	备注
1	手动车端面	T01	外圆车刀		800			H01	手动
2	手动钻孔		钻头	ϕ20mm	450				手动
3	粗车左端外圆至ϕ48.5mm×25mm、ϕ42.5mm×14.05mm	T01	外圆车刀		800	200		H01	自动
4	精车左端外圆至ϕ48mm×25mm、ϕ42mm×14mm	T01	外圆车刀		1200	80		H01	自动
5	粗车左端内轮廓至ϕ24.5mm×20.05mm	T03	内孔车刀		600	140		H03	自动
6	精车左端内轮廓至ϕ24mm×20mm	T03	内孔车刀		1000	80		H03	自动
7	调头装夹								
8	手动车端面,保证总长	T01	外圆车刀		800	200		H01	手动
9	手动钻孔		钻头	ϕ20mm	450				手动
10	粗车右端外圆至ϕ42.5mm×25.05mm	T01	外圆车刀		800	200		H01	自动
11	精车右端外圆至ϕ42mm×25mm	T01	外圆车刀		1200	80		H01	自动
12	粗车右端内轮廓至ϕ22.5mm×29.05mm,粗加工SR18mm	T03	内孔车刀		600	140		H03	自动
13	精车右端内轮廓至ϕ22mm×29mm,精加工SR18mm	T03	内孔车刀		1000	80		H03	自动

步骤3 程序编写

1. 建立工件坐标系

该零件端面为设计基准,也是长度方向上的测量基准,故本项目中工件坐标系分别选择在工件左、右端面中心处,如图1-3-14所示。

2. 确定刀具路径

对该零件进行数控车削加工时,加工的起始点定在离工件毛坯2mm的位置。应尽可能采用沿轴向切削的方式进行加工,以提高加工过程中工件及刀具的刚性。因为粗加工时的刀具路径由粗车循环自动生成,所以编程时只要编制精车的刀具路径即可。该零件加工的刀具路径图如图1-3-15所示,图1-3-15a中 $A \sim F$ 为左端外轮廓加工刀具路径,$A' \sim E'$ 为左端孔加工刀具路线;图1-3-15b中 $a \sim d$ 为右端外轮廓加工刀具路径,$a' \sim f'$ 为右端孔加工刀具路径。

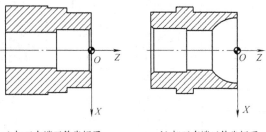

a) 加工左端工件坐标系   b) 加工右端工件坐标系

图1-3-14 建立工件坐标系

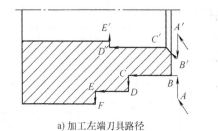

a) 加工左端刀具路径   b) 加工右端刀具路径

图1-3-15 刀具路径图

3. 计算节点坐标

结合图1-3-15,轴套手工编程节点坐标见表1-3-9。

表1-3-9 轴套手工编程节点坐标

坐标点	坐标值	坐标点	坐标值	坐标点	坐标值
A	X52, Z2	B'	X27, Z2	d	X51, Z-25
B	X42, Z2	C'	X24, Z-1.5	a'	X19, Z2
C	X42, Z-14	D'	X24, Z-20	b'	X36, Z2
D	X48, Z-14	E'	X19, Z-20	c'	X36, Z0
E	X48, Z-25	a	X52, Z2	d'	X22, Z-14.25
F	X51, Z-25	b	X42, Z2	e'	X22, Z-29
A'	X19, Z2	c	X42, Z-25	f'	X19, Z-29

4. 编写程序

手工编写零件加工程序,加工轴套左端参考程序见表1-3-10;加工轴套右端参考程序见表1-3-11。

项目1　轴套类零件数控编程与加工

表1-3-10　加工轴套左端参考程序

程序内容	程序说明
O1311;	程序号（工件左端）
N10 T0101;	换外圆车刀，建立工件坐标系
N20 M03 S800;	主轴正转，转速800r/min
N30 G00 X5.0 Z2.0;	外圆粗车循环起点
N40 M08;	切削液开
N50 G71 U2 R1.0;	外圆粗车循环
N60 G71 P70 Q110 U0.5 W0.05 F200;	
N70 G00 X42.0 Z2.0;	快速移动至精加工起点
N80 G01 Z-14.0 F80;	车$\phi 42mm$的外圆
N90 X48.0;	车台阶面
N100 Z-25.0;	车$\phi 48mm$外圆
N110 X51.0;	退刀
N120 M03 S1200;	精加工主轴转速1200r/min
N130 G70 P70 Q110 F80;	外圆精车循环
N140 G00 X100.0;	退回安全点
N150 Z100.0;	
N160 T0303;	换内孔车刀，建立工件坐标系
N170 M03 S600;	主轴正转，转速600r/min
N180 X1.0 Z2.0;	内孔粗车循环起点
N190 G71 U2 R1.0;	内孔粗车循环
N200 G71 P210 Q240 U0.5 W0.05 F140;	
N210 G00 X27.0 Z2.0;	快速移动至精加工起点
N220 G01 X24.0 Z-1.5 F80;	车C1.5倒角
N230 Z-20.0;	车$\phi 24mm$内孔
N240 X19.0;	退刀
N250 M03 S1000;	精加工主轴转速1000r/min
N260 G70 P210 Q240 F80;	内孔精车循环
N270 G00 Z100.0;	退回安全点（先将刀沿Z向退离孔）
N280 X100.0;	
N290 M30;	程序结束

表1-3-11　加工轴套右端参考程序

程序内容	程序说明
O1312;	程序号（工件右端）
N10 T0101;	换外圆车刀，建立工件坐标系
N20 G00 X100.0 Z100.0;	确定安全位置
N30 M03 S800;	主轴正转，转速800r/min
N40 M08;	切削液开
N50 G00 X52.0 Z2.0;	外圆粗车循环起点

(续)

程序内容	程序说明
N60 G71 U1.5 R1.0;	外圆粗车循环
N70 G71 P80 Q100 U0.5 W0.05 F200;	
N80 G00 X42.0 Z2.0;	快速移动至精加工起点
N90 G01 Z-25.0 F80;	车 $\phi 42$mm 外圆
N100 X51.0;	退刀
N110 M03 S1200;	精加工主轴转速 1200r/min
N120 G70 P1 Q2 F80;	外圆精车循环
N130 G00 X100.0;	退回安全点
N140 Z100.0;	
N150 T0303;	换内孔车刀，建立工件坐标系
N160 M03 S600;	主轴正转，转速 600r/min
N170 G00 X19.0 Z2.0;	内孔粗车循环起点
N180 G71 U1.5 R1.0;	内孔粗车循环
N190 G71 P200 Q240 U0.5 W0.05 F140;	
N200 G00 X36.0;	快速移动至精加工起点
N210 G01 Z0.0 F80;	靠近端面
N220 G03 X22.0 Z-14.25 R18.0;	车 R18mm 圆弧
N230 G01 Z-29.0;	车 $\phi 22$mm 内孔
N240 X19.0;	退刀
N250 M03 S1000;	精加工主轴转速 1000r/min
N260 G70 P200 Q240 F80;	内孔精车循环
N270 G00 Z100.0;	退回安全点（先将刀沿 Z 向退离孔）
N280 X100.0;	
N290 M30;	程序结束

步骤4　工具材料领用

完成本任务零件加工所需的工、刃、量、辅具清单见表 1-3-12。

表 1-3-12　工、刃、量、辅具清单

序号	名　称	规　格	数　量	备注
1	游标卡尺	0~150mm	1把	
2	钢直尺	0~200mm/1mm	1副	
3	外径千分尺	25~50mm	1把	
4	内径千分尺	5~30mm	1把	
5	指示表	0~10mm	1个	
6	磁力表座		1套	
7	外圆车刀	93°	1把	
8	内孔车刀	93°	1把	
9	钻头	ϕ20mm	1根	

（续）

序号	名 称	规 格	数 量	备 注
10	辅助工具	莫氏钻套	1套	
11	夹具	刀架扳手、卡盘扳手	各一副	
12	材料	ϕ50mm×54mm 的 45 钢棒料	1根	
13	其他	铜棒、铜皮、毛刷等；计算器、相关指导书等	1套	选用

步骤5　零件加工

1) 按照工、刃、量、辅具清单领取相应的工、刃、量、辅具。
2) 开机上电。
3) 复位。
4) 返回机床参考点。
5) 装夹工件毛坯。
6) 装夹刀具并找正。
7) 对刀，建立工件坐标系。
8) 程序的输入。
9) 程序校验。
10) 零件加工。
11) 零件测量。
12) 校正刀具磨损值。
13) 加工合格后对机床进行相应的保养。
14) 按照工、刃、量、辅具清单归还相应的工、刃、量、辅具。
15) 填写工作日志并关闭机床电源。

注意事项：

1) 程序编好后，待教师检查无误方可运行。
2) 运行时要用单段方式进行，且注意将机床的防护罩关闭。
3) 出现紧急情况马上按急停按钮。
4) 注意进给倍率的控制。

【检查评价】

加工完成后对零件进行去毛刺和尺寸的检测，轴套零件检测的评分表见表1-3-13。

表1-3-13　轴套零件检测的评分表

项目	序号	技术要求	配分	评分标准	得分
程序与工艺（15%）	1	程序正确完整	5	不规范每处扣1分	
	2	切削用量合理	5	不合理每处扣1分	
	3	工艺过程规范合理	5	不合理每处扣1分	
机床操作（20%）	4	刀具选择安装正确	5	不正确每次扣1分	
	5	对刀及工件坐标系设定正确	5	不规范每处扣1分	
	6	机床操作规范	5	不正确每次扣1分	
	7	工件加工正确	5	不正确每次扣1分	

项目	序号	技术要求	配分	评分标准	得分
工件质量（40%）	8	尺寸精度符合要求	30	不合格每处扣3分	
	9	表面粗糙度符合要求	8	不合格每处扣1分	
	10	无毛刺	2	不合格不得分	
文明生产（15%）	11	安全操作	5	出错全扣	
	12	机床维护与保养	5	不合格全扣	
	13	工作场所整理	5	不合格全扣	
相关知识及职业能力（10%）	14	数控加工基础知识	2	视情况酌情给分	
	15	自学能力	2		
	16	表达沟通能力	2		
	17	合作能力	2		
	18	创新能力	2		

【拓展训练】

拓展训练1

在数控车床上完成图1-3-16所示零件的加工。毛坯材料为45钢棒，尺寸为$\phi40mm \times 40mm$。注意内孔车削程序的编制和粗车循环编程指令的运用。

拓展训练2

在数控车床上完成图1-3-17所示零件的加工。毛坯材料为45钢棒，尺寸为$\phi40mm \times 50mm$。注意零件加工顺序的安排、内孔车削程序的编制和粗车循环编程指令的运用。

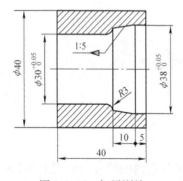

图1-3-16 拓展训练1

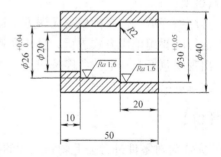

图1-3-17 拓展训练2

任务1.4 配合件数控车削加工

【任务导入】

本任务要求在数控车床上，采用自定心卡盘对零件进行定位装夹，用外圆车刀、外切槽刀、外螺纹车刀、内孔车刀、内螺纹车刀和钻头加工图1-4-1所示的配合件。对配合件加工工艺编制、程序编写及数控车削加工全过程进行详细分析。

项目1　轴套类零件数控编程与加工

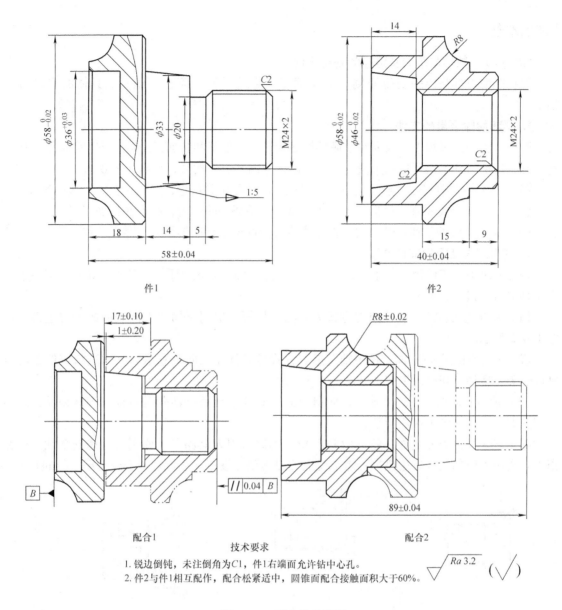

图1-4-1　配合件零件图

【任务目标】

1. 熟练掌握数控车削刀具路径的安排。
2. 熟练掌握数控车床夹具知识。
3. 熟练掌握刀尖圆弧半径补偿指令的格式及运用。
4. 熟练掌握配合件数控车削加工工艺。
5. 熟练掌握两顶尖装夹和一夹一顶装夹工件的操作方法。
6. 熟练掌握车削零件精度控制方法。
7. 遵守安全文明生产的要求，操作数控车床加工配合件。

【知识准备】

知识点 1　数控车削刀具路径的安排方法

数控车削刀具路径的安排原则是防止撞刀、路线（刀具路径）最短。具体的安排方法如下。

1. 循环切除余量的方法

数控车削加工过程中一般要经过循环切除余量、粗加工和精加工三道工序。应根据毛坯的类型和工件形状确定循环切除余量的方式，以减少循环走刀次数，提高加工效率。

（1）加工轴套类零件　轴向走刀、径向进刀，循环切除余量，终点在粗加工起点附近。

（2）加工轮盘类零件　径向走刀、轴向进刀，循环去除余量，终点在粗加工起点。

（3）加工铸锻件毛坯零件　按工件轮廓线运动逐渐逼近图形尺寸，零点飘移。

2. 退刀刀具路径的安排方法

根据刀具加工零件部位的不同，退刀的刀具路径确定方式也不同，数控车床系统提供了以下 3 种退刀方式。

（1）斜线退刀方式　斜线退刀方式刀具路径最短，适用于加工外圆表面的偏刀退刀，如图 1-4-2 所示。

（2）径→轴向退刀方式　径→轴向退刀方式是刀具先径向垂直退刀，到达指定位置时再轴向退刀，适用于切槽时退刀，如图 1-4-3 所示。

（3）轴→径向退刀方式　轴→径向退刀方式的顺序与径→轴向退刀方式刚好相反，适用于镗孔时退刀，如图 1-4-4 所示。

除上述 3 种退刀方式外，还可用 G00 指令编制对刀刀具路径，原则：考虑安全性，即在退刀过程中不能与工件发生碰撞；考虑使退刀刀具路径最短（相比之下安全是第一位的）。

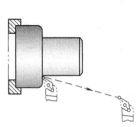 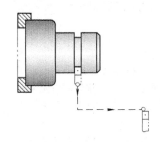 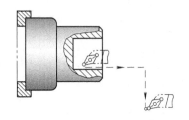

图 1-4-2　斜线退刀方式　　图 1-4-3　径→轴向退刀方式　　图 1-4-4　轴→径向退刀方式

知识点 2　数控车床用夹具

1. 圆周定位夹具

在数控车削加工中，粗加工、半精加工的精度要求不高时，可利用工件或毛坯的外圆表面定位。

（1）自定心卡盘　自定心卡盘如图 1-4-5 所示，其是最常用的车床通用夹具之一，也是数控车床的通用夹具。自定心卡盘最大的优点是可以自动定心。它的夹持范围大，但定心精度不高，不适合于零件同轴度要求高时的二次装夹。

1）自定心卡盘常见的形式有机械式和液压式两种。液压卡盘装夹迅速、方便，但夹持范围小，尺寸变化大时需重新调整卡爪位置。数控车床经常采用液压卡盘，液压卡盘特别适用于批量加工。

2) 由于自定心卡盘定心精度不高,当加工同轴度要求较高的工件,或进行工件的二次装夹时,常使用软爪。通常自定心卡盘的卡爪要进行热处理,硬度较高,很难用常规刀具切削。软爪就是为了弥补上述不足而设计制造的一种具有切削性能的夹爪。

(2) 卡盘加顶尖　在车削质量较大的工件时,一般应将工件的一端用卡盘夹持,另一端用后顶尖支承。为了防止工件由于切削力的作用而产生轴向位移,必须在卡盘内装一限位支承,或者利用工件的台阶面进行限位,如图 1-4-6 所示。此种装夹方法比较安全可靠,能够承受较大的轴向切削力,安装刚性好,轴向定位准确,所以在数控车削加工中应用较多。

图 1-4-5　自定心卡盘示意图

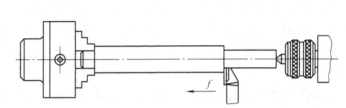

图 1-4-6　用工件的台阶面定位

(3) 心轴和弹簧心轴　当工件用已加工过的孔作为定位基准时,可采用心轴装夹。这种装夹方法可以保证工件内、外表面的同轴度,适用于批量生产。心轴的种类很多,常见的有圆柱心轴、小锥度心轴,这类心轴的定心精度不高。弹簧心轴(又称胀心心轴)既能定心,又能夹紧,是一种定心夹紧装置。图 1-4-7a 所示为直式弹簧心轴,它的最大特点是直径方向上膨胀量较大,可达 1.5 ~ 5mm。图 1-4-7b 所示为台阶式弹簧心轴,它的膨胀量为 1.0 ~ 2.0mm。

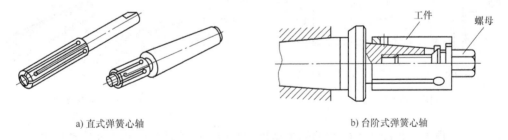

a) 直式弹簧心轴　　　　　　　　　　　　　　b) 台阶式弹簧心轴

图 1-4-7　弹簧心轴

(4) 弹簧夹头　弹簧夹头定心精度高,装夹工件快捷、方便,常用于精加工过的外圆表面定位。它特别适用于尺寸精度较高、表面质量较好的冷拔圆棒料的夹持。弹簧夹头所夹持工件的内孔为规定的标准系列,并非任意直径的工件都可以进行夹持。图 1-4-8a 所示为拉式弹簧夹头,图 1-4-8b 所示为推式弹簧夹头。

(5) 单动卡盘　加工精度要求不高、偏心距较小、零件长度较短的工件时,可以采用单动卡盘(图 1-4-9)进行装夹。单动卡盘的四个卡爪是各自独立移动的,可调整工件在车床主轴上的夹持位置,使工件加工表面的回转中心与车床主轴的回转中心重合。但单动卡盘的找正烦琐费时,一般用于单件小批生产。单动卡盘的卡爪有正爪和反爪两

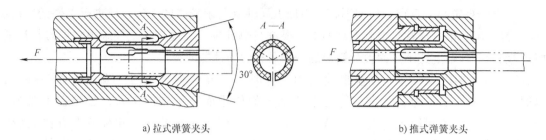

a) 拉式弹簧夹头　　　　　　　　　　b) 推式弹簧夹头

图 1-4-8　弹簧夹头

种形式。

2. 中心孔定位夹具

（1）两顶尖拨盘　两顶尖定位的优点是定心正确可靠，安装方便，主要用于精度要求较高的零件加工。顶尖的作用是进行工件的定心，并承受工件的重量和切削力，顶尖分前顶尖和后顶尖。

1）前顶尖插入主轴锥孔内，如图 1-4-10a 所示；另一种夹持在卡盘上，如图 1-4-10b 所示。

2）后顶尖插入尾座套筒。一种后顶尖是固定的，如图 1-4-11a 所示；另一种是回转的，如图 1-4-11b 所示，回转顶尖使用较广泛。

图 1-4-9　单动卡盘

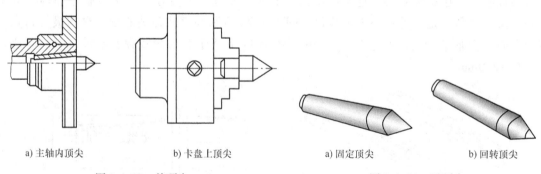

a) 主轴内顶尖　　　　b) 卡盘上顶尖　　　　　a) 固定顶尖　　　　b) 回转顶尖

图 1-4-10　前顶尖　　　　　　　　　　图 1-4-11　后顶尖

（2）拨动顶尖　车削加工中常用的拨动顶尖有内、外拨动顶尖和端面拨动顶尖。

1）内拨动顶尖如图 1-4-12a 所示，外拨动顶尖如图 1-4-12b 所示。这两种顶尖的锥面带齿，能嵌入工件，拨动工件旋转。

2）端面拨动顶尖如图 1-4-13 所示。这两种顶尖用端面拨爪带动工件旋转，适合装夹直径在 $\phi 50 \sim \phi 150 mm$ 之间的工件。

3. 其他车削工装夹具

数控车削加工中有时会遇到一些形状复杂和不规则的零件，不能使用自定心卡盘或单动卡盘装夹，需要借助其他工装夹具，如花盘、角铁等。

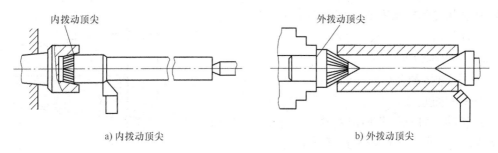

a) 内拨动顶尖   b) 外拨动顶尖

图1-4-12　内、外拨动顶尖

（1）花盘　被加工零件回转表面的轴线与基准面相垂直，且外形复杂的零件可以装夹在花盘上加工，如图1-4-14所示。

（2）角铁　被加工零件回转表面的轴线与基准面相平行，且外形复杂的零件可以装夹在角铁上加工，如图1-4-15所示。

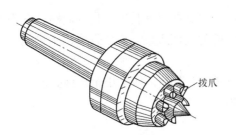 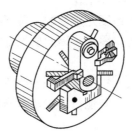 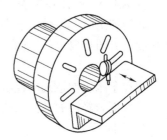

图1-4-13　端面拨动顶尖　　图1-4-14　花盘装夹工件　　图1-4-15　角铁装夹工件

知识点3　配合件加工工艺

1. 配合件加工注意事项

配合件在加工时既要考虑如何保证车圆柱面、车圆锥、车螺纹等基本操作，又要考虑保证几何精度的措施及工艺尺寸链等。配合件的加工难点在于保证各项配合精度，为此，在加工过程中应注意以下几点。

1）在加工前要明确件1与件2的加工次序。在确定加工次序时，要考虑各单件的加工精度、配合件的配合精度及工件加工过程中的装夹与找正等各方面因素。

2）配合件的各项配合精度要求主要受工件几何精度和尺寸精度的影响。因此，在数控加工中，工件在夹具中的定位与精确找正显得尤为重要。

3）对于保证圆锥面的配合要求，在精加工内外圆锥面过程中应采用刀尖圆弧半径补偿进行编程与加工。

2. 配合精度的控制方法

在加工配合件时，一定要选择合理的加工顺序，并保证零件配合部位的关键尺寸，才能保证零件的配合精度，在零件单件生产时通常会采用配作的方法来控制零件的配合精度。

3. 螺纹配合质量控制方法

螺纹的配合与中径的尺寸误差、螺距的误差、牙型角度误差有关。中径的误差能直接反映到配合上，要么拧不进，要么拧进去太松。螺纹的中径一般不容易出现很大的误差，对于一般的螺纹都能满足要求，除非螺距错了。精度高的螺纹对螺距误差有要求。牙型角度误差对螺纹配合有直接影响，角度出现误差会直接影响螺距，不一样就会拧不进或太松。普通螺纹的牙型角都是60°。螺杆头部倒角只是为了方便螺纹的旋合，与配合无关。

4. 锥度尺寸的控制方法（图1-4-16）

（1）计算法　　　　$a_p = aC/2$

式中　a_p——背吃刀量（mm）；
　　　a——锥体剩余长度（mm）；
　　　C——锥度。

（2）移动Z轴法　Z轴向左移动一个a，X轴保持原刻度不变，此时所车去的余量正好与工件余量相等。

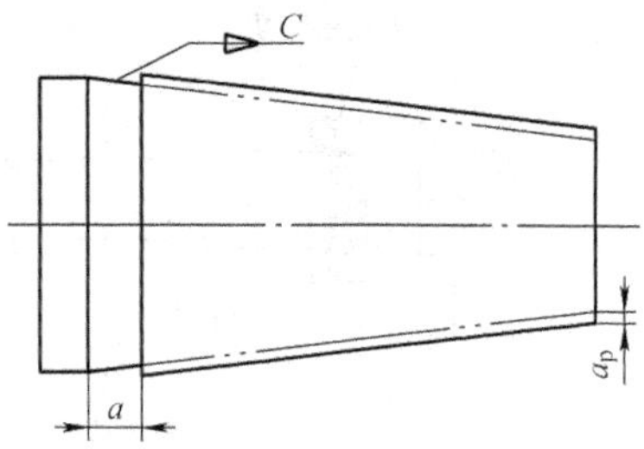

图1-4-16　锥度尺寸的控制方法

5. 车孔的关键技术

车孔的关键技术是解决内孔车刀的刚性和排屑问题。增加内孔车刀的刚性，主要采取以下两项措施：首先要尽量增加刀杆的截面积；其次是刀杆的伸出长度尽可能短，大于孔深5mm为宜。解决排屑问题的方法主要是控制切屑流出方向。精车孔时要求切屑流向待加工表面，可采用正刃倾角内孔车刀。

知识点4　提高零件加工质量的措施

数控加工时，零件的表面粗糙度是重要的质量指标，只有在尺寸精度合格的同时，其表面粗糙度达到图样要求，才能算合格零件。因此要保证零件的表面质量，应该采取以下措施。

1. 工艺

数控车床所能达到的经济表面粗糙度值一般为$Ra1.6 \sim 3.2 \mu m$，如果小于该值，应该在工艺上采取更为经济的磨削方法或者其他精加工技术措施。

2. 刀具

要根据零件材料的牌号和切削性能正确选择刀具的类型、牌号和刀具的几何参数，特别是前角、后角和修光刃对提高表面加工质量很有作用。

3. 切削用量

在零件精加工时切削用量的选择是否合理，将直接影响表面加工质量，如果精加工余量已经很小，当精车达不到表面粗糙度要求时，再采取技术措施，否则精车一次就有尺寸超差的危险。因此加工时要注意以下几点。

1）精车时选择较高的主轴转速和较小的进给量，以降低表面粗糙度值。

2）对于硬质合金车刀，要根据刀具几何角度，合理留出精加工余量。例如，正常前角的刀具加工时，精加工余量要小；负前角的刀具加工时，精加工余量要适当大一些。又如刀尖圆弧半径对表面粗糙度的影响较大，精加工时应该有较小的刀尖圆弧半径和较小的进给量，建议精加工时刀尖圆弧半径$r_\varepsilon = 0.4 \sim 0.6 mm$，进给量$f = 0.25 mm/r$。

3）针对表面粗糙度不易达到的某些难加工材料，选用相应的带涂层刀片的机夹式车刀来精加工，有利于降低表面粗糙度值。

4）车削螺纹时，除了保证螺纹的尺寸精度外，还要达到表面粗糙度要求。由于径向车螺纹时两侧刃和刀尖都参加切削、负荷较大，容易引起振动，使螺纹表面产生波纹。所以，每次的背吃刀量不宜太大，而且要逐渐减小，最后一次可以空走刀精车，以切除加工中弹性让刀的余量。

对于螺距较大的螺纹（$P > 3mm$），在螺纹切削工艺方面应采取螺纹侧面切削或轴向切削方法，可以减少切削负荷和切削中的振动，有效提高螺纹的表面质量。

知识点5　刀尖圆弧半径补偿编程指令

1. 刀尖圆弧半径补偿

数控机床是按假想刀尖运动位置进行编程的。如图1-4-17中A点，实际刀尖部位是一个小圆弧，因此切削点是刀尖圆弧与工件的切点（图1-4-18）。在车削圆柱面和端面时，切削刃路径与工件轮廓一致；在车削锥面和圆弧时，切削刃路径会引起工件表面的几何误差（图1-4-18中δ值为加工圆锥面时产生的加工误差值）。

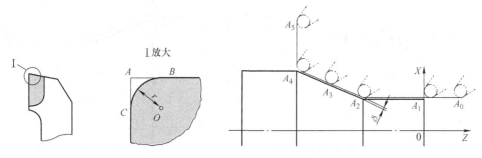

图1-4-17　刀尖与刀尖圆弧　　　　　图1-4-18　假想刀尖的加工误差

用圆弧刀尖的外圆车刀切削加工时，由于在实际加工过程中，刀具切削点在刀尖圆弧上变动，从而在加工过程中可能产生过切或欠切现象。因此，采用圆弧刃车刀时如无刀尖圆弧半径补偿功能，加工工件会出现以下几种误差。

1）加工台阶面或端面时，对加工表面的尺寸和形状影响不大，但在端面中心位置和台阶的清角位置会产生残留误差，如图1-4-19a所示。

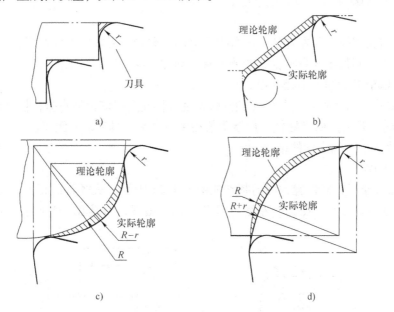

图1-4-19　未使用刀尖圆弧半径补偿功能时的误差分析

2）加工圆锥面时，对圆锥的锥度不会产生影响，但对锥面的大、小端尺寸会产生较大的影响，如图1-4-19b所示。

3）加工圆弧时，会对圆弧的圆度和圆弧半径产生影响，如图1-4-19c、d所示。

如果采用刀尖圆弧半径补偿方法，把刀尖圆弧半径和刀尖圆弧位置（图1-4-20）等参数输入刀具数据库内，这样按工件轮廓编程，数控系统会自动计算刀尖圆弧圆心刀具路径，控制刀尖圆弧圆心刀具路径进行切削加工，如图1-4-21所示，这样通过刀尖圆弧半径补偿的方法消除了由刀尖圆弧而引起的加工误差。

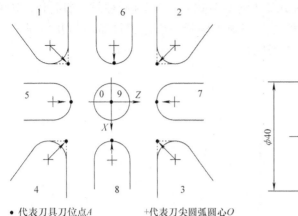
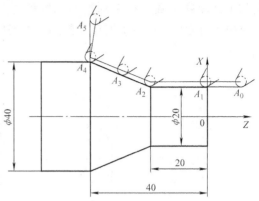

图 1-4-20　刀尖圆弧位置　　　图 1-4-21　利用刀尖圆弧半径补偿消除加工误差

●代表刀具刀位点 A　　　+代表刀尖圆弧圆心 O

2. 刀尖圆弧半径补偿指令（G40/G41/G42）

（1）指令格式

1）G41 G01/G00 X(U)_ Z(W)_ F_;

2）G42 G01/G00 X(U)_ Z(W)_ F_;

3）G40 G01/G00 X(U)_ Z(W)_ F_;

（2）说明

1）G41：刀尖圆弧半径左补偿，顺着刀具运动方向看，刀具在工件左侧。

2）G42：刀尖圆弧半径右补偿，顺着刀具运动方向看，刀具在工件右侧。

3）G40：取消刀尖圆弧半径补偿。

4）"X（U）_ Z（W）_"为刀尖圆弧半径补偿建立或取消终点坐标值（绝对或增量）。用绝对值指令时，是终点的坐标值，用增量值指令时，是刀具移动的距离。

5）";"代表一个程序段的结束。

（3）注意事项

1）刀尖圆弧半径补偿偏置方向的判别如图1-4-22所示。从 Z 轴的正方向往负方向观察，顺着刀具运动方向看，刀具在工件左侧，用G41代码编程，刀具在工件右侧，则用G42代码编程。

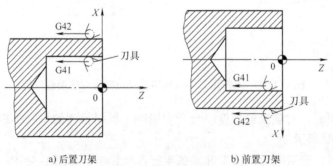

a) 后置刀架　　　b) 前置刀架

图 1-4-22　刀尖圆弧半径补偿偏置方向的判别

2）刀尖圆弧半径补偿的建立和取消必须在直线运动中进行，同时必须在进行轮廓加工之前完成，否则很可能导致工件的过切或欠切。

3）如果刀尖圆弧半径补偿设置值为负值，则工件方位改变。

【技能准备】

技能点1 设置刀尖圆弧半径操作步骤

按功能键中的"OFFSET"键,进入偏置设置页面,继续按功能键中的"OFFSET"键(或按"补正"对应的"软键")进入刀具偏置设置界面,按"形状"对应的软键进入图1-4-23所示的页面,利用键盘上的"光标移动键"使光标移动到对应刀具补偿位"R",在键盘上输入刀尖圆弧半径值→按"输入"(或按输入键对应的软键)输入补偿值,利用键盘上的"光标移动键"使光标移动到对应假想刀尖方位"T",在键盘上输入刀尖方位代号→按"输入"(或按输入键对应的软键)输入刀尖方位,完成设置。

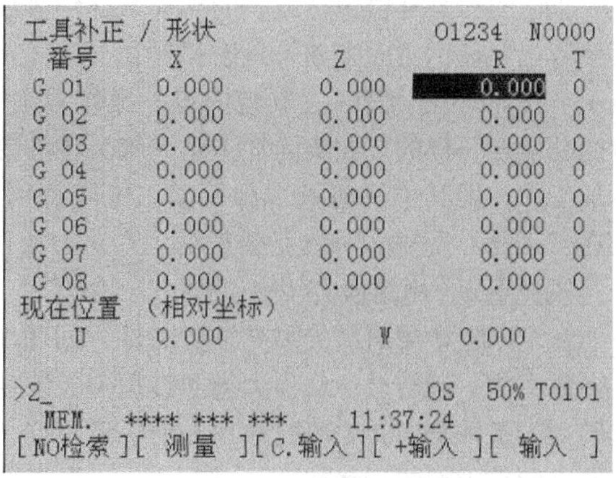

图1-4-23 刀尖圆弧半径设置页面

技能点2 零件加精度的保证方法

由于对刀、测量、刀具磨损、工艺系统刚性等问题,在首件试切或加工一段时间后,零件加工尺寸发生变化甚至超差,需要调整零件尺寸,可以通过修改磨耗值的方法来调整零件尺寸、保证加工精度,具体方法如下。

1)在键盘上按 OFFSET/SETTING 键,进入刀具磨耗补偿页面,如图1-4-24所示。

2)用方位键 ↑↓ 选择所需的刀补号(图中为"番号"),并用 ←→ 将光标移动到所需补偿的 X 轴或 Z 轴相应位置处(图中所示为第1号刀补的 X 磨耗值)。

3)计算零件的实际尺寸与图样所注尺寸的差值。

① 对于径向值(X 值),如果零件实际外圆或内孔尺寸比图样所注偏大,说明刀具离工件回转中心偏远,需要向 X 轴负方向移动,则输入值为负值,反之则输入正值。

② 对于轴向值(Z 值),需要根据实际情况确定是应向 Z 轴正方向移动还是负方向移动,应向正方向移动的输入正值,应向负方向移动的输入负值。

4)用数字键输入相应的符号和数值(正号可省略),按图1-4-25中"+输入"软键则将该值叠加到原有数值中。

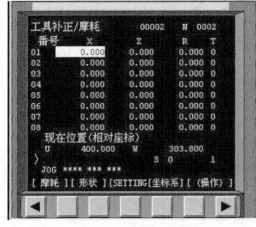

图1-4-24 刀具磨耗补偿页面

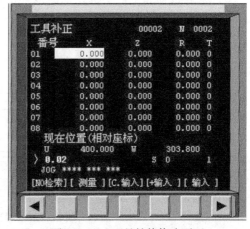

图1-4-25 刀具补偿修改页面

5）修改完毕、启动程序，重新加工即可。

注意事项：

车床的刀具补偿包括刀具的磨损量补偿参数和形状补偿参数，两者之和构成车刀偏置量补偿参数。在显示页面中如果是磨损补偿则左上角显示"工具补正/磨耗"，如果是形状补偿则显示"工具补正/形状"，其余内容、操作方法完全一样，容易引起混淆，应注意区别。但两者的功能是一样的，在实际加工中系统会将两者之值叠加在一起作为刀具的补偿值，所以在实际加工中，用其中任何一个都可以；但应特别注意不要重复输入，在"形状"里输入一次，又在"磨耗"里输入一次是错误的。在对刀操作时也是如此，注意查看、不要重复。

技能点 3 用两顶尖装夹工件

在车床上常用两顶尖装夹轴类工件，如图 1-4-26 所示。前顶尖为固定顶尖，装在主轴锥孔内同主轴一起转动；后顶尖为回转顶尖，装在尾座套筒内，其外壳不转动，顶尖芯与工件一起转动。工件利用其中心孔被顶在前、后顶尖之间，通过拨盘和卡头随主轴一起转动。用两顶尖装夹轴类工件的步骤如下。

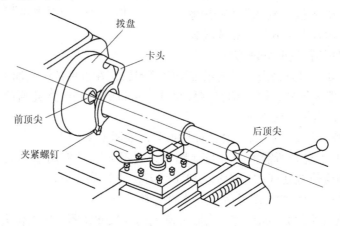

图 1-4-26 用两顶尖装夹工件

（1）车平两端面、钻中心孔 先用车刀把端面车平，再用中心钻钻中心孔。

（2）安装顶尖 安装时，顶尖尾部锥面、主轴内锥孔和尾座套筒锥孔必须擦净，然后把顶尖用力推入锥孔内。

（3）安装拨盘和工件 首先擦净拨盘的内螺纹和主轴端的外螺纹，然后将拨盘拧在主轴上，再把轴的一端装上卡头并拧紧夹紧螺钉，最后在两顶尖中安装工件，如图 1-4-27 所示。

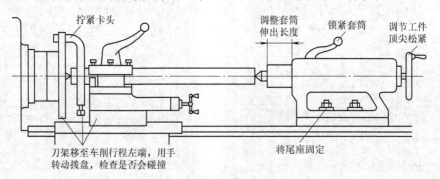

图 1-4-27 两顶尖装夹工件的方法

技能点4　用一夹一顶装夹工件

用一夹一顶装夹工件的具体操作步骤如下。

1）用干净抹布将顶尖尾锥部分擦拭干净，放入尾座孔内。
2）将已加工好的件1左端装夹在自定心卡盘上，考虑伸出的长度。
3）用右手将尾座推近工件离端面10mm左右。
4）将锁紧扳手固紧。
5）转动手摇轮，使顶尖与工件锥面接触，如图1-4-28所示。
6）夹紧工件。

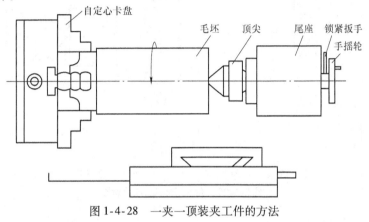

图1-4-28　一夹一顶装夹工件的方法

注意事项：

1）一夹一顶车削，最好要求用轴向限位支承，否则在轴向切削的作用下，工件容易产生轴向移位。
2）顶尖支顶不能过松或过紧。过松，工件产生跳动，外圆变形；过紧，易产生摩擦热，烧坏顶尖和中心孔。
3）尾座顶尖的中心线应在车床主轴轴线上，否则车削的工件会产生锥度。
4）中心孔的形状应正确，表面粗糙度要小。装入顶尖前，应清除中心孔内的切屑或异物。

【任务实施】

步骤1　零件分析

（1）尺寸精度

1）如图1-4-1所示，其配合件由件1和件2两个零件组成，零件较复杂。件1零件主要由外螺纹、外锥面、圆柱面、圆弧面、不通孔等组成，其中$\phi 58_{-0.02}^{0}$mm、$\phi 36_{0}^{+0.03}$mm、58 ± 0.04mm尺寸精度要求较高。件2零件主要由内螺纹、内锥面、台阶面、圆弧面等组成，其中$\phi 58_{-0.02}^{0}$mm、$\phi 46_{-0.02}^{0}$mm、40 ± 0.04mm尺寸精度要求较高。

2）零件配合后，难保证的尺寸精度主要有槽宽尺寸17 ± 0.10mm、间隙尺寸1 ± 0.20mm、长度尺寸89 ± 0.04mm、圆弧尺寸$R8\pm0.02$mm。

3）难保证的配合精度有锥度配合接触面积大于60%、圆柱面配合及螺纹配合松紧适中。

（2）几何精度　难保证的几何精度：平行度0.04mm。

（3）表面粗糙度　表面粗糙度全部为$Ra3.2\mu m$。

步骤2　工艺制订

1. 确定定位基准和装夹方案

毛坯分别为$\phi 60$mm×62mm、$\phi 60$mm×44mm的两段45钢棒料，根据毛坯形状，均可采用自定心卡盘装夹，调头加工件1另一端时，采用一夹一顶的装夹方式，工件装夹时的夹紧力要适中，既要防止工件变形或夹伤，又要防止工件在加工过程中松动；工件装夹过程中，应对工件进行找正，以保证工件轴线与主轴轴线同轴。件1、件2定位装夹示意图如图1-4-29、图1-4-30所示。

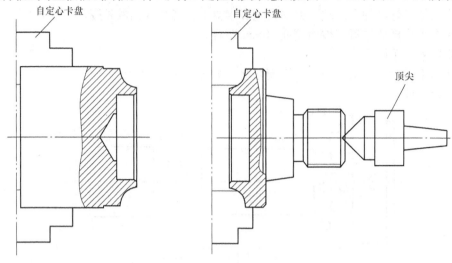

a) 加工件1左端装夹示意图　　　　b) 加工件1右端装夹示意图

图1-4-29　件1定位装夹示意图

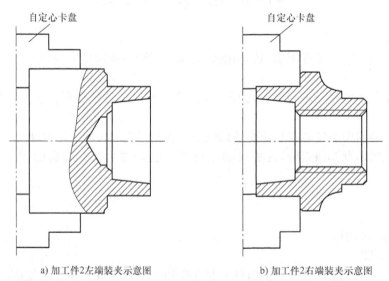

a) 加工件2左端装夹示意图　　　　b) 加工件2右端装夹示意图

图1-4-30　件2定位装夹示意图

2. 选择刀具与切削用量

本项目零件在加工过程中选用的刀具：T01为93°（主偏角）外圆车刀，刀尖圆弧半径为 $R0.4$mm；T02为切槽刀，刀宽为3mm；T03为60°（三角形）外螺纹车刀；T04为 $\phi20$mm 高速工具钢钻头；T05为内孔（不通孔）车刀，刀尖圆弧半径为 $R0.4$mm；T06为60°（三角形）内螺纹车刀。根据零件的精度要求和工序安排确定刀具几何参数及切削用量，见表1-4-1。

3. 确定加工顺序

（1）件1加工步骤

1）车左端面、手动钻孔，注意控制孔的深度。

2）采用外圆粗、精车循环指令加工左端外轮廓，保证尺寸 $\phi 58_{-0.02}^{~~0}$mm、$R8\pm0.02$mm，

项目1　轴套类零件数控编程与加工

$\phi 58_{-0.02}^{0}$ mm 外圆长度方向加工至 Z-40.0 处，以便调头装夹、钻中心孔。

表 1-4-1　刀具几何参数及切削用量表

工步	加工内容	刀具号	刀具类型	主轴转速 /(r/min)	进给量 /(mm/min)	背吃刀量 /mm
1	粗车外圆	T01	外圆车刀	800	200	2
2	精车外圆	T01	外圆车刀	1200	80	0.5
3	外切槽	T02	切槽刀	400	30	3
4	外螺纹	T03	外螺纹车刀	500		
5	钻孔	T04	钻头	350	手动	
6	粗车内孔	T05	内孔车刀	600	140	2
7	精车内孔	T05	内孔车刀	1000	80	0.5
8	内螺纹	T06	内螺纹车刀	500		

3）采用内孔粗、精车循环指令加工左端内轮廓，保证尺寸 $\phi 36_{0}^{+0.03}$ mm 及深度尺寸。

4）调头装夹找正，手工车右端面，保证总长 58±0.04mm，钻中心孔。

5）重新采用一夹一顶的装夹方式装夹工件，注意控制工件伸出的长度。

6）采用外圆粗、精车指令加工右端外轮廓，螺纹大径处尺寸为24mm，精车时，应采用刀尖圆弧半径补偿，以保证锥面的尺寸精度。

7）加工退刀槽。

8）加工右端外螺纹，在拆卸工件前先松开顶尖，用止、通规检查螺纹精度。

9）拆卸工件，并对工件进行去毛刺、倒角。

（2）件2加工步骤

1）车左端面、手动钻孔，注意控制孔的深度。

2）采用外圆粗、精车循环指令加工左端外轮廓，保证尺寸 $\phi 58_{-0.02}^{0}$ mm 和 $\phi 46_{-0.02}^{0}$ mm。

3）采用内孔粗、精车循环指令加工左端内轮廓，内螺纹小径加工至 $\phi 22.7$mm。

4）加工内螺纹，并用止、通规检查。

5）用件1与件2试配并修正件2内锥面，以保证各项配合精度。

6）调头装夹于 $\phi 46_{-0.02}^{0}$ mm 直径处，用指示表找正 $\phi 58_{-0.02}^{0}$ mm 外圆表面，手动车右端面，保证总长 40±0.04mm。

7）采用外圆粗、精车指令加工右端外轮廓，用件1与件2试配并修正件2。

8）拆卸工件，并对工件进行去毛刺倒角，检查各项加工精度。

该配合件中件1和件2的数控加工工序卡分别见表1-4-2和表1-4-3。

表 1-4-2　件1数控加工工序卡

数控加工工序卡		零件图号	零件名称		材料		使用设备		
			配合件（件1）		45钢		数控车床		
工步号	工步内容	刀具号	刀具名称	刀具规格	主轴转速 /(r/min)	进给量 /(mm/min)	刀尖半径 补偿号	刀具长度 补偿号	备注
1	车左端面	T01	外圆车刀	93°	1200	80	D01	H01	手动
2	钻孔	T04	钻头	$\phi 20$mm	350				手动
3	粗车左端外轮廓	T01	外圆车刀	93°	800	200	D01	H01	
4	精车左端外轮廓	T01	外圆车刀	93°	1200	80	D01	H01	
5	粗车左端内轮廓	T05	内孔车刀	93°	600	140	D05	H05	
6	精车左端内轮廓	T05	内孔车刀	93°	1000	80	D05	H05	
7	车右端面	T01	外圆车刀	93°	1200	80	D01	H01	手动
8	粗车右端外轮廓	T01	外圆车刀	93°	800	200	D01	H01	
9	精车右端外轮廓	T01	外圆车刀	93°	1200	80	D01	H01	
10	车右端退刀槽	T02	切槽刀	3mm	400	30		H02	
11	车右端外螺纹	T03	外螺纹车刀	60°	500			H03	

表 1-4-3　件 2 数控加工工序卡

数控加工工序卡	零件图号	零件名称		材料		使用设备	
		配合件（件2）		45 钢		数控车床	
工步号	工步内容	刀具号	刀具名称	刀具规格	主轴转速 /(r/min)	进给量 /(mm/min)	刀尖半径补偿号	刀具长度补偿号	备注
1	车左端面	T01	外圆车刀	93°	1200	80	D01	H01	手动
2	钻孔	T04	钻头	φ20mm	350				手动
3	粗车左端外轮廓	T01	外圆车刀	93°	800	200	D01	H01	
4	精车左端外轮廓	T01	外圆车刀	93°	1200	80	D01	H01	
5	粗车左端内轮廓	T05	内孔车刀	93°	600	140	D05	H05	
6	精车左端内轮廓	T05	内孔车刀	93°	1000	80	D05	H05	
7	车内螺纹	T06	外螺纹车刀	60°	500			H06	
8	粗车右端外轮廓	T01	外圆车刀	93°	800	200	D01	H01	
9	精车右端外轮廓	T01	外圆车刀	93°	1200	80	D01	H01	
10	倒角								手动

步骤 3　程序编写

1. 建立工件坐标系

本项目中工件坐标系建立在工件轴线与端面的交点处，如图 1-4-31 所示。

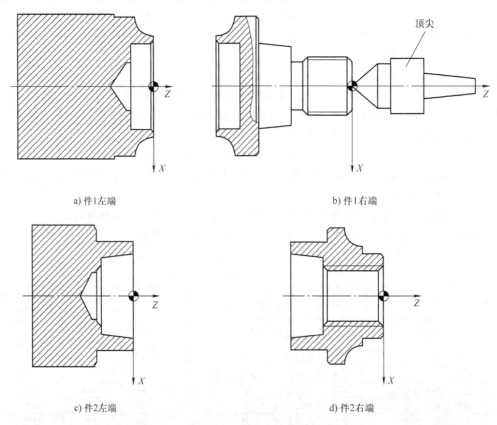

a) 件1左端　　　　　　　　b) 件1右端

c) 件2左端　　　　　　　　d) 件2右端

图 1-4-31　建立工件坐标系

2. 确定刀具路径

件 1 与件 2 均采用两次装夹后完成粗、精加工的加工方案，先加工工件其中一端的内、外形，完成粗、精加工后，调头加工另一端。配合件编程路线示意见表 1-4-4。

表 1-4-4　配合件编程路线示意

步骤 1 1) 粗、精车件 1 左端外圆部分 2) 粗、精车件 1 左端内孔部分	步骤 2 1) 调头装夹,手动车端面控制总长 58±0.04mm,钻中心孔 2) 粗、精车件 1 右端外圆部分
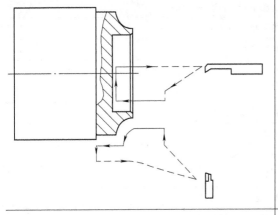	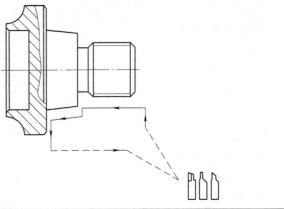
步骤 3 1) 粗、精车件 2 左端外圆部分 2) 粗、精车件 2 左端内孔部分	步骤 4 1) 调头装夹,手动车端面控制总长 40±0.04mm,钻中心孔 2) 粗、精车件 2 右端外圆部分 3) 粗、精车件 2 右端内孔部分
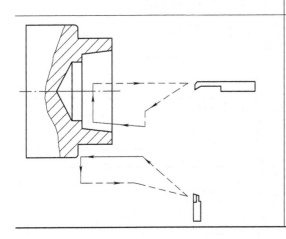	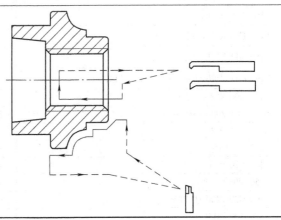

3. 计算节点坐标

1) 切退刀槽。槽宽 5mm,刀宽 3mm,应分两次切削完成,第一次切削退刀后,在 Z 向移动 2mm,再进行第二次切削,两次车削同时保证槽深。

2) 螺纹实际牙型高度 $h = H - 2(H/8) = 0.6495P = 0.6495 \times 2\text{mm} = 1.299\text{mm}$。内螺纹小径为 22.7mm。

3) 车内、外螺纹。本项目螺纹是导程为 2mm 的单线螺纹,应分 5 次车削完成,每次的背吃刀量分别为 0.9mm、0.6mm、0.6mm、0.4mm、0.1mm。考虑内螺纹刀杆略细些,可以多分层切削,如每次的背吃刀量分别为 0.7mm、0.6mm、0.5mm、0.3mm、0.3mm、0.1mm、0.1mm。

4) 锥度为 1:5,锥度小端尺寸为 $\phi33\text{mm}$,计算出锥度大端尺寸为 $\phi35.8\text{mm}$。

4. 编写程序

(1) 件 1 左端加工参考程序(表 1-4-5)

表 1-4-5　件 1 左端加工参考程序

程序内容	程序说明
O1411	程序名（件 1 左端）
N10 T0101;	换外圆车刀，建立工件坐标系
N20 M03 S800;	主轴正转，转速 800r/min
N30 G00 X62.0 Z2.0;	外圆粗车循环起点
N40 M08;	切削液开
N50 G71 U2 R1.0;	外圆粗车循环
N60 G71 P70 Q110 U0.5 W0.1 F200;	
N70 G00 G42.0 X42.0 Z2.0;	快速移动至精加工起点
N80 G01 Z0.0 F80;	靠近端面
N90 G02 X58.0 Z-8.0 R8.0;	车 $R8mm$ 圆弧
N100 G01 Z-40.0;	车外圆
N110 X62.0;	X 向退刀
N120 M03 S1200;	外圆精加工转速 1200r/min
N130 G70 P70 Q110 F80;	外圆精车循环
N140 G40 G00 X100.0 Z100.0;	返回安全换刀点
N150 T0505;	换不通孔车刀，建立工件坐标系
N160 M03 S600;	主轴正转，转速 600r/min
N170 G00 X20.0 Z2.0;	内孔循环起点
N180 G71 U2 R1.0;	内孔粗车循环
N190 G71 P200 Q240 U0.5 W0.1 F140;	
N200 G00 X38.0 Z2.0;	快速移动至精加工起点
N210 G01 Z0.0 F80;	靠近端面
N220 X36.0 Z-1.0;	倒角
N230 Z-9.0;	车内孔
N240 X20.0;	X 向退刀
N250 M03 S1000;	内孔精加工转速 1000r/min
N260 G70 P200 Q240 F80;	内孔精车循环
N270 G00 Z100.0;	Z 向退刀
N280 X100.0;	X 向回安全换刀点
N290 M30;	程序结束

调头装夹找正，手工车端面，保证总长 58±0.04mm，钻中心孔；采用一夹一顶的装夹方式装夹工件，注意控制工件伸出的长度。

（2）件 1 右端加工参考程序（表 1-4-6）

表 1-4-6　件 1 右端加工参考程序

程序内容	程序说明
O1412	程序号（件 1 右端）
N10 T0101;	换外圆车刀，建立工件坐标系
N20 M03 S800;	主轴正转，转速 800r/min
N30 G00 X62.0 Z2.0 M08;	外圆粗车循环起点，切削液开

(续)

程序内容	程序说明
N40 G71 U2 R1.0;	外圆粗车循环
N50 G71 P60 Q140 U0.5 W0.1 F200;	
N60 G00 G42 X20.0 Z2.0;	快速移动至精加工起点
N70 G01 Z0.0 F80;	靠近端面
N80 X20.0 Z−2.0;	倒角
N90 Z−26.0;	车外圆
N100 X33.0;	车台阶面
N110 X35.8 Z−40.0;	车锥度
N120 X56.0;	车台阶面
N130 X58.0 W−1;	倒角
N140 X62.0;	X向退刀
N150 M03 S1200;	外圆精加工转速 1200r/min
N160 G70 P60 Q140 F80;	外圆精车循环
N170 G00 G40 X100.0 Z100.0;	返回安全换刀点
N180 T0202;	换切槽刀,建立工件坐标系
N190 M03 S400;	主轴正转,转速 400r/min
N200 G00 X24.5 Z−25.98;	退刀槽起点
N210 G01 X20.0 F30;	下刀
N220 X25.0;	退刀
N230 W2;	Z向移动
N240 X20.0;	下刀
N250 X25.0;	退刀
N260 G00 X100.0 Z100.0;	返回安全换刀点
N270 T0303;	换外螺纹车刀,建立工件坐标系
N280 M03 S500;	主轴正转,转速 500r/min
N290 G00 X25.0 Z5.0;	螺纹固定循环车削起点
N300 G92 X23.1 Z−22.0 F2;	外螺纹固定循环第一次车削
N310 X22.5;	第二次
N320 X21.9;	第三次
N330 X21.5;	第四次
N340 X21.4;	第五次
G00 X100.0 Z100.0;	返回安全换刀点
N370 M30;	程序结束

(3) 件2左端加工参考程序(表1-4-7) 调头装夹于 $\phi 46_{-0.02}^{0}$ mm 直径处,用指示表找正 $\phi 58_{-0.02}^{0}$ mm 外圆表面,手动车右端面,保证总长 40 ± 0.04 mm。

表1-4-7 件2左端加工参考程序

程序内容	程序说明
O1421	程序号（件2左端）
N10 T0101;	换外圆车刀，建立工件坐标系
N20 G00 X100.0 Z100.0;	确定安全位置
N30 M03 S800;	主轴正转，转速800r/min
N40 G00 X62.0 Z2.0;	外圆粗车循环起点
N50 M08;	切削液开
N60 G71 U2 R1.0;	外圆粗车循环
N70 G71 P80 Q150 U0.5 W0.1 F200;	
N80 G00 G42 X45.8 Z2.0;	快速移动至精加工起点
N90 G01 Z0.0 F80;	靠近端面
N100 X46.0 Z-0.1;	锐角倒钝
N110 Z-16.0;	车外圆
N120 X56.0;	车台阶面
N130 X58.0 Z-17.0;	倒角
N140 Z-24.0;	车外圆
N150 X62.0;	X向退刀
N160 M03 S1200;	外圆精加工转速1200r/min
N170 G70 P80 Q150 F80;	外圆精车循环
N180 G00 G40 X100.0 Z100.0;	安全换刀点
N190 T0505;	换内孔车刀，建立工件坐标系
N200 M03 S600;	主轴正转，转速600r/min
N210 G00 X20.0 Z2.0;	内孔循环起点
N220 G71 U2 R1.0;	内孔粗车循环
N230 G71 P240 Q300 U0.5 W0.1 F140;	
N240 G00 G41 X35.8 Z2.0;	快速移动至精加工起点
N250 G01 Z0.0 F80;	靠近端面
N260 X33.0 Z-14.0;	车内锥
N270 X24.0;	车台阶
N280 X22.0 Z-16.0;	倒角
N290 Z-41.0;	车内螺纹底孔
N300 X20.0;	X向退刀
N310 M03 S1000;	内孔精加工转速1000r/min
N320 G70 P240 Q300 F80;	内孔精车循环
N330 G00 G40 Z100.0;	Z向退刀
N340 X100.0;	返回安全换刀点
N350 T0606;	换内螺纹车刀，建立工件坐标系
N360 M03 S500;	主轴正转，转速500r/min
N370 G00 X20.0 Z5.0;	螺纹固定循环车削起点
N380 G92 X22.1 Z-41.0 F2;	内螺纹固定循环第一次车削

(续)

程序内容	程序说明
N390 X22.7;	第二次
N400 X23.2;	第三次
N410 X23.5;	第四次
N420 X23.8;	第五次
N430 X23.9;	第六次
N440 X24;	第七次
N450 G00 X100.0 Z100.0;	返回安全换刀点
N460 M30;	程序结束

(4) 件2右端加工参考程序（表1-4-8）

表1-4-8 件2右端加工参考程序

程序内容	程序说明
O1422	程序号（件2右端）
N10 T0101;	换外圆车刀，建立工件坐标系
N20 M03 S800;	主轴正转，转速800r/min
N30 G00 X62.0 Z2.0;	外圆粗车循环起点
N40 M08;	切削液开
N50 G71 U2 R1.0;	外圆粗车循环
N60 G71 P70 Q130 U0.5 W0.1 F200;	
N70 G00 G42 X34.0 Z2.0;	快速移动至精加工起点
N80 G01 Z0.0 F80;	靠近端面
N90 X36.0 Z-1.0;	倒角
N100 Z-9.0;	车外圆
N110 X42.0;	车台阶面
N120 G02 X58.0 Z-17.0 R8.0;	车R8mm圆弧
N130 X62.0;	X向退刀
N140 M03 S1200;	外圆精加工转速1200r/min
N150 G70 P70 Q130 F80;	外圆精车循环
N160 G00 G40 X100.0 Z100.0;	返回安全换刀点
N170 M09;	切削液关
N180 M30;	程序结束

步骤4 工具材料领用

完成本任务零件加工所需的工、刃、量、辅具清单见表1-4-9。

表1-4-9 工、刃、量、辅具清单

序号	名称	规格	数量	备注
1	游标卡尺	0~150mm/0.02mm	1把	
2	外径千分尺	25~50mm、50~75mm	各1把	
3	内径千分尺	5~30mm	1把	

(续)

序号	名称	规格	数量	备注
4	塞尺	0.02~1mm	1副	
5	指示表	0~10mm/0.01mm	1个	
6	磁性表座		1套	
7	螺纹塞规	M24×2	1副	
8	螺纹环规	M24×2	1副	
9	游标万能角度尺		1把	
10	外圆车刀	93°	1把	
11	切槽刀	刀宽3mm	1把	
12	外螺纹车刀	牙型角60°	1把	
13	钻头	φ20mm	1把	
14	内孔车刀	93°	1把	
15	内螺纹车刀	牙型角60°	1把	
16	材料	φ60mm×62mm、φ60mm×44mm	各1根	
17	其他辅具	铜棒、铜皮、毛刷等；计算器、相关指导书等	1套	选用

步骤5 零件加工

1）按照工、刃、量、辅具清单领取相应的工、刃、量、辅具。
2）开机上电。
3）复位。
4）返回机床参考点。
5）装夹工件毛坯。
6）装夹刀具并找正。
7）对刀，建立工件坐标系。
8）程序的输入。
9）程序校验。
10）零件加工。
11）零件测量。
12）校正刀具磨损值。
13）加工合格后对机床进行相应的保养。
14）按照工、刃、量、辅具清单归还相应的工、刃、量、辅具。
15）填写工作日志并关闭机床电源。

注意事项：

1）程序编好后，待教师检查无误方可运行。
2）运行时要用单段方式进行，且注意将机床的防护罩关闭。
3）出现紧急情况马上按急停按钮。
4）注意进给倍率的控制。

【检查评价】

加工完成后对零件进行去毛刺和尺寸的检测，配合件检测的评分表见表1-4-10。

表 1-4-10 配合件检测的评分表

项目	序号	技术要求	配分	评分标准	得分
程序与工艺（15%）	1	程序正确完整	5	不规范每处扣1分	
	2	切削用量合理	5	不合理每处扣1分	
	3	工艺过程规范合理	5	不合理每处扣1分	
机床操作（20%）	4	刀具选择安装正确	5	不正确每次扣1分	
	5	对刀及工件坐标系设定正确	5	不规范每处扣1分	
	6	机床操作规范	5	不正确每次扣1分	
	7	工件加工正确	5	不正确每次扣1分	
工件质量（40%）	8	尺寸精度符合要求	30	不合格每处扣3分	
	9	表面粗糙度符合要求	8	不合格每处扣1分	
	10	无毛刺	2	不合格不得分	
文明生产（15%）	11	安全操作	5	出错全扣	
	12	机床维护与保养	5	不合格全扣	
	13	工作场所整理	5	不合格全扣	
相关知识及职业能力（10%）	14	数控加工基础知识	2	视情况酌情给分	
	15	自学能力	2		
	16	表达沟通能力	2		
	17	合作能力	2		
	18	创新能力	2		

【拓展训练】

拓展训练1

在数控车床上完成图1-4-32所示零件的加工。毛坯为$\phi40\text{mm} \times 80\text{mm}$的45钢棒料。注意配合件的加工工艺安排，尤其注意螺纹配合精度的保证；同时注意零件精度的控制。

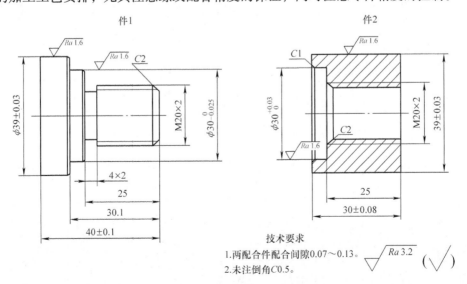

图 1-4-32 拓展训练1图

拓展训练 2

在数控车床上完成图 1-4-33 所示配合件零件的加工。毛坯为 $\phi 50\text{mm} \times 100\text{mm}$、$\phi 50\text{mm} \times 50\text{mm}$ 的两段 45 钢棒料。注意配合件的加工工艺安排，尤其注意锥度配合精度的保证；同时注意零件精度的控制。

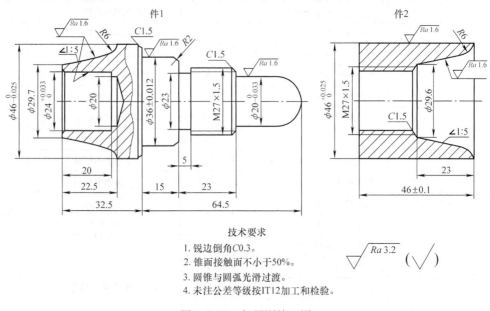

技术要求
1. 锐边倒角 C0.3。
2. 锥面接触面不小于 50%。
3. 圆锥与圆弧光滑过渡。
4. 未注公差等级按 IT12 加工和检验。

图 1-4-33　拓展训练 2 图

项目 2　盘盖类零件数控编程与加工

任务 2.1　外轮廓数控铣削加工

【任务导入】

本任务要求在数控铣床上，采用机用虎钳对零件进行定位装夹，用立铣刀加工图 2-1-1 所示的外轮廓零件，对外轮廓零件工艺编制、程序编写及数控铣削加工全过程进行详细分析。

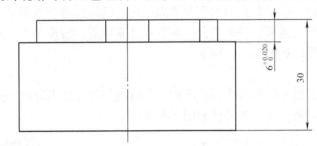

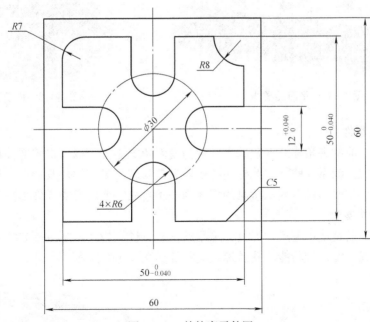

图 2-1-1　外轮廓零件图

【任务目标】

1. 了解数控铣床的基础知识。

2. 熟练掌握数控加工零件工艺分析。
3. 熟练掌握数控铣削编程路线的安排。
4. 熟练掌握数控铣削基本编程指令的格式及编程方法。
5. 熟练掌握外轮廓铣削加工工艺。
6. 熟练掌握数控铣床的基本操作方法。
7. 遵守安全文明生产的要求，操作数控铣床加工外轮廓零件。

【知识准备】

知识点 1　数控铣床的工艺范围

数控铣床是主要采用铣削和钻削方式加工工件的数控机床。铣削加工是机械加工中最常用的加工方法之一，它主要包括平面铣削、轮廓铣削及曲面铣削。钻削加工主要包括对零件进行钻、扩、铰、镗、锪加工及螺纹加工等。数控铣床主要适合于下列几类零件的加工。

1. 平面类零件

加工面平行、垂直于水平面或与水平面成固定角度的零件称为平面类零件。这一类零件的特点：加工单元面为平面或可展开成平面。其数控铣削相对比较简单，一般用两坐标联动就可以加工出来。平面类零件如图 2-1-2 所示。

2. 曲面类零件

加工面为空间曲面的零件称为曲面类零件。其特点是加工面不能展开成平面，加工中铣刀与零件表面始终是点接触。曲面类零件如图 2-1-3 所示。

图 2-1-2　平面类零件

图 2-1-3　曲面类零件

3. 变斜角类零件

加工面与水平面的夹角连续变化的零件称为变斜角类零件，以飞机零部件最为常见，如飞机上的整体梁、框、缘条与肋等，此外还有检验夹具与装配型架等。其特点：加工面不能展开成平面，加工中加工面与铣刀周围接触的瞬间为一条直线。变斜角类零件如图 2-1-4 所示。

4. 孔及螺纹类零件

零件中的孔一般是使用定尺寸刀具，采用钻、扩、铰、镗及攻螺纹等方法进行加工，数控铣床一般都具有镗、钻、铰功能。孔及螺纹类零件如图 2-1-5 所示。

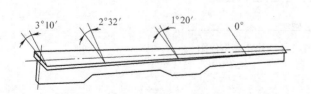
图 2-1-4　变斜角类零件

图 2-1-5　孔及螺纹类零件

知识点 2　数控铣床的主要部件及功用

数控铣床一般由数控系统、主轴系统、进给伺服系统、机床基础件和辅助装置等几大部分组成。立式数控铣床的基本布局如图 2-1-6 所示。

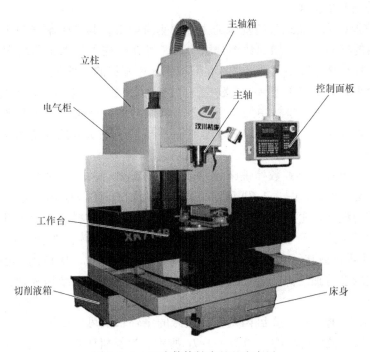

图 2-1-6　立式数控铣床的基本布局

1. 数控系统

数控系统是数控机床的核心，一般由数控柜、工业计算机及操作面板等组成。数控系统负责接收由输入装置输入的数字信息（主要是零件加工程序），经存储、译码、运算及控制处理后，将指令信息输出到伺服系统，从而控制机床按照要求的轨迹运动，协调地完成零件加工操作。

2. 主轴系统

主轴系统由主轴伺服驱动器、主轴电动机、主传动系统、主轴箱和主轴组成。其主要功能是用于装夹刀具并带动刀具旋转，主轴转速范围和输出转矩对零件加工效率和质量有直接影响。主轴转速一般通过主轴变频器改变主轴电动机的转速来实现无级变速。

3. 进给伺服系统

进给伺服系统由伺服驱动器、进给电动机和进给执行机构组成。其主要功能是把来自数控系统的脉冲信号转换成机床移动部件的精确运动，使机床按照程序设定的进给速度和移动距离实现刀具和工件的相对运动，包括直线运动和回转运动。进给伺服系统对零件的加工效率、加工质量有直接影响。

4. 机床基础件

机床基础件通常是指床身、底座、立柱、横梁、工作台等，它是整个机床的基础和框架。

5. 辅助装置

辅助装置包括液压、气动、润滑、冷却系统和排屑、防护等装置。其主要作用为缩短零件加工辅助时间，提高机床加工效率及机床的安全性能。

知识点3　数控铣床的分类

数控铣床的种类很多，按其体积大小可分为小型、中型和大型数控铣床，其中规格较大的，其功能已向加工中心靠近，进而演变成柔性加工单元。

1. 按主轴布置形式分类

（1）立式数控铣床　立式数控铣床的主轴为垂直配置，其主轴轴线与工作台面垂直，主要用于水平面内的型面加工，增加数控分度头后，可在圆柱表面加工曲线沟槽，如图2-1-7a所示。目前立式数控铣床应用范围最广，是数控铣床中常见的一种布局形式。从机床数控系统控制的坐标数量来看，目前3坐标立式数控铣床仍占大多数；一般可进行3坐标联动加工，但也有部分机床只能进行3个坐标中的任意两个坐标联动加工（常称为2.5坐标加工）。此外，还有机床主轴可以绕X、Y、Z坐标轴中的其中一个或两个轴做数控摆角运动的4坐标和5坐标立式数控铣床。

（2）卧式数控铣床　卧式数控铣床的主轴为水平配置，其主轴轴线与工作台面平行，主要用来加工箱体类零件，如图2-1-7b所示。为了扩大加工范围和扩充功能，卧式数控铣床通常采用增加数控转盘或万能数控转盘来实现4、5坐标加工。这样，不但工件侧面上的连续回转轮廓可以被加工出来，而且可以实现在一次安装中，通过转盘改变工位，进行"四面加工"。对于箱体类零件或在一次安装中需要改变工位的工件来说，应该优先考虑选择带数控转盘的卧式数控铣床进行加工。卧式数控铣床相比立式数控铣床，结构复杂，在加工时不便观察，但排屑顺畅。

（3）立卧两用数控铣床　立卧两用数控铣床的主轴轴线可以变换，使一台铣床具备立式数控铣床和卧式数控铣床的功能，如图2-1-7c所示。这类机床功能更全、适应性更强、应用范围更广、选择加工对象的余地更大，尤其适合于多品种、小批量又需立卧两种方式加工的情况，但其主轴部分结构较为复杂。立卧两用数控铣床主轴方向的更换方法有自动和手动两种。采用数控万能主轴头的立卧两用数控铣床，其主轴头可以任意改变方向，加工出与水平面成不同角度的工件表面。当立卧两用数控铣床增加数控转盘以后，甚至可以对工件进行"五面加工"。所谓"五面加工"就是除了工件与转盘贴合的定位面外，其余表面都可以在一次安装中进行加工。带有数控万能主轴头的立卧两用数控铣床或加工中心将是今后国内外数控机床生产的重点，代表了数控机床的发展方向。

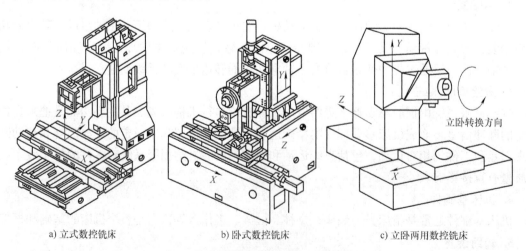

a）立式数控铣床　　　　b）卧式数控铣床　　　　c）立卧两用数控铣床

图2-1-7　数控铣床按主轴布置形式分类

2. 按照构造形式分类

数控铣床按照构造形式一般可以分为三类，如图 2-1-8 所示。

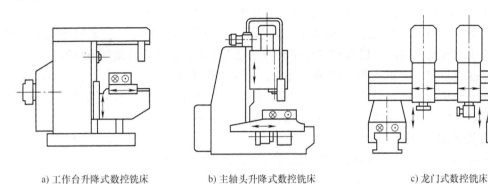

a) 工作台升降式数控铣床　　b) 主轴头升降式数控铣床　　c) 龙门式数控铣床

图 2-1-8　数控铣床按构造形式分类

（1）工作台升降式数控铣床　这类数控铣床采用工作台移动、升降，而主轴不动的方式，如图 2-1-8a 所示。小型数控铣床一般采用此种方式。

（2）主轴头升降式数控铣床　这类数控铣床采用工作台纵向和横向移动，且主轴沿垂向溜板上下运动，如图 2-1-8b 所示。主轴头升降式数控铣床在精度保持、承载重量、系统构成等方面具有很多优点，已成为数控铣床的主流。

（3）龙门式数控铣床　这类数控铣床主轴可以在龙门架的横向与垂向溜板上运动，而龙门架则沿床身做纵向运动，如图 2-1-8c 所示。大型数控立式铣床因要考虑到扩大行程、缩小占地面积及刚性等技术上的问题，大多采用龙门式布局，在结构上采用对称的双立柱结构，以保证机床整体刚性、强度。其中工作台床身特大时多采用前者。龙门式数控铣床适合加工大型零件，主要在汽车、航空、航天、船舶、机床等行业使用。

3. 按数控系统的功能分类

（1）经济型数控铣床　经济型数控铣床一般是在普通立式铣床或卧式铣床的基础上改造而来的，采用经济型数控系统、成本低、机床功能较少、主轴转速和进给速度不高，主要用于精度要求不高的简单平面或曲面零件加工。

（2）全功能数控铣床　全功能数控铣床一般采用半闭环或闭环控制，控制系统功能较强、数控系统功能丰富，一般可实现四轴及以上的联动，加工适应性强、应用最为广泛。

（3）高速铣削数控铣床　一般把主轴转速在 8000～40000r/min 的数控铣床称为高速铣削数控铣床，其进给速度可达 20～50m/min。这种数控铣床采用全新的机床结构（主体结构及材料变化）、功能部件（电主轴、直线电动机驱动进给）和功能强大的数控系统，并配以加工性能优越的刀具系统，可对大面积的曲面进行高效率、高质量地加工。高速铣削是数控加工的一个发展方向，目前，其技术正日趋成熟，并逐渐得到广泛应用，但机床价格昂贵、使用成本较高。

知识点 4　数控铣床的特点

1. 数控铣床结构特点

与普通铣床相比，数控铣床在结构上具有以下特点。

（1）半封闭或全封闭式防护　经济型数控铣床多采用半封闭式防护；全功能型数控铣床会采用全封闭式防护，防止切削液和切屑溅出，以确保操作者安全。

(2) 主轴无级变速且变速范围宽　主传动系统采用伺服电动机（高速时采用无传动方式——电主轴），运用变频调速技术实现主轴无级变速，且调速范围较宽，这既保证了良好的加工适应性，同时也为小直径铣刀工作提供了必要的切削速度。

(3) 刀具装卸方便　数控铣床虽然没有配备刀库，采用手动换刀，但数控铣床主轴部件通常配有液压或气压自动松刀机构和碟形弹簧自动紧刀机构，因此刀具装卸方便快捷。

(4) 多坐标联动　立式数控铣床至少配备三个坐标轴（即 X、Y、Z 三个直线运动坐标）、通常可实现三轴联动，以完成平面轮廓及曲面的加工。大部分卧式数控铣床通常采用增加数控转盘或万能数控转盘来实现四、五坐标加工，可实现五轴联动。

2. 数控铣床加工特点

数控铣削加工除了具有普通铣床加工的特点外，还有如下特点。

1）零件加工的适应性强、灵活性好，能加工轮廓形状特别复杂或难以控制尺寸的零件，如模具类零件、壳体类零件等。

2）能加工普通机床无法加工或很难加工的零件，如用数学模型描述的复杂曲线零件及三维空间曲面类零件。

3）能加工需一次定位装夹后进行多道工序加工的零件。

4）加工精度高、加工质量稳定可靠。数控加工避免了操作人员的操作误差，大大提高了同一批工件尺寸的统一性。

5）生产自动化程序高，可以减轻操作者的劳动强度，有利于生产管理自动化。

6）生产效率高。

7）对刀具的要求较高。从切削原理上讲，无论端铣或周铣都属于断续切削方式，因此，刀具应具有良好的抗冲击性、韧性和耐磨性。在干性切削状况下，还要求有良好的热硬性。

知识点 5　数控加工零件的工艺性分析

1. 零件图样技术分析

零件图样技术分析的目的在于熟悉零件在产品中的作用、位置、装配关系和工作条件，搞清楚各项技术要求对零件装配质量和使用性能的影响，找出加工的技术关键点和难点。

1）零件的形状、结构及尺寸标注。确定零件的形状、结构在加工中是否会产生干涉或无法加工、是否妨碍刀具的运动。零件的尺寸标注是否正确且完整、是否有利于编程、尺寸标注是否有矛盾、各项公差是否符合加工条件等。

2）零件图样的完整性和正确性。构成零件轮廓的几何元素（点、线、面）的关联条件（如相切、相交、垂直或平行等）一定要充分、正确且完整。这些是定义几何元素和编程的重要依据。在分析图样时，要认真、仔细地分析几何元素的定义是否充分。

3）零件在用同一把铣刀、同一个刀具半径补偿值编程加工时，由于零件轮廓各处尺寸公差带不同，很难同时保证各处尺寸在尺寸公差范围内。这时一般采取的方法：兼顾各处尺寸公差，在编程计算时，改变轮廓公称尺寸并移动公差带，改为对称公差，采用同一把铣刀和同一个刀具半径补偿值加工。

4）零件技术要求分析。分析零件的尺寸精度、几何公差、表面粗糙度等，确保在现有的加工条件下能达到零件的加工要求。

5）零件材料分析。了解零件材料的切削性能、牌号及热处理要求等，以便合理地选择刀具和切削用量，并合理地制订出零件加工顺序和加工工艺等。

2. 零件结构工艺分析

1）零件的内腔和外形最好采用统一的几何类型和尺寸，从而减少使用刀具的规格和换刀的次数，使得编程方便、生产效益提高。

2）内槽圆角的大小，决定着刀具直径的大小，因此内槽圆角半径不应太小。如图2-1-9所示，零件工艺性的好坏与被加工零件的形状、连接圆弧半径的大小有关。图2-1-9a和图2-1-9b相比，连接轨迹圆弧半径大，可以采用较大直径的铣刀来进行加工，并且在加工平面时，进给次数也相应减少，零件的表面加工质量也会好一些，所以工艺性较好。通常以铣刀半径$R<0.2H$（被加工零件轮廓表面的最大高度）来判定零件该部位加工工艺性的好坏。

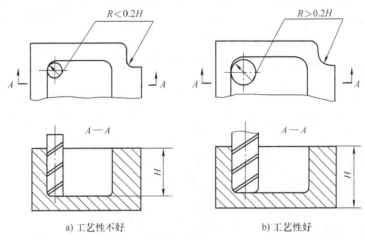

图 2-1-9 内槽圆角对加工工艺的影响

3）零件铣削底平面时，槽底圆角半径r不应过大，如图2-1-10所示。铣刀倒圆半径R越大，铣刀端刃铣削平面的能力越低。当铣刀倒圆半径R大到一定程度时，甚至必须使用球头铣刀加工，这是应该避免的。因为铣刀与铣削平面接触的最大直径$d=D-2R$（D为铣刀直径）。当D一定时，铣刀倒圆半径R越大，铣刀端刃铣削平面的面积越小，加工表面的能力越差，加工工艺性也越差。

4）应采用统一的定位基准。在数控加工中，若没有统一的定位基准，在加工过程中就会因零件的重新安装而导致部分零件尺寸的整体错位，并由此造成加工零件报废。为避免上述问题的产生，应该保证两次或两次

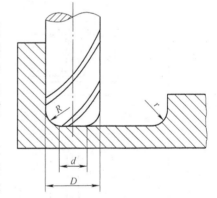

图 2-1-10 槽底圆角对加工工艺的影响

以上装夹加工后被加工零件相对位量的一致性，所以必须采用统一的定位基准。零件上最好有合适的孔作为定位基准孔。若没有，可以设置工艺孔作为定位基准孔（如在毛坯上增加工艺凸耳或在后续工艺要铣去的余量上设置工艺孔）。若无法制作出工艺孔，至少也要用经过精加工的表面作为统一基准，以便尽量减少两次装夹产生的误差。

此外，还应分析零件所要求的加工精度、尺寸公差等是否得到保证，有无引起矛盾的多余尺寸或影响工序安排的封闭尺寸等。

数控铣削加工零件结构工艺性示例见表2-1-1。

3. 零件毛坯的工艺性分析

零件在进行数控铣削加工时，由于加工过程的自动化，余量的大小、如何装夹等问题在设计毛坯时就要仔细考虑好。否则，如果毛坯不适合数控铣削加工，加工就很难进行下去。根据实际中的使用经验，下列几方面应该作为零件毛坯工艺性分析的要点。

（1）毛坯应该有充分、稳定的加工余量　毛坯主要指锻件、铸件。因为模锻时的欠压量和允许的错模量会造成余量的大小不等；铸造时也会因为砂型误差、收缩量和金属液体流动性

差不能充满型腔等因素造成余量的不均匀及毛刺外,零件毛坯的变形也会造成加工余量不充足、不稳定。因此,在采用数控加工时,其加工表面均应该留有充足的余量。

表 2-1-1 数控铣削加工零件结构工艺性示例

序号	工艺性差的结构（A 结构）	工艺性好的结构（B 结构）	说明
1			B 结构可选用较高刚性结构
2			B 结构需用刀具比 A 结构少,减少了换刀的辅助时间
3			B 结构 R 大、r 小,铣刀端刃铣削面积大,生产效率高
4			B 结构 $a > 2R$,便于半径为 R 的铣刀铣削,所需刀具少、加工效率高
5			B 结构刚性好,可用大直径铣刀加工,加工效率高
6			B 结构在加工面和不加工面之间加入过渡表面,减少了切削用量
7			B 结构用斜面肋代替阶梯肋,节约材料、简化编程
8			B 结构采用对称结构,简化编程

(2) 零件毛坯的装夹适应性　主要考虑毛坯在加工时定位和夹紧的可靠性与方便性，以便在一次装夹安装中能够加工出较多的表面。对于不便于装夹的毛坯，可以考虑在毛坯上另外增加装夹余量或工艺凸台和工艺凸耳等辅助基准。如图 2-1-11a 所示，工件缺少合适的定位基准，可在毛坯上铸出三个工艺凸耳，在凸耳上制出定位基准孔（图 2-1-11b）。

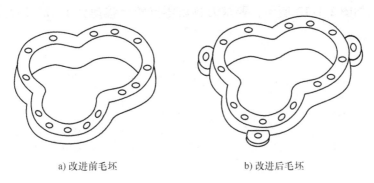

a) 改进前毛坯　　　　　　b) 改进后毛坯

图 2-1-11　增加毛坯工艺凸耳

(3) 毛坯的变形、余量的大小及均匀性　分析毛坯在加工中和加工后的变形程度，以便考虑是否应该采取预防性措施和补救措施。对于热轧铝板，经淬火时效后很容易在加工中和加工后产生变形，最好采用经过预拉伸处理的淬火板坯。对于毛坯余量的大小及均匀性，主要考虑在加工中是否需要进行分层切削。

知识点 6　数控铣削编程工艺路线的安排

数控铣削编程工艺路线的安排具体如下。

1) 快速抬刀到安全高度（同时建立刀具长度补偿并启动主轴）。

2) 快速定位到下刀点位置（X、Y 轴定位，同时取消刀具半径补偿，外轮廓加工时最好定位到工件毛坯的外面）。

3) 快速定位到参考高度（参考高度一般设在距工件上表面 5~10mm 处）。

4) 进给下刀到切削起始层高度（不分层铣削时为工件加工轮廓的高度）。

5) 建立刀具半径补偿（建议采用法向建立刀补，即编程时建立刀补轨迹和下段轨迹垂直）。

6) 切削切入（根据实际情况可以采用直线切入或者圆弧切入的方式）。

7) 沿轮廓加工（为保证表面质量和刀具寿命，一般采用顺铣加工）。

8) 切向切出（根据实际情况可以采用直线切出或者圆弧切出的方式）。

9) 取消刀具半径补偿（取消补偿后的点最好回到下刀点位置，让刀具路径成为封闭的环）。

10) 抬刀到安全高度（同时取消刀补）。

知识点 7　数控铣削编程基本指令

1. 绝对坐标指令与相对坐标指令

绝对坐标指令与相对坐标指令用于指定编程坐标值的类型。

(1) 指令格式　G90/G91；

(2) 说明

1) G90 指定绝对值编程，每个编程坐标轴上的编程值是相对于程序零点的。

2) G91 指定相对值编程，每个编程坐标轴上的编程值是相对于前一位置而言的，该值等于沿轴移动的距离，与坐标轴同向取正、反向取负。

3) ";"代表一个程序段的结束。

(3) 注意事项　选择合适的编程方式可以简化坐标值计算，一般情况下，当图样尺寸由一个固定基准给定时，宜采用绝对坐标方式编程，而当图样尺寸以轮廓顶点之间的间距给出时，采用相对坐标方式编程较为方便。

(4) 举例　如图2-1-12所示，要求刀具由零点顺序移动到1、2、3点，使用G90/G91编程。

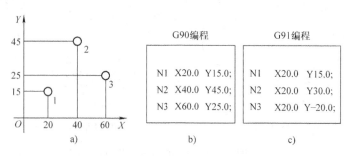

图2-1-12　G90/G91编程举例

2. 选择工件坐标系指令

选择工件坐标系指令用于指定工件坐标系原点在机床坐标系中的坐标的存储地址，即工件坐标系原点偏移的设定。

(1) 指令格式　G54/G55/G56/G57/G58/G59；

(2) 说明

1) 该指令用于指定工件坐标系原点位置的存放位置。

2) ";"代表一个程序段的结束。

(3) 注意事项

1) 工件坐标系通常通过原点偏置的方法来进行设定，G54~G59这六个系统预定的工件坐标系指令可以根据需要任意选用，使用前必需通过操作面板设置好工件坐标系原点在机床坐标系中的坐标，一般通过对刀操作来完成。

2) 通过该指令设定的坐标系将永久保存，即使机床关机，其坐标系也将保留。

(4) 举例　如图2-1-13所示，要求刀具从当前点移动到 A 点，再从 A 点移动到 B 点，使用工件坐标系编程。

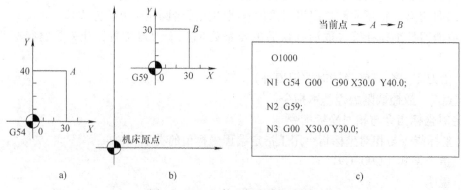

图2-1-13　工件坐标系编程举例

3. 设定工件坐标系指令

设定工件坐标系指令用于设定工件坐标系原点。

(1) 指令格式　G92 X_ Y_ Z_;

(2) 说明

1) X_、Y_、Z_为对刀点在工件坐标系中（相对于程序零点）的初始位置（坐标）。

2) ";" 代表一个程序段的结束。

(3) 注意事项

1) G92 指令一般放在零件程序的第一段。

2) 执行 G92 指令时，机床不动，即 X、Y、Z 轴均不移动。

3) G92 指令一般用于临时工件加工时的找正，没有记忆功能，当机床关机后，设定的坐标系即消失，现在一般不采用 G92 指令设定工件坐标系。

(4) 举例　如图 2-1-14 所示，利用 G92 建立工件坐标系程序：G92 X20.0 Y10.0 Z10.0;。

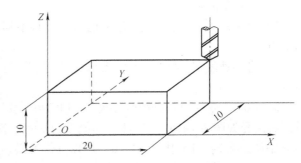

图 2-1-14　设定工件坐标系编程举例

4. 设定局部坐标系指令

设定局部坐标系指令用于在工件坐标系内建立子坐标系。

(1) 指令格式　G52 X_ Y_ Z_;

(2) 说明

1) X_、Y_、Z_为局部坐标系原点在当前工件坐标系中的坐标值。

2) ";" 代表一个程序段的结束。

(3) 注意事项

1) 含有 G52 指令的程序段中，绝对值编程方式的指令值就是在该局部坐标系中的坐标值。

2) 设定局部坐标系后，工件坐标系和机床坐标系保持不变。

3) 在缩放及旋转功能下不能使用 G52 指令，但在 G52 指令下能进行缩放及坐标系旋转。

5. 选择机床坐标系指令

选择机床坐标系指令用于选择机床坐标系，即取消工件坐标系设定。

6. 设定加工平面指令

右手直角笛卡儿坐标系的三个互相垂直的坐标轴 X、Y 和 Z 轴分别构成三个平面，如图 2-1-15 所示，该指令用于指定机床在哪个坐标平面内进行插补运动。

(1) 指令格式　G17/G18/G19;

(2) 说明

1) G17 选择在 XY 平面内加工，G18 选择在 ZX 平面内加工，G19 选择在 YZ 平面内加工。

2) 一般情况下，系统开机默认的加工平面为 XY 平面（G17 平面）。

3) ";" 代表一个程序段的结束。

(3) 注意事项

1) 该组指令可用于选择进行圆弧插补和刀具半径补偿的平面。

2) 移动指令与加工平面选择无关，如执行 "G17 G00 Z100.0;" 程序段，Z 轴照样移动。

7. 快速定位指令

快速定位指令用于命令刀具以点位控制方式、用绝对值指令或增量值指令、从刀具所在点快速移动到目标位置，一般用于加工前的快速定位和加工后的快速退刀。

（1）指令格式　G00 X_ Y_ Z_；

（2）说明

1）X_、Y_、Z_为终点坐标：G90 模式时为目标点在工件坐标系中的坐标；G91 模式时为目标点相对于当前点的位移量。

2）";"代表一个程序段的结束。

（3）注意事项

1）不指定 X_、Y_、Z_的坐标值时，刀具不移动，系统只改变当前刀具移动方式的模态为 G00。

2）进给速度 F 对 G00 指令无效，快速移动速度由机床参数和控制面板中的快速倍率控制。

3）G00 指令的刀具路径由参数 No.1401#1 设定值来决定。当值设为 1 时，两轴同时到达，其刀具路径如图 2-1-16 中 A→B；当值设为 0 时，各轴分别快移，当两轴快移速度相同时，其刀具路径如图 2-1-16 中 A→C→B。所以操作者必须格外小心，以免刀具与工件发生碰撞。常见的做法是将 Z 轴移动到安全高度，再放心地执行 G00 指令。

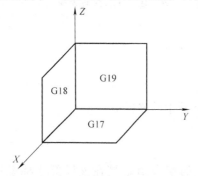

图 2-1-15　设定加工平面编程举例

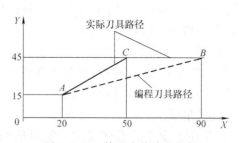

图 2-1-16　快速定位编程举例

（4）举例　如图 2-1-16 所示，要求刀具从 A 点快速定位到 B 点，使用 G00 编程。绝对值编程：G90 G00 X90.0 Y45.0；相对值编程：G91 G00 X70.0 Y30.0；

8. 直线插补指令

直线插补指令用于命令刀具以联动的方式、按 F 规定的进给速度、从当前位置按线性路线移动到程序段指令的终点位置，实际执行进给速度可由机床面板上的进给修调旋钮修正。

（1）指令格式　G01 X_ Y_ Z_ F_；

（2）说明

1）X_、Y_、Z_为终点坐标：在 G90 时为目标点在工件坐标系中的坐标；在 G91 时为目标点相对于当前点的位移量。

2）F 为进给速度，直到新的 F 值被指定之前一直有效，因此无须对每个程序段都指定 F。其单位为 mm/min。

3）";"代表一个程序段的结束。

（3）注意事项

1）当执行 G01 指令后不指定定位坐标时刀具不移动，系统只改变当前刀具移动方式的模态为 G01。

2) 用F指定的进给速度是刀具沿着直线运动的速度,当两个坐标轴同时移动时为两轴的合成速度,三个坐标同时移动时为三个坐标的合成速度。

(4) 举例 如图2-1-17所示,要求从A点线性进给到B点,进给速度为50mm/min,使用G01编程。绝对值编程：G90 G01 X90.0 Y45.0 F50；增量值编程：G91 G01 X70.0 Y30.0 F50；

9. 圆弧插补指令

圆弧插补指令用于命令刀具在指定的平面内做圆弧插补运动。

(1) 指令格式

1) 在XY平面上的圆弧：G17 $\begin{Bmatrix} G02 \\ G03 \end{Bmatrix}$ X_ Y_ $\begin{Bmatrix} I\_ J\_ \\ R\_ \end{Bmatrix}$ F_；

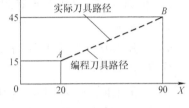

图2-1-17 直线插补编程举例

2) 在ZX平面上的圆弧：G18 $\begin{Bmatrix} G02 \\ G03 \end{Bmatrix}$ X_ Z_ $\begin{Bmatrix} I\_ K\_ \\ R\_ \end{Bmatrix}$ F_；

3) 在YZ平面上的圆弧：G19 $\begin{Bmatrix} G02 \\ G03 \end{Bmatrix}$ Y_ Z_ $\begin{Bmatrix} J\_ K\_ \\ R\_ \end{Bmatrix}$ F_；

(2) 说明

1) G02为顺时针方向圆弧插补,G03为逆时针方向圆弧插补。顺、逆圆弧的判断方法：从垂直于圆弧所在平面的坐标轴的正方向往负方向看顺时针为顺圆弧,逆时针为逆圆弧,如图2-1-18所示。

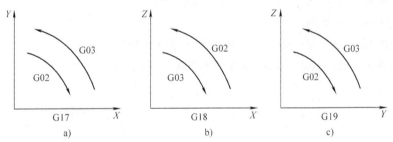

图2-1-18 顺、逆圆弧的判断方法

2) X_、Y_、Z_为终点坐标：在G90时为目标点在工件坐标系中的坐标；在G91时为目标点相对于当前点的位移量。

3) R_为圆弧的半径。当圆弧所对应的圆心角α≤180°时,R取正值；α>180°时,R取负值。

4) I_、J_、K_可理解为圆弧始点指向圆心的矢量分别在X、Y、Z轴上的投影,I_、J_、K_根据方向带有符号,I_、J_、K_为零时可以省略,如图2-1-19所示。

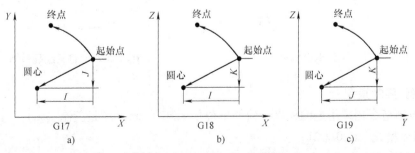

图2-1-19 I_、J_、K_的确定

5）F_为进给速度，其值为进给切线方向的速度。

6）";"代表一个程序段的结束。

（3）注意事项

1）I_和K_后面跟的数值与G90和G91无关。

2）如果地址I_、J_和K_同时指定，由地址R_指定的圆弧优先，其余被忽略，即R_有效，I_、J_和K_无效。

3）整圆（即圆弧的终点和起点一致）时只能使用I_、J_和K_编程，不能使用R_来编程。

（4）举例

1）使用G02对图2-1-20中的圆弧 a 和圆弧 b 进行编程（已知进给速度为60mm/min）。

① 圆弧 a。

a. 增量值编程：G91 G02 X30.0 Y30.0 R30.0 F60；或 G91 G02 X30.0 Y30.0 I30.0 F60；。

b. 绝对值编程：G90 G02 X0.0 Y30.0 R30.0 F60；或 G90 G02 X0.0 Y30.0 I30.0 F60；。

② 圆弧 b。

a. 增量值编程：G91 G02 X30.0 Y30.0 R-30.0 F60；或 G91 G02 X30.0 Y30.0 J30.0 F60；。

b. 绝对值编程：G90 G02 X0.0 Y30.0 R-30.0 F60；或 G90 G02 X0.0 Y30.0 J30.0 F60；。

2）如图2-1-21所示，使用G02/G03对整圆进行编程（已知进给速度为60mm/min）。

① 从 A 点顺时针一周时。

a. 绝对值编程：G90 G02 X30.0 Y0.0 I-30.0 F60；

b. 增量值编程：G91 G02 X0.0 Y0.0 I-30.0 F60；

② 从 B 点逆时针一周时。

a. 绝对值编程：G90 G03 X0.0 Y-30.0 I0.0 J30.0 F60；

b. 增量值编程：G91 G03 X0.0 Y0.0 I0.0 J30.0 F60；

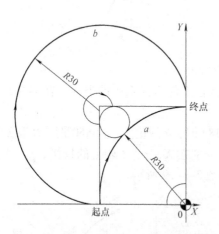

图2-1-20　圆弧编程举例

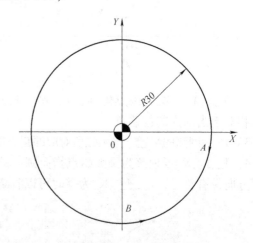

图2-1-21　整圆编程举例

10. 米制/英制指令

米制/英制指令用来指定编程坐标值的单位是米制（mm）还是英制（in）。

（1）指令格式　G20/G21；

（2）说明　G20表示英制输入；G21表示米制输入。

(3) 注意事项

1) 国产数控机床一般开机即自动设定为米制单位"mm"。故程序中不须再指定 G21。但若欲加工以"in"为单位的工件，则于程序的第一段必须先指定 G20，执行后程序的坐标值、进给速率、导程、刀具半径补偿值、刀具长度补偿值、手动脉冲发生器（MPG）、手轮每格的单位值等都被设定成英制单位。

2) G20 或 G21 通常单独使用，不和其他指令一起出现在同一段内，且应位于程序的第一段。同一程序中，只能使用一种单位，不可米、英制混合使用。

知识点 8　刀具半径补偿

1. 刀具半径补偿的概念

因为铣削刀具有半径，如果编程人员根据工件轮廓编程，刀具会将工件多切掉一个刀具半径值。若在编程时完全按照刀具中心轨迹来编程，不仅计算工作量大，而且当刀具磨损、重磨或换新刀导致刀具直径变化时，必须要重新计算刀具中心轨迹，修改程序烦琐，还不容易保证加工精度；为了简化编程，数控系统可以相对于加工形状偏移一个刀具半径的位置运行程序，而直线与直线或圆弧之间相交处的过渡轨迹则由系统自动处理，如图 2-1-22 所示。事先把刀具半径值存储在数控系统刀具补偿列表中，刀具就能根据程序调用不同的半径补偿量并沿着加工形状偏移距离为刀具半径的轨迹运动，这个功能称为刀具半径补偿功能。

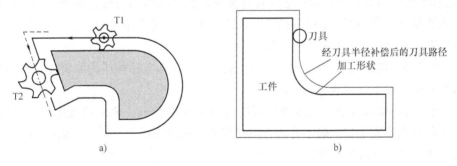

图 2-1-22　刀具半径补偿功能示意图

使用刀具半径补偿功能的优越性如下。

1) 在编程时可以不考虑刀具半径，直接按图样所给尺寸编程，只要在实际加工时输入刀具半径即可。

2) 人为地让刀具中心与工件轮廓相距的距离不是一个刀具半径，则可以用来处理粗、精加工问题。刀具补偿值的输入，在粗加工时输入刀具半径和精加工余量之和，而在精加工时只输入刀具半径，这样粗、精加工就可以用同一程序。

2. 刀具半径补偿指令

(1) 指令格式

$$\begin{Bmatrix} G17 \\ G18 \\ G19 \end{Bmatrix} \begin{Bmatrix} G41 \\ G42 \end{Bmatrix} \begin{Bmatrix} G00 \\ G01 \end{Bmatrix} \alpha\_ \ \beta\_ \ D\_ \ F\_ ;$$

$$G40 \begin{Bmatrix} G00 \\ G01 \end{Bmatrix} \alpha\_ \ \beta\_ ;$$

(2) 说明

1) 在进行刀具半径补偿前，必须用 G17 或 G18、G19 指定补偿是在哪个平面上进行，默认状态是 XY 平面（G17 平面）。

2) G41 是刀具半径左补偿；G42 是刀具半径右补偿；G40 是取消刀具半径补偿功能。

3) α、β 为所选插补平面内（G17 或 G18、G19）对应的 X_、Y_、Z 的坐标。

4) D 为刀具半径补偿地址。

5) F 为进给速度。

6) ";"代表一个程序段的结束。

(3) 注意事项

1) G41、G42 的判断方法：处在垂直于补偿平面内的坐标轴的正方向，沿着刀具进给方向观察，如果刀具处在工件轮廓左侧时，使用刀具半径左补偿指令（G41，也称左刀补），如果刀具处在工件轮廓右侧时，使用刀具半径右补偿指令（G42，也称右刀补），如图 2-1-23 所示。

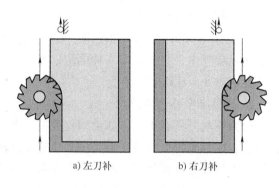

图 2-1-23 刀具的补偿方向

2) 刀具偏离工件轮廓的距离由补偿地址 D 中的设定值决定。所以执行 G41 或 G42 前一定要将刀具半径值存入参数表中。

3) 刀具半径补偿的建立和取消必须在补偿平面内直线移动的过程中来实现。所以刀具半径补偿模式的建立与取消程序段只能在 G00 或 G01 指令模式下才有效；不能在含有 G02 或 G03 代码的程序段中建立或取消刀具半径补偿。

4) 刀具半径补偿的建立应在切入所需轮廓之前，刀具半径补偿的取消应在切出所需轮廓之后，否则有可能发生过切或欠切的情况。

5) 刀具半径补偿模式下，程序段执行的终点位置和下一（两）段程序的刀具路径有关，所以刀具半径补偿模式下，一般不允许存在连续两段或两段以上非补偿平面内的移动指令，否则刀具可能出现过切等危险动作。

6) 刀具半径左补偿和刀具半径右补偿相互切换时，必须先取消刀具半径补偿后再切换。

7) G40、G41、G42 都是模态代码，在程序段中连续有效。

8) 通过更改补偿地址 D 中设定数据的正、负号，可实现 G41、G42 功能转换。

9) 使用 G41（或 G42）指令后，当刀具接近工件轮廓时，数控装置认为是从刀具中心坐标转变为刀具外圆与轮廓相切点为坐标值。而使用 G40 刀具切出时则相反。在刀具切入工件和切出工件时要充分注意上述特点，防止刀具与工件干涉而过切或碰撞。刀具半径补偿建立路线如图 2-1-24 所示。

(4) 举例　考虑刀具半径补偿编制图 2-1-25 所示零件的加工程序，按箭头所指示的刀具路径进行加工，设背吃刀量为 5mm。

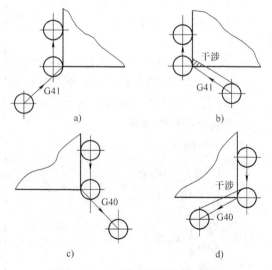

图 2-1-24 刀具半径补偿建立路线

O2101；
N1 G54 G90 G17 G00 Z100.0；
N2 M03 S900；
N3 G00 X - 10.0 Y - 10.0；
N4 G00 Z - 5；
N5 G42 G00 X4.0 Y10.0 D01；
N6 G01 X30.0 F80；
N7 G03 X40.0 Y20.0 I0.0 J10.0；
N8 G02 X30.0 Y30.0 I0.0 J10.0；
N9 G01 X10.0 Y20.0；
N10 Y5.0；
N11 G40 X - 10.0 Y - 10.0；
N12 G00 Z50.0 M05；
N13 M30；

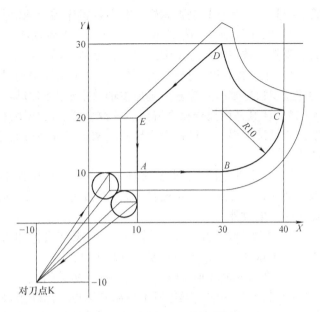

图 2-1-25　G41/G42 编程举例

3. 刀具半径补偿功能的应用

1) 刀具因磨损、重磨、换新而引起刀具直径改变后，不必修改程序，只需在刀具参数设置中输入变化后的刀具直径。如图 2-1-26 所示，未磨损刀具和磨损后刀具两者直径不同，只需将刀具参数表中的刀具半径 r_1 改为 r_2，即可适用同一程序。

2) 用同一程序、同一尺寸的刀具，利用刀具半径补偿，可进行粗、精加工。如图 2-1-27 所示，刀具半径为 r，精加工余量为 Δ。粗加工时，输入刀具直径 $D = 2(r+\Delta)$，则加工出双点画线轮廓。精加工时，用同一程序、同一尺寸的刀具，但输入刀具直径 $D = 2r$，则加工出实线轮廓。

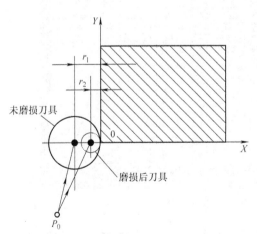

图 2-1-26　刀具直径改变，加工程序不变

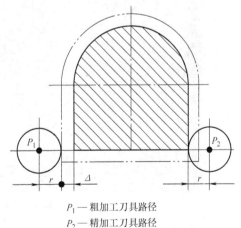

图 2-1-27　利用刀具半径补偿进行粗、精加工

【技能准备】

技能点 1　数控铣床安全操作规程

数控加工存在一定的危险性，操作数控铣床时，操作者必须严格遵守安全操作规程，以免发生人身伤害和财产损失。数控铣床安全操作规程如下：

1) 工作之前认真检查电网电压、液压泵、润滑、油量是否正常，检查气压、冷却、油管、刀具、工装夹具是否完好，并做好机床的定期保养。

2）机床起动后，先 Z 轴回零，再 X、Y 轴回零，然后试运行 5min，确认机械、刀架、夹具、工件、数控参数等正确无误后，方能开始正常工作。

3）手动操作时，操作者必须先设定确认好手动进给倍率、快速进给倍率，操作过程中时刻注意观察主轴所处位置，避免主轴及主轴上的刀具与机用虎钳、工件之间发生干涉或碰撞。

4）认真仔细检查程序编制、参数设置、动作顺序、刀具干涉、工件装夹、开关保护等环节是否正确无误，并进行程序校验。调试完程序后做好保存，不允许运行未经校验和内容不明的程序。

5）在手动进行工件装夹和换刀时，要将机床处于锁住状态，其他无关人员禁止操作数控系统面板；工件及刀具装夹要牢固，完成装夹后要立即拿开调整工具，并放回指定位置，以免加工时发生意外。

6）在主轴旋转做手动操作时，一定要使身体和衣物远离旋转及运动部件，以免将衣物卷入、发生意外，禁止用手触摸刀具和工件。

7）在自动循环加工时，应关闭机床防护门。

8）铣床运转中，操作者不得离开岗位；出现报警、异常声音和夹具松动等异常情况时必须立即停机、保护现场，及时上报、做好记录，并进行相应处理。

9）工作完毕后，应将机床导轨、工作台擦干净，依次关掉机床操作面板上的电源和总电源，并认真填写好工作日志。

技能点 2　数控铣床操作面板介绍

1. 系统操作面板

系统操作面板分为手动数据输入面板和功能选择面板两大部分，如图 2-1-28 所示。

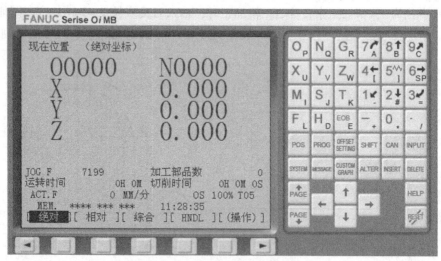

图 2-1-28　FANUC 0i 系统操作面板

（1）字母键/数字键　主要用于程序指令输入、参数设置。对于有多个字母的按键，通过 SHIFT 键切换输入内容，如键 X_U 直接按下输入 X，先按 SHIFT 键再按字母键输入 U。字母键/数字键中 EOB 用于加工程序输入时，每个程序段的结束符。

（2）程序编辑键　在程序编辑模式下进行程序编辑。

1）替换键 ALTER：利用缓存区中的内容替换光标指定的内容。

2）插入键 INSERT：将缓存区中的内容插入到光标的后面。

项目 2　盘盖类零件数控编程与加工

3）删除键 DELETE：删除程序中光标指定位置的内容。

4）换档键 SHIFT：切换同一按键中不同字符的输入。

5）取消键 CAN：删除缓存区中最后一个字符。

(3) 输入键 INPUT　将缓存区中的参数写入到寄存器中。

(4) 屏幕功能键　用于选择将要显示的屏幕的种类。

1）位置屏幕显示功能键 POS：按该键并结合扩展功能软键，可显示当前位置在机床坐标系、工件坐标系、相对坐标系中的坐标值，以及在程序执行过程中各坐标轴距指定位置的剩余移动量。

2）程序屏幕显示功能键 PROG：在 Edit（编辑）模式下，可进行程序的编辑、修改、查找，结合扩展功能软键可进行数控系统与计算机的程序传输。在 MDI 模式下，可写入指令值，控制机床执行相应的操作；在 MEM（程序自动运行）模式下，可显示程序内容及其执行进度。

3）偏置/设置屏幕显示功能键 OFFSET SETTING：设定加工参数，结合扩展功能软键可进入刀具长度补偿、刀具半径补偿值设定页面、系统状态设定页面、系统显示与系统运行方式有关的参数设定页面、工件坐标系设定页面。

4）系统屏幕显示功能键 SYSTEM：用于设置、编辑参数；显示、编辑 PMC 程序等。这些功能仅供维修人员使用，通常情况下禁止修改，以免出现设备故障。

5）信息屏幕显示功能键 MESSAGE：可用于显示报警信息。

6）刀具路径图形模拟页面功能键 COSTOM GRAPH：结合扩展功能软键可进入动态刀具路径显示、坐标值显示及刀具路径模拟有关参数设定页面。

(5) 复位键 RESET　用于系统取消报警等。有些参数要求热启动系统才可使修改生效。

(6) 帮助键 HELP　提供对 MDI 键操作方法的帮助信息。

(7) 操作软键　不同的屏幕对应不同的菜单，如图 2-1-29 所示。

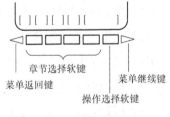

图 2-1-29　操作软键

2. 机床操作面板

机床操作面板主要由工作方式选择键、主轴转速倍率调整旋钮、进给速度调节旋钮、各种辅助功能键、手轮、各种指示灯等组成，如图 2-1-30 所示。

(1) ▶ 自动运行方式（MEM）　可实现自动加工、程序校验、模拟加工等功能，在这种方式下包含以下几种辅助功能。

1）▶ 单程序段（SingleBlock）：启动"单程序段"功能，每按一次循环启动只执行一段，然后处于进给保持状态。用这种功能可以检查程序。

2）⊘ 选择跳段（BlockDelete）：当"选择跳段"功能起作用时，程序执行到带有"/"

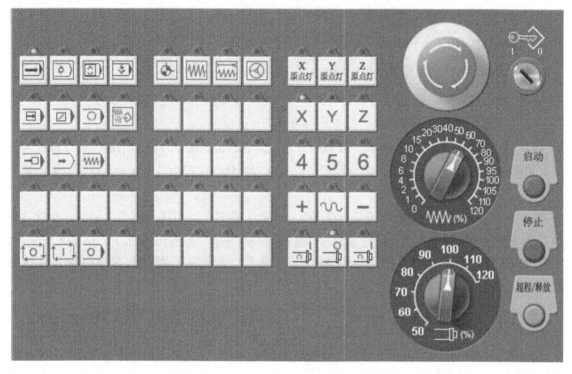

图 2-1-30　FANUC 0i 机床操作面板

语句时,则跳过该段不执行。

3)　选择停止(OptionStop):当"选择停止"功能起作用时,当程序执行到 M01 指令,程序暂停,机床处于进给保持状态。

4)　试运行(DryRun):利用一个参数设定速度代替程序中所有 F 值。通过操作面板上的旋钮,控制刀具运动的速度。常用于检验程序。

5)　机床锁住状态(MachineLock):机床坐标轴处于停止状态,只有轴位置显示在变。同时使用"机床锁住状态"功能与"试运行"功能,用于快速校验程序。

6)　程序再启动(NC Restart):由于刀具破损或节假日等原因自动操作停止后,程序可以从指定的程序段重新启动。

(2)　编辑方式(Edit)　选择编程功能 PROG 和编辑方式,可输入并编辑加工程序。

(3)　手动数据输入方式(MDI)　在 MDI 方式下,通过 MDI 面板,可编制、执行最多 10 行的程序,程序格式和通常程序一样。用于简单测试操作。

(4)　在线加工方式(RMT)　同步执行机床存储器以外存储器〔计算机硬盘、移动存储设备(CF 卡)〕中的程序。

(5)　回零方式(REF)　利用操作面板上的回零按键(X 轴回零、Y 轴回零、Z 轴回零),使机床各移动轴返回到机床参考点位置,即手动回参考点。

(6)　手动连续运行方式(JOG)　通过机床控制面板上的相关按键来控制机床

的动作，如各坐标轴的连续（快速）移动、刀库动作，主轴的正、反、停转，切削液的开关等。

1) 坐标轴选择键：在手动进给方式下，选择相应的坐标轴。

2) 快速进给键（手动方式）：按此键后，连续运行方式下执行各坐标轴的移动时为快速移动。

3) 主轴正转：使主轴电动机正方向（顺时针）旋转。

4) 主轴反转：使主轴电动机反方向（逆时针）旋转。

5) 主轴停转：使主轴电动机停转。

6) 超程解除：当发生硬超程时，按此键强制伺服电动机上电。

7) 切削液通断：开或者关切削液，交替使用功能。

(7) 手轮操作方式（Handle） 通过手摇脉冲发生器相关控件（轴选择按钮、倍率选择开关和手摇轮）来控制机床运动（连续移动、点动）。

(8) 步进方式（INC） 通过机床控制面板上相关按键精确地移动机床各坐标轴。

(9) 手轮示教方式

(10) 程序的执行键 启动程序自动运行加工零件或者暂停加工中途检查。

1) 循环启动：启动程序自动运行加工零件，自动操作开始。

2) 进给保持：暂停加工，自动操作停止。

3) 程序停止：自动操作中用 M00 程序停止操作时，该按钮显示灯亮。

(11) 倍率修调 主轴倍率修调旋钮、进给倍率修调旋钮、快速倍率按键。

(12) 存储器保护钥匙 转至"0"时保护无效；转至"1"时保护生效。

技能点 3 数控铣床的基本操作

1. 开机

接通气源（气源电源及气源管道阀）→按急停按钮→接通外部电源→接通机床电源→接通系统电源→右旋急停按钮（按急停按钮是为了避免开机强电流对系统的冲击）。注意：为了保护机床，开关机以前要先按机床急停按钮。

2. 回参考点

按 ，选择回参考点（REF）工作方式→按"Z"按键→按"+"按键，让 Z 轴回到参考点→按"X"按键→按"+"按键，让 X 轴回到参考点→按"Y"按键→按"+"按键，让 Y 轴回到参考点（先回 Z 轴再回 X 轴和 Y 轴）。注意：采用绝对式编码器的机床开机后不需要进行回参考点操作。

3. 装夹工件

按照图 2-1-31 所示的形式装夹工件。

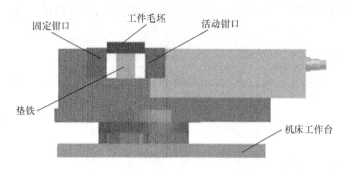

图 2-1-31 装夹工件

4. 装刀

将机床置于手动(JOG)工作方式下,按主轴松刀按钮,将刀柄和刀具装入到主轴锥孔中(注意主轴端面键应插入到刀柄键槽中),按主轴夹紧按钮(部分机床主轴松刀和主轴夹紧为同一按钮,按一次为松刀,再按一次为夹紧,松刀和夹紧往复循环),刀具安装完毕。

5. 对刀设置工件坐标系

FANUC 0i 系统对刀设置工件坐标系的操作步骤见表 2-1-2。

表 2-1-2　FANUC 0i 系统对刀设置工件坐标系的操作步骤

步骤	操作内容	操作示意(结果)图
1	分别在工件毛坯的 YZ 基准面、ZX 基准面和 XY 基准面上贴上一小片沾油的纸片	
2	按 PROG 键,进入程序屏幕页面	

项目 2　盘盖类零件数控编程与加工

（续）

步骤	操作内容	操作示意（结果）图
3	选择"MDI"方式，进入手动数据输入页面	
4	在缓存区中输入";M03S100;"（启动主轴正转100转）	
5	按 INSERT 键，将主轴正转程序输入到内存中	

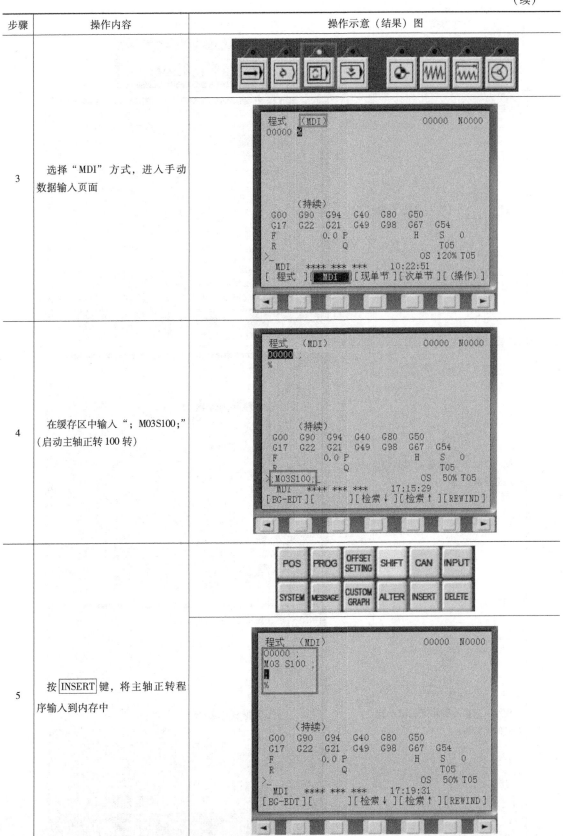

（续）

步骤	操作内容	操作示意（结果）图
6	按"循环启动"键（使主轴刀具正转）	
7	按 OFFSET SETTING ，进入偏置/设置页面	
8	按"坐标系"对应功能软键，进入坐标系页面	
9	利用光标移动键将光标移动到对应的坐标系	

项目2　盘盖类零件数控编程与加工

（续）

步骤	操作内容	操作示意（结果）图
10	选择 JOG（手动）工作方式	
11	通过操作面板中相应的各轴移动按键将刀具移动到工件附近	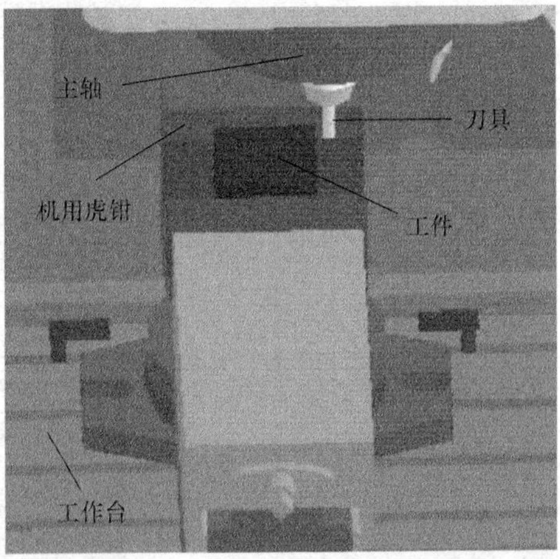
12	选择 HND（手摇）工作方式	
13	缓慢移动刀具，使刀沿（切削刃）轻触工件 YZ 基准面上的纸片（纸片轻轻滑出）	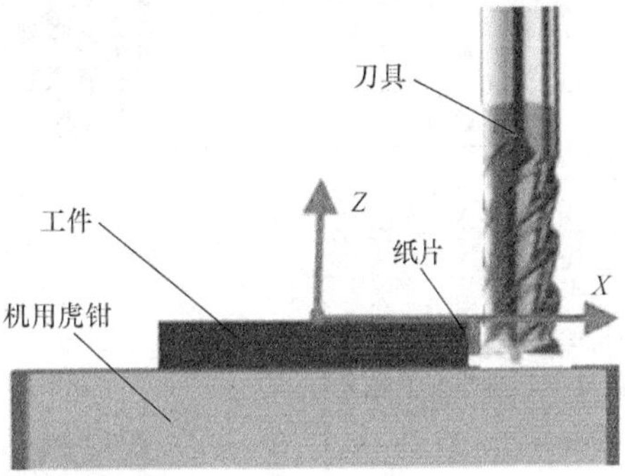
14	Z 向抬刀（在手动或手摇的工作方式下，将刀具往上移动到工件上表面上）	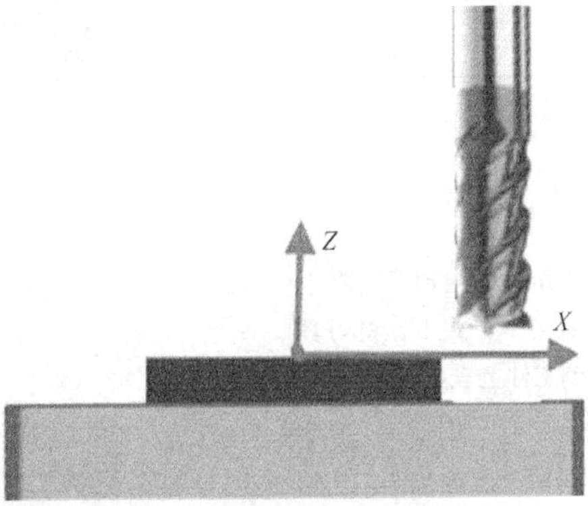

（续）

步骤	操作内容	操作示意（结果）图
15	在缓存区中输入 X61.1（X61.1 为当前位置刀具中心在工件坐标系中 X 轴的坐标值，即工件 X 向长度的一半 55mm 加上纸的厚度 0.1mm 再加上刀具半径 6mm）	工件坐标系设定画面，输入 X61.1
16	按"测量"对应的操作软键，系统自动设置好工件坐标系原点在机床坐标系中 X 轴的坐标	工件坐标系设定画面，01 (G54) X 显示 649.999
17	以相同的方法使刀沿（切削刃）轻触工件 ZX 基准面的纸片（纸片轻轻滑出）	示意图：刀具、工件、纸片、垫铁、机用虎钳
18	以相同的方法 Z 向抬刀（在手动或手摇的工作方式下，将刀具往上移动到工件上表面上）	示意图：刀具抬至工件上表面

(续)

步骤	操作内容	操作示意（结果）图
19	在缓存区中输入 Y61.1（Y61.1 为当前位置刀具中心在工件坐标系中 Y 轴的坐标值，即工件 Y 向长度的一半 55mm 加上纸的厚度 0.1mm 再加上刀具半径 6mm）	
20	按"测量"对应的操作软键，系统自动设置好工件坐标系原点在机床坐标系中 Y 轴的坐标	
21	以相同的方法使刀沿（切削刃）轻触工件 XY 基准面的纸片（纸片轻轻滑出）	

（续）

步骤	操作内容	操作示意（结果）图
22	在缓存区中输入 Z0.1（Z0.1 为当前位置刀具中心在工件坐标系中 Z 轴的坐标值）	工件坐标系设定画面，输入 Z0.1
23	按"测量"对应的操作软键，系统自动设置好工件坐标系原点在机床坐标系中 Z 轴的坐标	工件坐标系设定画面，G54 Z 显示 −246.836

注意：一般情况下为了确保加工安全，设置完工件坐标系后通常要检验坐标系的正确性，以免发生安全事故。检验坐标系正确性的操作方法如下。

按 按键，选择手动"JOG"工作方式→按"Z"按键→按"+"按键，让 Z 轴抬到安全高度→按 按键，选择手动数据输入"MDI"工作方式→通过 MDI 键盘输入"G54 G00 X0.0 Y0.0;"→按插入键"INSERT"，将程序输入到系统缓存区→按循环启动键 执行程序，检查 X、Y 的正确性→通过 MDI 键盘输入"G01 Z5.0 F3000;"→按插入键"INSERT"，将程序输入到系统缓存区→按循环启动键 执行程序→检查 Z 的正确性。

注意进给倍率的调节，当发现坐标系明显不对时应及时终止机床运动，以免出现安全事故。

6. 设置刀具半径补偿

因为数控铣床零件加工程序是采用刀具半径补偿方式直接按照刀具中心沿工件轮廓来编写的，所以利用标准工具（刀具、检验棒、机械或光电寻边器）建立好工件坐标系后，加工刀具一定要设定刀具半径补偿值。不同的数控系统设置刀具补偿的页面会有所区别，FANUC 0i 系统设置刀具半径补偿的操作步骤见表 2-1-3。

表 2-1-3 FANUC 0i 系统设置刀具半径补偿的操作步骤

步骤	操作内容	操作示意（结果）图
1	按"补正（偏置）"所对应的功能软键，进入刀具补偿设置页面	
2	利用光标移动键将光标移动到对应的半径补偿地址	
3	运用 MDI 键盘在缓存区中输入刀具半径偏置值	

（续）

步骤	操作内容	操作示意（结果）图
4	按 INPUT 键，刀具半径补偿设置完。其他刀具的刀具半径补偿设置方法以此类推	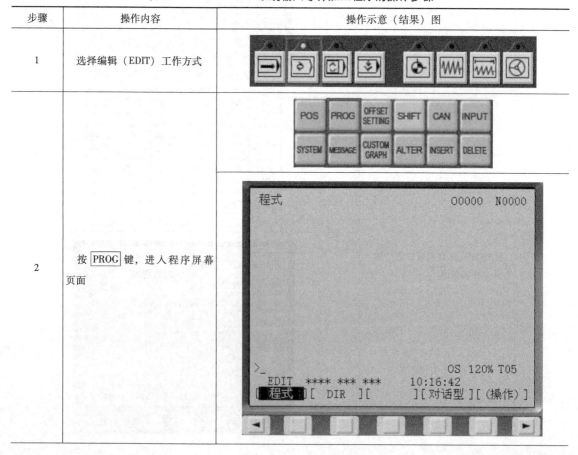

7. 输入零件加工程序

FANUC 0i 系统输入零件加工程序的操作步骤见表 2-1-4。

表 2-1-4　FANUC 0i 系统输入零件加工程序的操作步骤

步骤	操作内容	操作示意（结果）图
1	选择编辑（EDIT）工作方式	
2	按 PROG 键，进入程序屏幕页面	

项目2 盘盖类零件数控编程与加工

（续）

步骤	操作内容	操作示意（结果）图
3	在缓存区中输入程序号"Oxxxx"，如"O1314"（"xxxx"为4个阿拉伯数字）	
4	按 INSERT 键将程序号写入到存储器中（输入的程序号"xxxx"不能和系统中已有的相同，否则会出现报警）	
5	利用系统操作面板中的程序编辑键，将零件加工程序输入到数控系统存储器中	

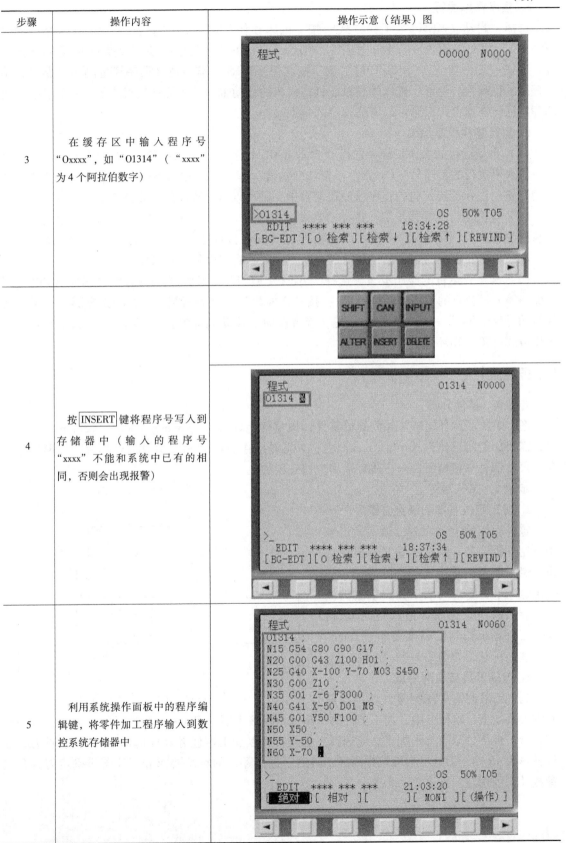

8. 程序模拟运行

选择"自动（MEM）"工作方式→按"机床锁住"键→按"空运行"键→选择"程序（PROG）"页面→输入要校验的程序号（Oxxxx）→按"O检索"键（或者按向下移动光标键）→按"图形功能（CSTM/GR）"键→按"循环启动"键→观察程序规定的刀具路径，检查程序的正确性。注意：机床锁住只能锁住机床的移动轴，并不能锁住机床的主轴。若要校验的程序已经在前台中，则可以省略程序的检索操作。

9. 执行零件程序加工

（1）自动运行的操作步骤　选择"自动（MEM）"工作方式→选择"程序（PROG）"页面→输入要执行的程序号（Oxxxx）→按"O检索"键（或者按向下移动光标键）→按"循环启动"键。注：若要校验的程序已经在前台中，则可以省略程序的检索操作。

（2）单段运行的操作步骤　选择"自动（MEM）"工作方式→选择"单段"方式→输入要执行的程序号（Oxxxx）→按"O检索"键（或者按向下移动光标键）→按"循环启动"键。注意：若要校验的程序已经在前台中，则可以省略程序的检索操作。

（3）指定行运行的操作步骤　选择"编辑（EDIT）"工作方式→选择"程序（PROG）"页面→输入要执行的程序号（Oxxxx）→按"O检索"键（或者按向下移动光标键）→输入要执行的行号"Nxx"→按"N检索"键（或者按向下移动光标键）→切换到"自动（MEM）"工作方式→按"循环启动"键。

【任务实施】

步骤1　零件分析

图2-1-1所示外轮廓零件为简单零件，该零件毛坯尺寸为60mm×60mm×30mm，分析得出，需要加工的部位为深$6^{+0.02}_{0}$mm凸台，外形轮廓由直线和圆弧组成，对凸台的外形尺寸和深度尺寸都有一定精度要求，适宜采用数控铣床加工。

步骤2　工艺制订

1. 确定定位基准和装夹方案

零件毛坯的上表面为方形，所以采用机用虎钳装夹，用指示表找正机用虎钳。铅垂面定位基准为零件的底面，另一定位基准为零件与固定钳口接触的侧面。装夹时注意选用合适规格的垫铁，确保工件露出钳口的高度要超过6mm。定位装夹示意图如图2-1-32所示。

2. 选择刀具与切削用量

选择刀具时需要根据零件结构特征

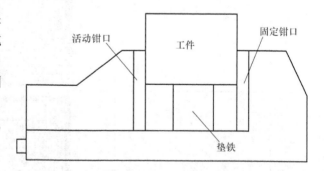

图2-1-32　定位装夹示意图

确定刀具类型，本任务中，加工工件的凹圆弧半径最小值为R6mm，所选择的铣刀直径应小于ϕ12mm。此零件只有外形加工，应选择立铣刀。所以加工本任务零件选择ϕ10mm立铣刀，零件材料为45钢，刀具材料可选高速工具钢。根据零件的精度要求和工序安排确定刀具几何参数及切削用量，见表2-1-5。

表 2-1-5 刀具几何参数及切削用量表

序号	工作内容	刀具号	刀具规格	主轴转速 /(r/min)	进给量 /(mm/min)	切削深度 /mm
1	粗铣外轮廓	T01	φ10mm 立铣刀	400	70	
2	精铣外轮廓	T01	φ10mm 立铣刀	600	50	0.2

3. 确定加工顺序

零件的加工深度为 $6_{\ 0}^{+0.02}$ mm，侧吃刀量不大，深度和外形除留精加工余量外，可一刀切完。外形单边留余量 0.2mm。外轮廓零件数控加工工序卡见表 2-1-6。

表 2-1-6 外轮廓零件数控加工工序卡

外轮廓零件数控加工工序卡		零件图号		零件名称		材料		使用设备	
				外轮廓零件		45 钢		数控车床	
工步号	工步内容	刀具号	刀具名称	刀具规格/mm	主轴转速 /(r/min)	进给量 /(mm/min)	刀尖半径补偿号	刀具长度补偿号	备注
1	粗铣外轮廓	T01	立铣刀	φ10	400	70	D01	H01	
2	精铣外轮廓	T01	立铣刀	φ10	600	50	D01	H01	

步骤 3　程序编写

1. 建立工件坐标系

该零件程序零点取在工件上表面中心位置，如图 2-1-33 所示。

2. 确定刀具路径

由于加工中采用刀具半径补偿功能，可直接用工件轮廓（最终轮廓）编程，所以只需要计算工件轮廓上基点坐标即可，不需要计算刀心刀具路径及坐标。加工该外轮廓工件在 XY 平面内的刀具路径如图 2-1-34 所示，图中 0 点为下刀点，零件加工的刀具路径是 0→1→2→…→24→0。

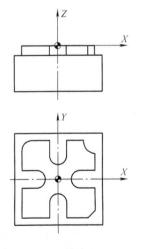

图 2-1-33　建立工件坐标系

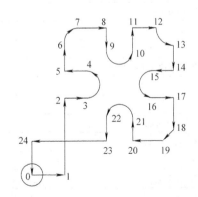

图 2-1-34　XY 平面刀具路径图

3. 计算节点坐标

结合图 2-1-34，外轮廓零件手工编程节点坐标见表 2-1-7。

表 2-1-7　外轮廓零件手工编程节点坐标

坐标点	坐标值	坐标点	坐标值	坐标点	坐标值
0	X-40，Y-40	9	X-6，Y15	18	X25，Y-20
1	X-25，Y-40	10	X6，Y15	19	X20，Y-25
2	X-25，Y-6	11	X6，Y25	20	X6，Y-25
3	X-15，Y-6	12	X17，Y25	21	X6，Y-15
4	X-15，Y6	13	X25，Y17	22	X-6，Y-15
5	X-25，Y6	14	X25，Y6	23	X-6，Y-25
6	X-25，Y18	15	X15，Y6	24	X-40，Y-25
7	X-18，Y25	16	X15，Y-6		
8	X-6，Y25	17	X25，Y-6		

4. 编写程序

手工编写零件加工程序，外轮廓零件加工程序见表 2-1-8。

表 2-1-8　外轮廓零件加工程序

程序内容	程序说明
O2111	程序号
N10 G54 G17 G90;	选择工件坐标系、加工平面和绝对值编程方式
N20 G00 Z100.0 M03 S400;	快速抬刀到安全高度，同时启动主轴
N30 G40 X-40.0 Y-40.0;	快速定位到下刀点位置
N40 Z5.0 M08;	快速定位到参考高度，同时开切削液
N50 G01 Z-6.0 F70;	进给下刀到切削层的高度
N60 G41 D01 X-25.0 Y-40.0;	建立刀具半径补偿（左补偿）
N70 Y-6.0;	切向切入，开始沿轮廓加工（顺时针、顺铣加工）
N80 X-15.0;	沿轮廓加工工件
N90 G03 Y6.0 R6.0;	
N100 G01 X-25.0;	
N110 Y18.0;	
N120 G02 X-18.0 Y25.0 R7.0;	
N130 G01 X-6.0;	
N140 Y15.0;	
N150 G03 X6.0 R6.0;	
N160 G01 Y25.0;	
N170 X17.0;	
N180 G03 X25.0 Y17.0 R8.0;	
N190 G01 Y6.0;	
N200 X15.0;	
N210 G03 Y-6.0 R6.0;	
N220 G01 X25.0;	
N230 Y-20.0;	
N240 X20.0 Y-25.0;	
N250 X6.0;	
N260 Y-15.0	
N270 G03 X-6.0 R6.0;	
N280 G01 Y-25.0;	

(续)

程序内容	程序说明
N290 X-40.0;	切向切出
N300 G00 G40 X-40.0 Y-40.0;	取消刀具半径补偿
N310 Z100.0;	抬刀到安全高度
N320 M30;	程序结束

步骤4 工具材料领用

完成本任务零件加工所需的工、刃、量、辅具见表2-1-9。

表2-1-9 工、刃、量、辅具清单

序号	名称	规格	数量	备注
1	机用虎钳	QH160	1台	
2	扳手		1把	
3	垫铁		1副	
4	木锤子		1把	
5	游标卡尺	0~150mm/0.02mm	1把	
6	深度卡尺	0~200mm/0.02mm	1把	
7	指示表及表座	0~8mm/0.01mm	1套	
8	表面粗糙度样板	N0~N1 12级	1副	
9	高速工具钢立铣刀	ϕ10mm	1把	
10	材料	60mm×60mm×30mm（45钢板）	1块	
11	其他辅具	铜棒、铜皮、毛刷等；计算器、相关指导书等	1套	选用

步骤5 零件加工

1）按照工、刃、量、辅具清单领取相应的工、刃、量、辅具。
2）开机上电。
3）复位。
4）返回机床参考点。
5）装夹工件毛坯。
6）装夹刀具并找正。
7）对刀，建立工件坐标系。
8）程序的输入。
9）程序校验。
10）零件加工。
11）零件测量。
12）校正刀具磨损值。
13）加工合格后对机床进行相应的保养。
14）按照工、刃、量、辅具清单归还相应的工、刃、量、辅具。
15）填写工作日志并关闭机床电源。

注意事项：

1）程序编好后，待教师检查无误方可运行。

2）运行时要用单段方式进行，且注意将机床的防护罩关闭。
3）出现紧急情况马上按下急停按钮。
4）注意进给倍率的控制。

【检查评价】

加工完成后对零件进行去毛刺和尺寸的检测，外轮廓零件检测的评分表见表2-1-10。

表2-1-10　外轮廓零件检测的评分表

项目	序号	技术要求	配分	评分标准	得分
程序与工艺（15%）	1	程序正确完整	5	不规范每处扣1分	
	2	切削用量合理	5	不合理每处扣1分	
	3	工艺过程规范合理	5	不合理每处扣1分	
机床操作（20%）	4	刀具选择安装正确	5	不正确每次扣1分	
	5	对刀及工件坐标系设定正确	5	不规范每处扣1分	
	6	机床操作规范	5	不正确每次扣1分	
	7	工件加工正确	5	不正确每次扣1分	
工件质量（40%）	8	尺寸精度符合要求	30	不合格每处扣3分	
	9	表面粗糙度符合要求	8	不合格每处扣1分	
	10	无毛刺	2	不合格不得分	
文明生产（15%）	11	安全操作	5	出错全扣	
	12	机床维护与保养	5	不合格全扣	
	13	工作场所整理	5	不合格全扣	
相关知识及职业能力（10%）	14	数控加工基础知识	2	视情况酌情给分	
	15	自学能力	2		
	16	表达沟通能力	2		
	17	合作能力	2		
	18	创新能力	2		

【拓展训练】

拓展训练1

在数控铣床上完成图2-1-35所示零件外轮廓的加工。毛坯材料为45钢，尺寸为50mm×50mm×30mm。注意数控铣削刀具路径的安排，同时注意刀具半径补偿指令的运用。

拓展训练2

在数控铣床上完成图2-1-36所示零件外轮廓的加工，毛坯材料为45钢，尺寸为60mm×60mm×30mm。注意圆弧插补指令（G02/G03）的运用，尤其注意切入、切出刀具路径的安排；同时注意刀具半径补偿指令的运用。

项目 2　盘盖类零件数控编程与加工

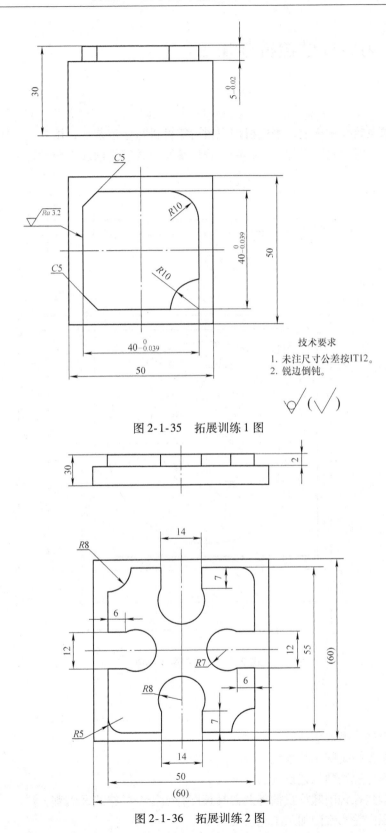

图 2-1-35　拓展训练 1 图

图 2-1-36　拓展训练 2 图

任务 2.2　内轮廓数控铣削加工

【任务导入】

本任务要求在数控铣床上,采用机用虎钳对零件进行定位装夹,用立铣刀加工图 2-2-1 所示的内轮廓零件。对内轮廓零件工艺编制、程序编写及数控铣削加工全过程进行详细分析。

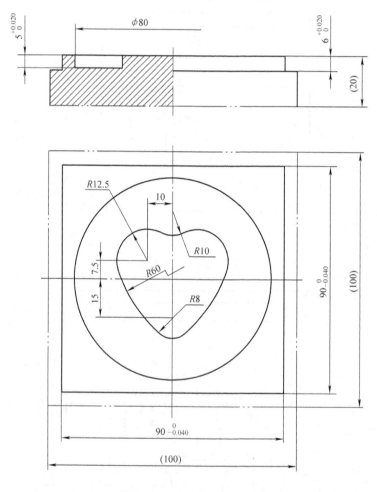

图 2-2-1　内轮廓零件图

【任务目标】

1. 了解铣刀的类型及用途。
2. 熟练掌握数控铣削工具系统。
3. 熟练掌握型腔铣削工艺设计。
4. 熟练掌握数控铣削螺旋线插补及刀具长度补偿指令的格式及编程方法。
5. 熟练掌握内轮廓铣削加工工艺。
6. 熟练掌握数控铣床铣刀的安装方法。
7. 熟练掌握数控铣床刀具长度补偿的设定方法。

8. 遵守安全文明生产的要求,操作数控铣床加工内轮廓零件。

【知识准备】

知识点1　铣刀的类型及用途

1. 铣刀的类型及用途

数控铣削常用刀具及用途见表2-2-1。

表2-2-1　数控铣削常用刀具及用途

铣刀名称	简图	用途
立铣刀	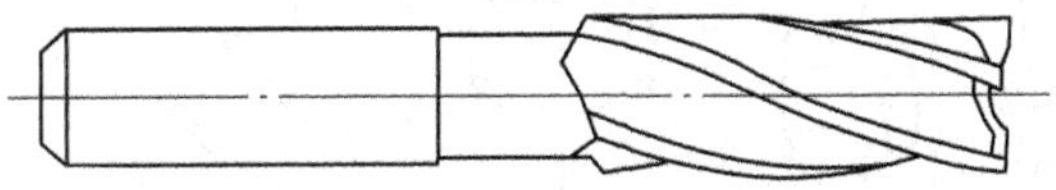	主要用于铣削垂直的台阶面、沟槽和凹槽
键槽刀	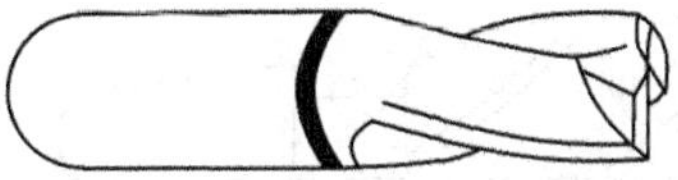	用于铣削键槽、封闭内腔
面铣刀	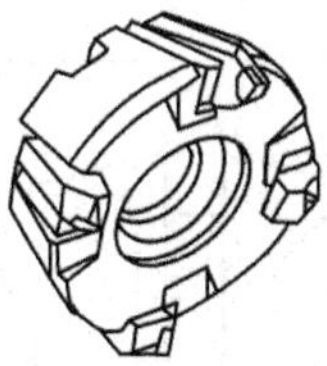	铣较宽的平面或台阶面
球头铣刀	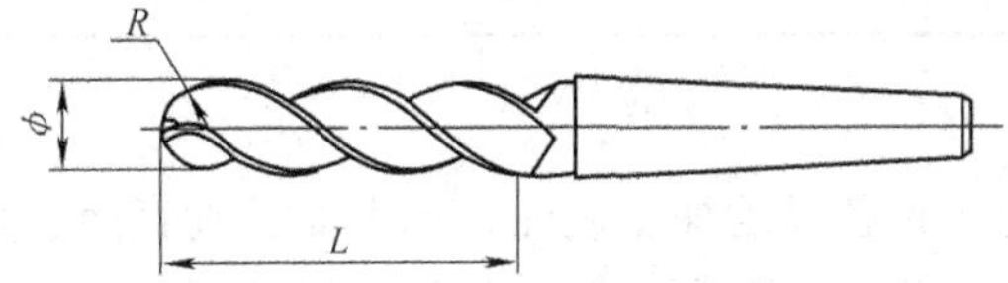	铣削曲面
三面刃铣刀		用于铣削沟槽和台阶面
T形铣刀	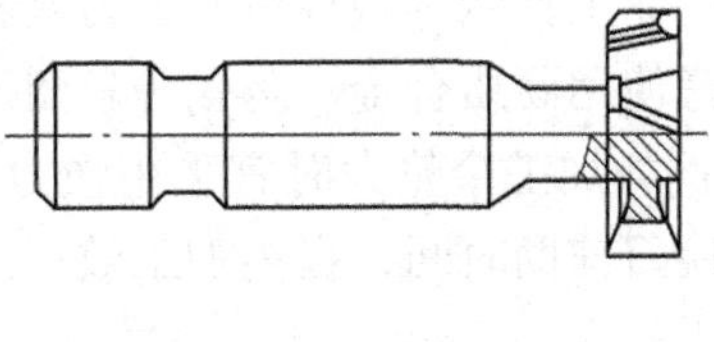	铣削T形沟槽

(续)

铣刀名称	简图	用途
角度铣刀		用于铣削有角度的槽或倒角
成形铣刀	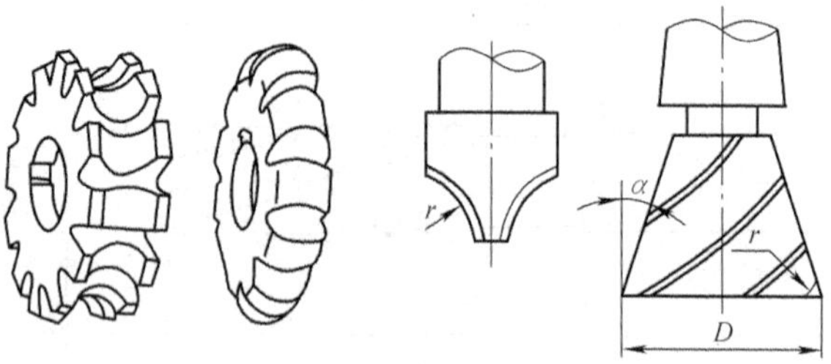	铣削成形面
鼓形铣刀	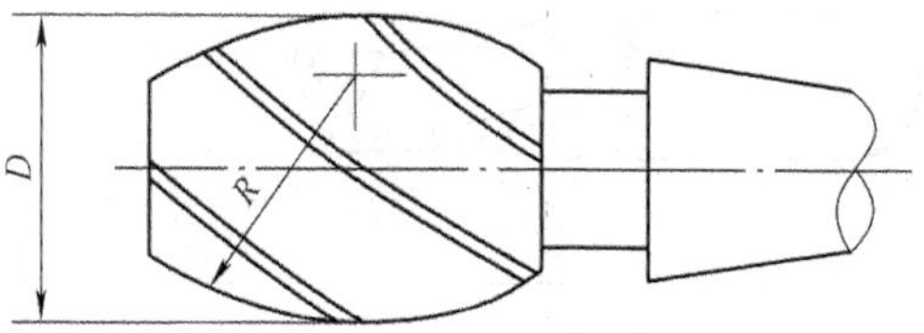	变斜角类零件的变斜角面的近似加工
锥度铣刀	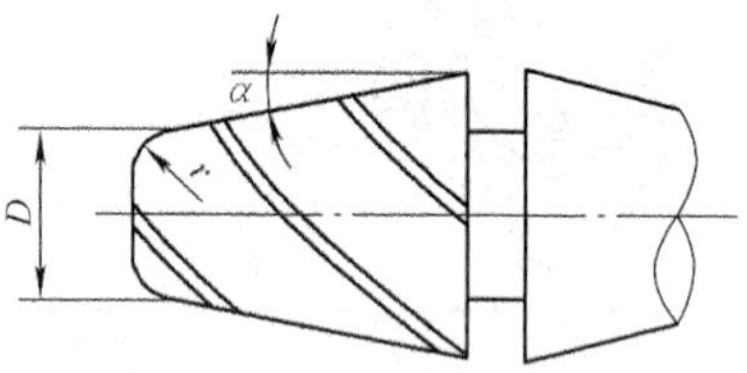	磨具零件中锥度加工

2. 铣刀的选择

在数控铣削加工中会遇到各种各样的加工表面，如平面、垂直面、直角面、直槽、曲底直槽、型腔、斜面、斜槽、曲底斜槽、曲面等。针对各种加工表面，在考虑刀具选择时，都会对刀具形式（整体、机夹及其他方式）、刀具形状（刀具类型、刀片形状及刀槽形状）、刀具直径大小、刀具材料等方面做出选择，涉及的因素很多，主要考虑加工表面形状、加工要求、加工效率等几个方面。选择铣刀的原则及步骤如下。

（1）根据加工表面特点及尺寸选择刀具类型及尺寸　例如大面选面铣刀、外轮廓选立铣刀、键槽选键槽铣刀、曲面粗加工选立铣刀、曲面精加工选球头铣刀等，又如铣刀的直径不能超过工件轮廓的最小凹圆弧直径等。

（2）根据工件材料及加工要求选择刀片材料及角度　例如加工塑料、铜和铝等塑性较好的材料时宜采用高速工具钢、含钴高速工具钢等塑性较好的刀具材料及大的螺旋角，而加工模具钢等硬度较高的材料时，则应考虑使用硬质合金、陶瓷等较耐磨的刀具材料。

（3）根据加工条件选取刀柄　例如加工余量大时宜采用强力刀柄以提高工艺系统的刚度，孔多时宜使用钻夹头刀柄，以减少换刀辅助时间，提高加工效率。

知识点2　数控铣削工具系统

数控铣削工具系统包括刀柄、拉钉、弹簧夹头及中间模块。

1. 刀柄

数控铣削使用的刀具通过刀柄与机床主轴相连,刀柄通过拉钉和主轴内的拉刀装置固定在主轴上,铣刀通过刀柄夹持传递速度、转矩,如图 2-2-2 所示。刀柄的强度、刚性、耐磨性、制造精度及夹紧力等对加工有直接的影响。

根据刀柄柄部形式及所采用国家标准的不同,我国使用的刀柄有 BT(日本 MAS403-75)、JT(GB/T 10944—2006 与 ISO7388—1983)、ST(ISO 或 GB,不带机械手夹持槽)和 CAT(美国 ANSI)等几种系列,这几种系列的刀柄除局部槽的形状不同外,其余结构基本相同。根据锥柄大端直径的不同,与其相对应的刀柄又分为 30 号、40 号、50 号等几种规格。

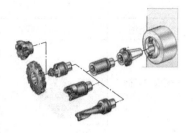

图 2-2-2 刀柄

数控铣削用刀柄可以分为整体式与模块式两类。数控铣削常用刀柄的类型及其使用场合见表 2-2-2。

表 2-2-2 数控铣削常用刀柄的类型及其使用场合

刀柄类型	刀柄实物图	夹头或中间模块	夹持刀具	备注及型号举例
削平型工具刀柄		无	直柄立铣刀、球头铣刀、削平型浅孔钻	BT40-XP-50
弹簧夹头刀柄		ER 弹簧夹头	直柄立铣刀、球头铣刀、中心钻	BT40-QH1-75
强力夹头刀柄		KM 弹簧夹头	直柄立铣刀、球头铣刀、中心钻	BT40-TXJT22-75
面铣刀刀柄		无	各种面铣刀	BT40-XD27-60
三面刃铣刀刀柄		无	三面刃铣刀	BT40-XS16-75

(续)

刀柄类型	刀柄实物图	夹头或中间模块	夹持刀具	备注及型号举例
侧固式刀柄		镗刀及丝锥夹头等	丝锥及粗、精镗刀	21A. BT40.25-50
莫氏锥度刀柄		莫氏变径套	锥柄钻头、铰刀	BT40-M1-35
		莫氏变径套	锥柄立铣刀和锥柄带内螺纹立铣刀等	BT40-MW1-50
钻夹头刀柄		钻夹头	直柄钻头、铰刀	BT40-Z10-45
丝锥夹头刀柄		无	机用丝锥	BT40-G3-100
整体式刀柄		粗、精镗刀头	整体式粗、精镗刀	BT40-TQC25-135

2. 拉钉

拉钉的尺寸也已标准化，ISO 或 GB 规定了 A 型和 B 型两种形式的拉钉，其中 A 型拉钉用于不带钢球的拉紧装置，而 B 型拉钉用于带钢球的拉紧装置，如图 2-2-3 所示。刀柄及拉钉的具体尺寸可查阅有关标准的规定。

3. 弹簧夹头及中间模块

弹簧夹头有两种，即 ER 弹簧夹头和 KM 弹簧夹头，如图 2-2-4 所示。其中 ER 弹簧夹头的夹紧力较小，适用于切削力较小的场合；KM 弹簧夹头的夹紧力较大，适用于强力铣削。

图 2-2-3 拉钉

a) ER 弹簧夹头

b) KM 弹簧夹头

图 2-2-4 弹簧夹头

中间模块（图 2-2-5）是刀柄和刀具之间的中间连接装置，通过中间模块的使用，提高了刀柄的通用性能。例如镗刀、丝锥与刀柄的连接就经常使用中间模块。

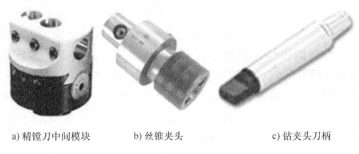

a) 精镗刀中间模块　　b) 丝锥夹头　　c) 钻夹头刀柄

图 2-2-5　中间模块

知识点 3　铣削切削用量的选择

铣削的切削用量包括切削速度、进给速度、背吃刀量和侧吃刀量。如图 2-2-6 所示，背吃刀量 a_p 为平行于铣刀轴线测量的切削层尺寸，单位为 mm。端铣时，a_p 为切削层深度；而圆周铣时，a_p 为被加工表面的宽度；侧吃刀量 a_e 为垂直于铣刀轴线测量的切削层尺寸，单位为 mm。端铣时，a_e 为被加工表面宽度；而圆周铣削时，a_e 为切削层深度。

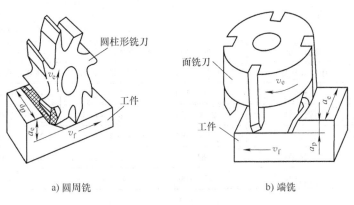

a) 圆周铣　　　　　　b) 端铣

图 2-2-6　铣削切削用量

1. 背吃刀量和侧吃刀量的选择

背吃刀量和侧吃刀量的选取主要由加工余量和对表面质量的要求决定。

从刀具寿命出发，切削用量的选择方法：先选取背吃刀量和侧吃刀量，其次确定进给速度，最后确定切削速度。由于吃刀量对刀具寿命影响最小，背吃刀量 a_p 和侧吃刀量 a_e 的确定主要根据机床、夹具、刀具、工件的刚度和被加工零件的精度要求来决定。如果零件精度要求不高，在工艺系统刚度允许的情况下，最好一次切净加工余量，即 a_p 或 a_e 等于加工余量，以提高加工效率；如果零件精度要求高，为保证表面粗糙度和精度，则应采用多次走刀。

1) 在工件表面粗糙度值要求为 $Ra12.5 \sim 25\mu m$ 时，如果圆周铣削的加工余量小于 5mm，端铣的加工余量小于 6mm，粗铣一次进给就可以达到要求。但在余量较大、工艺系统刚性较差或机床动力不足时，可分两次进给完成。

2) 在工件表面粗糙度值要求为 $Ra3.2 \sim 12.5\mu m$ 时，可分粗铣和半精铣两步进行。粗铣时背吃刀量或侧吃刀量选取同前，粗铣后留 0.5～1.0mm 余量，在半精铣时切除。

3) 在工件表面粗糙度值要求为 $Ra0.8 \sim 3.2\mu m$ 时，可分粗铣、半精铣、精铣三步进行。半精铣时背吃刀量或侧吃刀量取 1.5～2.0mm；精铣时圆周铣侧吃刀量取 0.2～0.4mm，面铣背吃刀量取 0.3～0.5mm。

2. 进给速度的选择

进给速度 F 是切削时单位时间内工件与铣刀沿进给方向的相对位移，单位为 mm/min。它

与铣刀转速 n、铣刀齿数 z 及每齿进给量 f_z（单位为 mm/z）的关系为

$$F = f_z z n$$

每齿进给量 f_z 的选取主要取决于工件材料的力学性能、刀具材料、工件表面粗糙度等因素。工件材料的强度和硬度越高，f_z 越小；反之则越大。硬质合金铣刀的每齿进给量高于同类高速工具钢铣刀。工件表面粗糙度值越小，f_z 就越小。每齿进给量的确定可参考表 2-2-3 选取。工件刚性差或刀具强度低时，应取小值。转速 n 则与切削速度和机床的性能有关。所以，进给速度应根据所采用机床的性能、刀具材料和尺寸、被加工零件材料的可加工性和加工余量的大小来综合确定。一般原则：工件表面的加工余量大，进给速度低，反之相反。进给速度可由机床操作者根据被加工零件表面的具体情况进行手动调整，以获得最佳切削状态。

表 2-2-3 铣刀每齿进给量推荐值

工件材料	工件材料硬度（HBW）	硬质合金		高速工具钢	
		面铣刀/(mm/z)	立铣刀/(mm/z)	面铣刀/(mm/z)	立铣刀/(mm/z)
低碳钢	150~200	0.2~0.35	0.07~0.12	0.15~0.3	0.03~0.18
中、高碳钢	220~300	0.12~0.25	0.07~0.1	0.1~0.2	0.03~0.15
灰铸铁	180~220	0.2~0.4	0.1~0.16	0.15~0.3	0.05~0.15
可锻铸铁	240~280	0.1~0.3	0.06~0.09	0.1~0.2	0.02~0.08
合金钢	220~280	0.1~0.3	0.05~0.08	0.12~0.2	0.03~0.08
工具钢	36HRC	0.12~0.25	0.04~0.08	0.07~0.12	0.03~0.08
铝镁合金	95~100	0.15~0.38	0.08~0.14	0.2~0.3	0.05~0.15

在加工过程中，由于毛坯尺寸不均匀而引起切削深度变化，或因刀具磨损引起切削刃切削条件变化，都会使实际加工状态与编程时的预定情况不一致，如果机床面板上设有进给速率修调旋钮时，则操作者可利用它实时修改程序中的进给速度指令值，来减少误差。

3. 切削速度的选择

铣削的切削速度 v_c 与刀具寿命 T、每齿进给量 f_z、背吃刀量 a_p、侧吃刀量 a_e 及铣刀齿数 z 成反比，而与铣刀直径成正比。其原因是当 f_z、a_p、a_e 和 z 增大时，切削刃负荷增加，而且同时工作的齿数也增多，使切削热增加，刀具磨损加快，从而限制了切削速度的提高。为提高刀具寿命允许使用较低的切削速度。但是加大铣刀直径则可改善散热条件，因而可以提高切削速度。铣削加工的切削速度 v_c 可参考表 2-2-4 选取，也可参考有关切削用量手册中的经验公式通过计算选取。

表 2-2-4 铣削加工的切削速度参考值　　　　　　　　　　（单位：m/min）

工件材料	铣刀材料					
	碳素钢	高速工具钢	超高速工具钢	合金钢	碳化钛	碳化钨
铝合金	75~150	180~300		240~460		300~600
镁合金		180~270				150~600
钼合金		45~100				120~190
黄铜（软）	12~25	20~25		45~75		100~180

(续)

工件材料	铣刀材料					
	碳素钢	高速工具钢	超高速工具钢	合金钢	碳化钛	碳化钨
黄铜	10~20	20~40		30~50		60~130
灰铸铁（硬）		10~15	10~20	18~28		45~60
冷硬铸铁			10~15	12~18		30~60
可锻铸铁	10~15	20~30	25~40	35~45		75~110
钢（低碳）	10~14	18~28	20~30		45~70	
钢（中碳）	10~15	15~25	18~28		40~60	
钢（高碳）		10~15	12~20		30~45	
合金钢					35~80	
合金钢（硬）					30~60	
高速工具钢			12~25		45~70	

从理论上讲，v_c 的值越大越好，因为这不仅可以提高生产率，而且可以避开生成积屑瘤的临界速度，进而获得较低的表面粗糙度值。但实际上由于机床、刀具等的限制，使用国内机床、刀具时，允许的切削速度常常只能在 100~200m/min 范围内选取。但对于材质较软的铝、镁合金等，v_c 可提高近一倍左右。

采用机夹式可转位硬质合金铣刀时，可选较高的 v_c 值，如发现刀具寿命太低，应适当降低 v_c 值，选择切削速度时应考虑以下几点。

1) 应尽量避开积屑瘤产生的区域。
2) 断续切削时，为减小冲击和热应力，要适当降低切削速度。
3) 在容易发生振动的情况下，切削速度应避开自激振动的临界速度。
4) 加工大件、细长件和薄壁件时，应选用较低的切削速度。
5) 加工表面有夹砂、硬皮的零件时，应适当降低切削速度。

4. 主轴转速的确定

主轴转速要根据允许的切削速度和刀具直径来确定，计算公式如下

$$n = \frac{1000v_c}{\pi d}$$

式中　n——主轴转速（r/min）；
　　　v_c——切削速度（m/min）；
　　　d——铣刀直径（mm）。

知识点 4　数控铣削加工工艺路线的拟订

1. 加工方法的选择

数控铣削加工对象的主要加工表面一般可采用表 2-2-5 所列的加工方案。

表 2-2-5 加工表面的加工方案

序号	加工表面	加工方案	所使用的刀具
1	平面内外轮廓	X、Y、Z 向粗铣→内外轮廓方向分层半精铣→轮廓高度方向分层半精铣→内外轮廓精铣	整体高速工具钢或硬质合金立铣刀;机夹可转位硬质合金立铣刀
2	空间曲面	X、Y、Z 向粗铣→曲面 Z 向分层粗铣→曲面半精铣→曲面精铣	整体高速工具钢或硬质合金立铣刀、球头铣刀;机夹可转位硬质合金立铣刀、球头铣刀
3	孔	定尺寸刀具加工铣削	钻头、扩孔钻、铰刀、镗刀 整体高速工具钢或硬质合金立铣刀;机夹可转位硬质合金立铣刀
4	外螺纹	螺纹铣刀铣削	螺纹铣刀
5	内螺纹	攻螺纹 螺纹铣刀铣削	丝锥 螺纹铣刀

(1) 平面加工方法的选择　在数控铣床上加工平面主要采用面铣刀和立铣刀加工。粗铣的尺寸公差等级和表面粗糙度一般可达 IT11~IT13,$Ra6.3~25\mu m$;精铣的尺寸公差等级和表面粗糙度一般可达 IT8~IT10,$Ra1.6~6.3\mu m$。注意:当零件表面粗糙度要求较高时,应采用顺铣方式。

(2) 平面轮廓加工方法的选择　平面轮廓多由直线和圆弧或各种曲线构成,通常采用三坐标数控铣床进行两轴半坐标加工。图 2-2-7 所示为由直线和圆弧构成的零件平面轮廓 $ABCDEA$,采用半径为 R 的立铣刀沿周向加工,细点画线 $A'B'C'D'E'A'$ 为刀具中心的刀具路径。为保证加工面光滑,刀具沿 PA' 切入,沿 $A'K$ 切出。

(3) 固定斜角平面加工方法的选择　固定斜角平面是与水平面成一固定夹角的斜面。当零件尺寸不大时,可用斜垫板垫平后加工;如果机床主轴可以摆角,则可以保证适当的角度,用不同的刀具来加工,如图 2-2-8 所示。当零件尺寸很大,斜面斜度又较小时,常用行切法加工,但加工后会在加工面上留下残留面积,需要用钳修方法加以清除,如用三坐标数控立铣加工飞机整体壁板零件时常用此法。当然,加工斜面的最佳方法是采用五坐标数控铣床,主轴摆角后加工,可以不留残留面积。

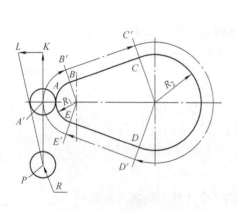

图 2-2-7　平面轮廓铣削

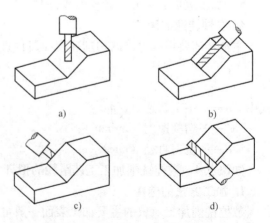

图 2-2-8　主轴摆角加工固定斜角平面

(4) 变斜角面加工方法的选择

1) 对曲率变化较小的变斜角面，选用 X、Y、Z 和 A 四轴联动的数控铣床，采用立铣刀（但当零件斜角过大，超过机床主轴摆角范围时，可用角度成形铣刀加以弥补）以插补方式摆角加工，如图 2-2-9a 所示。为保证刀具与零件型面在全长上始终贴合，刀具绕着 A 轴摆动角度 α。

2) 对曲率变化较大的变斜角面，用四坐标联动加工难以满足加工要求，最好用 X、Y、Z、A 和 B（或 C 轴）的五轴联动数控铣床，以圆弧插补方式摆角加工，如图 2-2-9b 所示。图中夹角 A 和 B 分别是零件斜面素线与 Z 坐标轴夹角 α 在 ZOY 平面上和 XOY 平面上的分夹角。

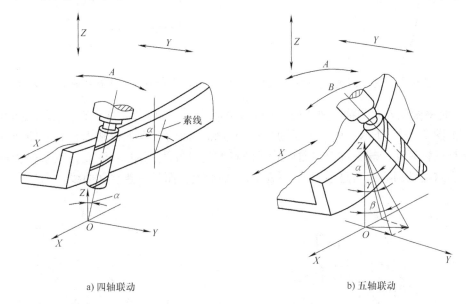

a) 四轴联动　　　　　b) 五轴联动

图 2-2-9　数控铣床加工变斜角面零件

3) 采用三轴数控铣床两轴联动，利用球头铣刀和鼓形铣刀，以直线或圆弧插补方式进行分层铣削加工，加工后的残留面积用钳修方法清除。图 2-2-10 所示为用鼓形铣刀分层铣削变斜角面零件。由于鼓形铣刀的鼓径可以做得比球头铣刀的半径大，所以加工后的残留面积高度小，加工效果比球头铣刀好。

(5) 曲面轮廓加工方法的选择　立体曲面的加工应根据曲面形状、刀具形状及精度要求采用不同的铣削加工方法，如两轴半、三轴、四轴及五轴等联动加工。

1) 对曲率变化不大和精度要求不高的曲面的粗加工，常采用两轴半坐标行切法加工（所谓行切法，是指刀具与零件轮廓的切点刀具路径是一行一行的，而行间的距离是按零件加工的精度要求确定的）。即 X、Y、Z 三轴中任意两轴做联动插补，第三轴做单独的周期进给。如图 2-2-11 所示，将 X 向分成若干段，球头铣刀沿 YOZ 面所截的曲线进行铣削，每一段加工完后进给 Δx，再加工另一相邻曲线，如此依次切削即可加工出整个曲面。在行切法中，要根据轮廓表面粗糙度的要求及刀头不干涉相邻表面的原则选取 Δx。球头铣刀的刀头半径应选得大一些，有利于散热，但刀头半径应小于内凹曲面的最小曲率半径。

两轴半坐标加工曲面的刀具路径 O_1O_2 和切削点轨迹 ab 如图 2-2-12 所示。图中 ABCD 为被加工曲面，P_{YOZ} 平面为平行于 YOZ 坐标平面的一个平行切面，刀具路径 O_1O_2 为曲面 ABCD 的等距面 IJKL 与平行切面 P_{YOZ} 的交线，显然 O_1O_2 是一条平面曲线。由于曲面的曲率变化，改变了球头铣刀与曲面切削点的位置，使切削点的连线成为一条空间曲线，从而在曲面上形成扭曲的残留沟纹。

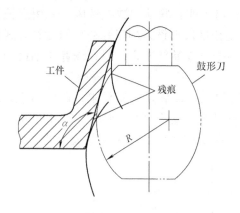
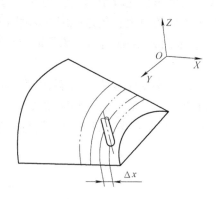

图 2-2-10 用鼓形铣刀分层铣削变斜角面零件　　图 2-2-11 两轴半坐标行切法加工曲面

2）对曲率变化较大和精度要求较高的曲面的精加工，常用 X、Y、Z 三轴联动插补的行切法加工。如图 2-2-13 所示，P_{YOZ} 平面为平行于坐标平面的一个平行切面，它与曲面的交线为 ab。由于是三轴联动，球头铣刀与曲面的切削点始终处在平面曲线 ab 上，可获得较规则的残留沟纹。但这时的刀心刀具路径 O_1O_2 不在 P_{YOZ} 平面上，而是一条空间曲线。

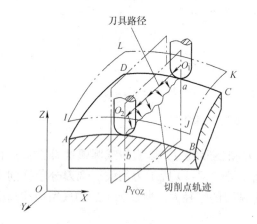
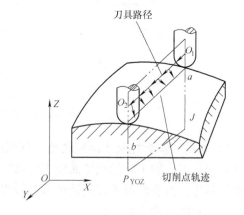

图 2-2-12 两轴半联动行切法加工曲面　　图 2-2-13 三轴联动行切法加工曲面

3）对于叶轮、螺旋桨这样的零件，因其叶片形状复杂，刀具容易与相邻表面发生干涉，常用五轴联动加工。这种加工的编程计算相当复杂，一般采用自动编程，如图 2-2-14 所示。

2. 加工工序的划分

在数控铣床特别是在加工中心上加工零件，工序十分集中，许多零件只需一次装夹中就能完成全部工序。但是零件的粗加工，特别是铸、锻毛坯零件的基准平面、定位平面等的加工应在普通铣床上完成之后，再装夹到数控铣床上进行加工，这样可以发挥数控铣床的特点，保持数控铣床的精度，延长其使用寿命并降低使用成本。在数控铣床上加工零件，其工序划分的方法有以下几种。

（1）刀具集中分序法　即按所用的刀具划分工序，用同一把刀加工完零件上所有可以完成的部位，再用第二把刀、第三把刀完成它们可以完成的其他部位。这种分序法可以减少换刀次数、压缩空程时间、减少不必要的定位误差。

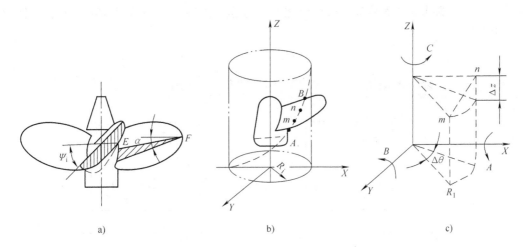

图 2-2-14 五轴联动加工曲面

(2) 粗、精加工分序法 这种分序法是根据零件的形状、尺寸精度等因素，按照粗、精加工分开的原则进行分序。对单个零件或一批零件先进行粗加工、半精加工，而后精加工。粗、精加工之间，最好隔一段时间，以使粗加工后零件的变形得到充分恢复，再进行精加工，以提高零件的加工精度。

(3) 加工部位分序法 即先加工平面、定位面，再加工孔；先加工简单的几何形状，再加工复杂的几何形状；先加工精度比较低的部位，再加工精度要求较高的部位。

总之，在数控铣床上加工零件，其加工工序的划分要视加工零件的具体情况进行。许多工序的安排是综合了上述各分序方法的。

3. 加工顺序的安排

在确定了某个工序的加工内容后，要进行详细的工步设计，既安排这些工序内容的加工顺序，又同时考虑程序编辑时刀具路径的设计。一般将一个工步编制为一个加工程序，因此，工步顺序实际上也就是加工程序的执行顺序。

一般数控铣削采用工序集中的方式，这时工步顺序就是工序分散时的工序顺序，可以参考前面讲述的工序划分原则进行安排，通常按照从简单到复杂的原则，先加工平面、沟槽、孔，再加工外形、内腔，最后加工曲面；先加工精度要求低的表面，再加工精度要求高的部位等。

4. 刀具路径的确定

刀具路径是数控加工过程中刀具相对于被加工件的运动轨迹和方向。刀具路径的确定非常重要，因为它与零件的加工精度和表面质量密切相关。确定刀具路径的一般原则如下。

1) 保证零件的加工精度和表面粗糙度。
2) 方便数值计算，减少编程工作量。
3) 缩短刀具路径，减少进、退刀时间和其他辅助时间。
4) 尽量减少程序段数。

另外，在选择刀具路径时还要充分注意以下几种情况。

(1) 避免引入反向间隙误差

1) 数控铣床在反向运动时会出现反向间隙，如果在刀具路径中将反向间隙带入，就会影响刀具的定位精度，增加工件的定位误差。例如精镗图 2-2-15 中的四个孔，当孔的位置精度要求较高时，安排镗孔刀具路径的问题就显得比较重要，安排不当就有可能把坐标轴的反向间隙带入，直接影响孔的位置精度。这里给出两个方案，方案 A 如图 2-2-15a 所示，方案 B 如图 2-2-15b 所示。

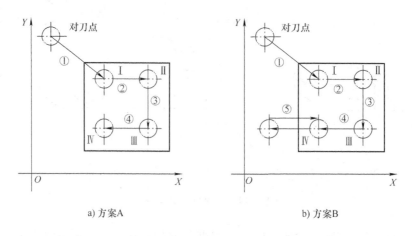

a) 方案A 　　　　　　　　　　b) 方案B

图 2-2-15　孔系刀具路径方案比较

2）从图中不难看出，方案 A 中由于Ⅳ孔与Ⅰ、Ⅱ、Ⅲ孔的定位方向相反，X 向的反向间隙会使定位误差增加，而影响Ⅳ孔的位置精度。

3）在方案 B 中，当加工完Ⅲ孔后并没有直接在Ⅳ孔处定位，而是多运动了一段距离，然后折回来在Ⅳ孔处定位。这样Ⅰ、Ⅱ、Ⅲ孔与Ⅳ孔的定位方向是一致的，就可以避免引入反向间隙的误差，从而提高了Ⅳ孔与各孔之间的孔距精度。

（2）切入切出路径

1）在铣削轮廓表面时一般采用立铣刀侧面刃口进行切削，由于主轴系统和刀具的刚度变化，当沿法向切入工件时，会在切入处产生刀痕，所以应尽量避免沿法向切入工件。如图 2-2-16a 所示，当铣削外表面轮廓形状时，应安排刀具沿工件轮廓曲线的切向切入工件，并且在其延长线上加入一段外延距离，以保证工件轮廓的光滑过渡。同样，在切出工件轮廓时也应从工件曲线的切向延长线上切出。

2）如图 2-2-16b 所示，当铣削内表面轮廓形状时，也应该尽量遵循从切向切入的方法，但此时切入无法外延，最好安排从圆弧过渡到圆弧的加工路线。切出时也应多安排一段过渡圆弧再退刀。

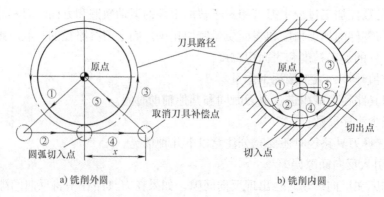

a) 铣削外圆　　　　　　　　　　b) 铣削内圆

图 2-2-16　铣削圆的刀具路径

3）当实在无法沿工件曲线的切向切入、切出时，铣刀只有沿法线方向切入和切出，在这种情况下，切入切出点应选在工件轮廓两几何要素的交点上，而且在进给过程中要避免停顿。

4）为了消除由于系统刚度变化引起进退刀时的痕迹，可采用多次走刀的方法，减小最后精铣时的余量，以减小切削力。

5）在切入工件前应该已经完成刀具半径补偿，而不能在切入工件时同时进行刀具补偿，如图 2-2-17a 所示，这样会产生过切现象。为此，应在切入工件前的切向延长线上另找一点，作为完成刀具半径补偿点，如图 2-2-17b 所示。

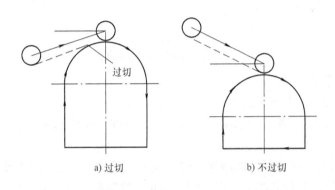

图 2-2-17　刀具半径补偿点

（3）采用顺铣加工方式　在铣削加工中，若铣刀与工件接触点处的旋转方向和工件进给方向相反，称为逆铣，其铣削厚度由零开始增大，如图 2-2-18a 所示；反之则称为顺铣，其铣削厚度由最大减少到零，如图 2-2-18b 所示。由于采用顺铣方式时，零件的表面粗糙度和加工精度较高，并且可以减少机床的"颤振"，所以在数控铣削加工零件轮廓时应尽量采用顺铣加工方式。

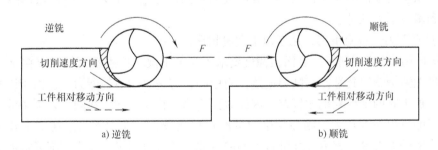

图 2-2-18　顺铣与逆铣

（4）曲面轮廓的刀具路径　加工一个曲面时可能采取的 3 种刀具路径如图 2-2-19 所示，即沿参数曲面的 U 向行切，沿 W 向行切和环切。图 2-2-19a 所示的 W 向行切方案的优点是便于在加工后检验型面的面轮廓度。对于直素线类表面，采用图 2-2-19b 所示的 U 向行切方案显然更有利，每次沿直线走刀，刀位点计算简单，程序段少，而且加工过程符合直纹面的形成规律，可以准确保证素线的直线度。因此实际生产中最好将以上两种方案结合起来。图 2-2-19c 所示的环切方案一般应用在内槽加工中，在型面加工中由于编程麻烦，一般不用。但该方案在加工螺旋桨桨叶类零件时，由于工件刚度小，采用从里到外的环切，有利于减少工件在加工过程中的变形。

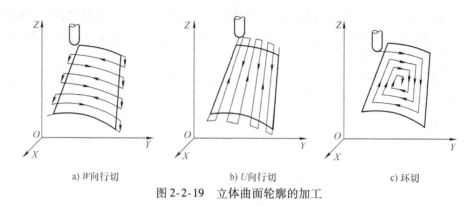

a) W向行切　　　　　b) U向行切　　　　　c) 环切

图 2-2-19　立体曲面轮廓的加工

5. 装夹方案的确定

工件的定位基准与装夹方案的确定应注意以下三点。

1) 力求设计基准、工艺基准和编程基准统一，以减少基准不重合误差和数控编程中的计算工作量。

2) 设法减少装夹次数，尽可能做到一次定位装夹后能加工出工件上全部或大部分待加工表面，以减小装夹误差，提高加工表面之间的相互位置精度，充分发挥数控机床的效率。

3) 避免采用占机人工调整式方案，以免占机时间太长，影响加工效率。

知识点 5　型腔铣削工艺设计

1. 挖槽和型腔加工中的下刀方式

铣削型腔时，若用键槽铣刀或四刃铣刀（横刃过中心）加工，可以直接在工件表面下刀，但下刀时的进给速度应低一些；若用三刃立铣刀或四刃铣刀（横刃不过中心）加工，则不可以直接在工件表面下刀，而宜先用钻头钻好孔，而后再下刀加工。

对于封闭型腔零件的加工，根据刀具形式的不同，有三种下刀方式可以选择：垂直下刀、螺旋下刀和斜线下刀三种。

（1）垂直下刀　垂直下刀适用于以下两种情况。

1) 对于小面积切削和零件表面粗糙度要求不高的情况，使用键槽铣刀直接垂直下刀并进行切削。虽然键槽铣刀其端部切削刃通过铣刀中心，有垂直吃刀的能力，但由于键槽铣刀只有两刃切削，加工时的平稳性也比较差，因而表面粗糙度较大，同时在同等切削条件下，键槽铣刀较立铣刀的每刃切削量大，因而切削刃的磨损也比较大，在大面积的切削中效率较低。所以，采用键槽铣刀直接垂直下刀并进行切削的方式，通常只用于小面积切削或被加工零件表面要求不高的情况。

2) 大面积的型腔一般采用加工时具有较高平稳性和较长的刀具寿命的立铣刀来加工，但由于立铣刀底刀具中心没有切削刃，所以立铣刀在垂直进刀时没有较大的切深能力，因此一般先采用键槽铣刀（或钻头）垂直进刀，预钻起始孔后，再换多刃立铣刀加工型腔。

（2）螺旋下刀

1) 螺旋下刀方式是现代数控加工应用较为广泛的下刀方式，特别在模具制造行业应用最为常见，刀片式合金模具铣刀可以进行高速切削，但和高速工具钢多刃立铣刀一样，垂直进刀时没有较大切削深度的能力。但可以通过螺旋下刀的方式，利用刀片的侧刃和底刃切削，避免刀具中心无切削刃部分与工件干涉，使刀具沿深度螺旋方向渐进，从而达到进刀的目的，这样可以在切削平稳性和切削效率之间取得平衡，如图 2-2-20 所示。

2) 螺旋下刀也有其固有的弱点，如刀具路径较长，在比较狭窄的型腔加工中往往因为切削范围过小无法实现螺旋下刀等，所以有时采用较大的下刀进给或钻下刀孔等方法来弥补。所以选择螺旋下刀时要注意灵活应用。

(3) 斜线下刀

1) 斜线下刀时刀具快速下至加工表面上 1 个 a_p 后，改为与工件表面成一个角度的方向（$\tan\alpha$），以斜线的方式切入工件来达到 Z 向进给的目的，如图 2-2-21 所示。

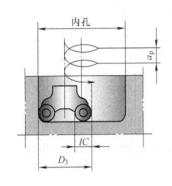

图 2-2-20 螺旋下刀

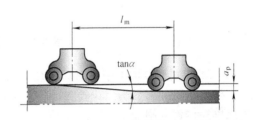

图 2-2-21 斜线下刀

2) 斜线下刀方式作为螺旋下刀方式的一种补充，通常用于因为范围的限制而无法实现螺旋下刀的长条形的型腔加工。

3) 斜线下刀的主要参数有斜线下刀的起始高度、切入斜线的长度、切入和反向切入角度。起始高度一般设置在加工面上方 0.5~1mm；切入斜线的长度要视型腔空间的大小及切削深度来确定，一般斜线长度越长，进刀的刀具路径就越长。切削长度选取得太小，斜线数增多，刀具路径加长；角度太大，又会产生不好的端刃切削情况，一般选 5°~20°为宜。通常进刀切入角度和方向切入角度取相同值。

2. 挖槽和型腔加工中的刀具路径选取

(1) 圆型腔中的刀具路径选取　圆型腔挖槽，一般从圆心开始。根据所用刀具，可预先钻一个孔再从一边进刀。型腔加工多用立铣刀或键槽铣刀。挖槽时，刀具快速定位到 R 点，从 R 点转入切削进给，先铣一层，吃刀量为 Q，在一层中，刀具按宽度（行距）H 进刀，按圆弧走刀，H 值选值应取小于刀具直径，以免留下残留。实际加工中，根据情况选取，依次进刀，直至孔的尺寸。加工完一层，刀具快速回到孔的中心，再轴向进刀（层距），加工下一层，直至到达孔底尺寸，最后快速退刀，离开孔腔，如图 2-2-22 所示。

(2) 方型腔加工中的刀具路径选取　方型腔铣削与圆型腔铣削相似，刀具路径可有以下三种。

1) 行切法：刀具从边角起刀，按 Z 字形排刀。这种走刀方式刀具路径较短、编程简单，但行间在两端有残留，如图 2-2-23a 所示。

2) 环切法：刀具从中心起刀，从长边的 1/2 处起刀，按逐圈扩大的刀具路径走刀，每圈要变换终点坐标位置，编程复杂、但无残留，如图 2-2-23b 所示。

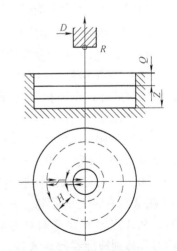

图 2-2-22 圆型腔铣削刀具路径

3）综合法：结合行切法和环切法两种方式的优点，先以 Z 字形排刀，最后沿型腔走一周，切去残留，如图 2-2-23c 所示，这种走刀方式既能使总的刀具路径较短，刀位点计算简便，又能获得较好的表面粗糙度。

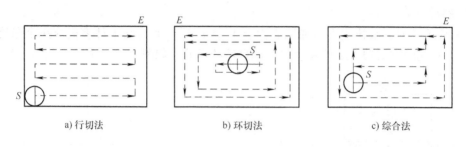

图 2-2-23　方腔铣削刀具路径

（3）不规则型腔加工中的刀具路径选取　对于不规则形状的型腔加工，程序会相对复杂，计算工作量相对较多。为简化编程，编程人员可先将其变成内轮廓进行加工，再将剩余部分变成无界平面进行铣削加工。

知识点 6　螺旋线插补指令

螺旋线插补指令用于控制机床做螺旋线插补运动，螺旋线的形成是刀具做圆弧插补运动的同时与其同步地做轴向运动。

（1）指令格式

$$G17 \begin{Bmatrix} G02 \\ G03 \end{Bmatrix} X\_ Y\_ Z\_ \begin{Bmatrix} I\_ J\_ \\ R\_ \end{Bmatrix} F\_ ;$$

$$G18 \begin{Bmatrix} G02 \\ G03 \end{Bmatrix} X\_ Y\_ Z\_ \begin{Bmatrix} I\_ K\_ \\ R\_ \end{Bmatrix} F\_ ;$$

$$G19 \begin{Bmatrix} G02 \\ G03 \end{Bmatrix} X\_ Y\_ Z\_ \begin{Bmatrix} J\_ K\_ \\ R\_ \end{Bmatrix} F\_ ;$$

（2）说明

1）螺旋线插补指令与圆弧插补指令相同，即 G02、G03 分别表示顺时针和逆时针螺旋线插补，顺、逆时针的定义与圆弧插补的相同。

2）X、Y、Z 为螺旋线的终点坐标。

3）R 为螺旋线在 XY 平面上的投影半径。

4）";" 代表一个程序段的结束。

（3）注意事项　该格式只能进行 0°~360° 范围内的螺纹插补，当编程中出现多圈螺旋线时，需要编写多个螺旋线插补程序段。

（4）举例　如图 2-2-24 所示，AB 为一螺旋线，起点 A 的坐标为 (30, 0, 0)，终点 B 的坐标为 (0, 30, 10)；圆弧插补平面为 XY 面，圆弧 AB′ 是 AB 在 XY 平面上的投影，B′ 的坐标值是 (0, 30, 0)，从 A 点到 B′ 是逆时针方向。在加工 AB 螺旋线前刀具移到螺旋线起点 A 处，该螺旋线的加工程序段为：G91 G17 G03 X-30.0 Y30.0 I-30.0 J0.0

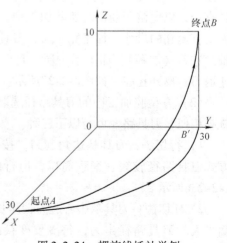

图 2-2-24　螺旋线插补举例

Z10.0 F30；或：G90 G17 G03 X0.0 Y30.0 R30.0 Z10.0 F30；

知识点 7　刀具长度补偿

1. 刀具长度补偿的概念

通常加工一个工件时，由于每把刀具的长度都不相同，同时，由于刀具的磨损或装夹引起刀具长度发生变化，如果在同一坐标系下执行如 G00 Z0.0 的指令时，由于刀具的长度是不同的，所以刀具端面到工件的距离也不同，如图 2-2-25 所示。如果频繁改变程序非常麻烦，且易出错。为此，事先测定出各刀具的长度，然后把它们与标准刀具长度的差（通常定为第 1 把刀）设定给数控系统。运行长度补偿程序，即使换刀，程序也不需要改变就可以加工，使刀具端面在执行 Z 轴定位（如 G00 Z0.0）的指令后距离工件的位置是相同的，如图 2-2-26 所示。这个功能称为刀具长度补偿功能。

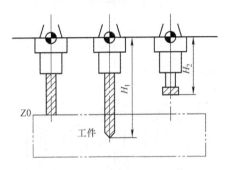

图 2-2-25　刀具长度补偿前

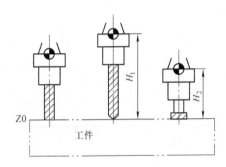

图 2-2-26　刀具长度补偿后

2. 刀具长度补偿指令

（1）指令格式

$$\begin{Bmatrix} G43 \\ G44 \end{Bmatrix} \begin{Bmatrix} G00 \\ G01 \end{Bmatrix} Z\_H\_F\_;$$

$$G49 \begin{Bmatrix} G00 \\ G01 \end{Bmatrix} Z\_F\_;$$

（2）说明

1）G43 为正向偏置，指定刀具长度的正向补偿；G44 为负向偏置，指定刀具长度的反向补偿；G49 取消刀具长度补偿。

2）H 为刀具长度补偿值的存储地址。

3）F 为进给速度，G00 时不需要 F 值。

4）";" 代表一个程序段的结束。

（3）注意事项

1）无论是绝对值指令，还是增量值指令，在 G43 时，把程序中 Z 轴移动指令终点坐标值加上用 H 代码指定的偏移量（设定在偏置存储器中）；G44 时，减去 H 代码指定的偏移量，然后把其计算结果的坐标值作为终点坐标值，如图 2-2-27 所示。实际应用中，常使用 G43 长度补偿，只有在特殊情况才使用 G44 指令。

① 执行 G43 时：Z 实际值 = Z 指令值 + (H××)。

② 执行 G44 时：Z 实际值 = Z 指令值 - (H××)。

2）刀具偏离工件的距离由补偿地址 H 中的设定值决定。所以执行 G43 或 G44 前要将刀具长度补偿值存入参数表中。

3）G43、G44 是模态 G 代码，它们可以相互抵销，在遇到同组其他 G 代码之前均有效。

4）长度补偿值可正可负，当改变长度补偿值的正负号时，相当于 G43、G44 互换。

5）刀具长度补偿指令可用于刀具 Z 向磨损补偿、更换新刀后刀长变化的补偿以及通过人为设定不同的补偿值，控制同一把刀具实现不同切深。

（4）举例　如图 2-2-28 所示，在某工件上钻两孔，采用刀具长度补偿指令，存储器号为 H01，Z 轴零点取在上表面。程序如下。

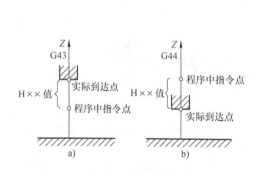

图 2-2-27　刀具长度补偿

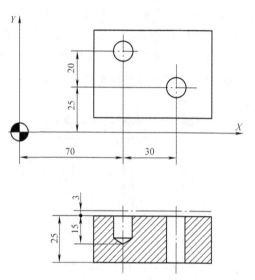

图 2-2-28　刀具长度补偿举例

O2201
N10 G54 G17 G90；
N20 S600 M03；
N30 G00 G43 Z25.0 H01；
N40 X700.0 Y45.0；
N50 G00 Z3.0；
N60 G01 Z-15.0 F100 M08；
N70 G04 P1000；
N80 G00 Z3.0；
N90 X100.0 Y25.0；
N100 G01 Z-30.0 F100；
N110 G00 Z25.0；
N120 X0.0 Y0.0 M09；
N130 G49 Z100.0 M05；
N140 M30；

本例中，若第一孔的深度出现误差，可通过修改 H01 中的补偿值的办法达到尺寸要求。例如加工后测得孔深为 14.5mm，比要求浅了 0.5mm（可能为对刀误差或刀具磨损等原因造成的），此时可通过 MDI 方式，修改 H01 中的补偿值，即在原偏移量上再加上一个 -0.5mm，这样钻孔时相对补偿前的孔深度就增加了 0.5mm，达到孔深要求。在修正补偿值时，根据尺寸误差情况，应注意补偿值的取值及正负号。

Z10.0 F30；或：G90 G17 G03 X0.0 Y30.0 R30.0 Z10.0 F30；

知识点 7　刀具长度补偿

1. 刀具长度补偿的概念

通常加工一个工件时，由于每把刀具的长度都不相同，同时，由于刀具的磨损或装夹引起刀具长度发生变化，如果在同一坐标系下执行如 G00 Z0.0 的指令时，由于刀具的长度是不同的，所以刀具端面到工件的距离也不同，如图 2-2-25 所示。如果频繁改变程序非常麻烦，且易出错。为此，事先测定出各刀具的长度，然后把它们与标准刀具长度的差（通常定为第 1 把刀）设定给数控系统。运行长度补偿程序，即使换刀，程序也不需要改变就可以加工，使刀具端面在执行 Z 轴定位（如 G00 Z0.0）的指令后距离工件的位置是相同的，如图 2-2-26 所示。这个功能称为刀具长度补偿功能。

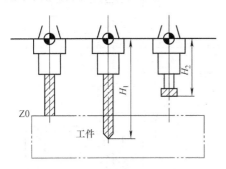

图 2-2-25　刀具长度补偿前

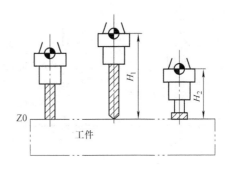

图 2-2-26　刀具长度补偿后

2. 刀具长度补偿指令

（1）指令格式

$$\begin{Bmatrix} G43 \\ G44 \end{Bmatrix} \begin{Bmatrix} G00 \\ G01 \end{Bmatrix} Z\_ H\_ F\_;$$

$$G49 \begin{Bmatrix} G00 \\ G01 \end{Bmatrix} Z\_ F\_;$$

（2）说明

1）G43 为正向偏置，指定刀具长度的正向补偿；G44 为负向偏置，指定刀具长度的反向补偿；G49 取消刀具长度补偿。

2）H 为刀具长度补偿值的存储地址。

3）F 为进给速度，G00 时不需要 F 值。

4）";"代表一个程序段的结束。

（3）注意事项

1）无论是绝对值指令，还是增量值指令，在 G43 时，把程序中 Z 轴移动指令终点坐标值加上用 H 代码指定的偏移量（设定在偏置存储器中）；G44 时，减去 H 代码指定的偏移量，然后把其计算结果的坐标值作为终点坐标值，如图 2-2-27 所示。实际应用中，常使用 G43 长度补偿，只有在特殊情况才使用 G44 指令。

① 执行 G43 时：Z 实际值 = Z 指令值 +（H××）。

② 执行 G44 时：Z 实际值 = Z 指令值 -（H××）。

2）刀具偏离工件的距离由补偿地址 H 中的设定值决定。所以执行 G43 或 G44 前要将刀具长度补偿值存入参数表中。

3）G43、G44 是模态 G 代码，它们可以相互抵销，在遇到同组其他 G 代码之前均有效。

4）长度补偿值可正可负，当改变长度补偿值的正负号时，相当于 G43、G44 互换。

5）刀具长度补偿指令可用于刀具 Z 向磨损补偿、更换新刀后刀长变化的补偿以及通过人为设定不同的补偿值，控制同一把刀具实现不同切深。

（4）举例　如图 2-2-28 所示，在某工件上钻两孔，采用刀具长度补偿指令，存储器号为 H01，Z 轴零点取在上表面。程序如下。

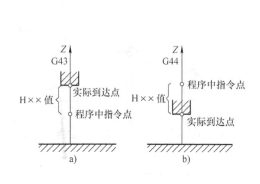

图 2-2-27　刀具长度补偿

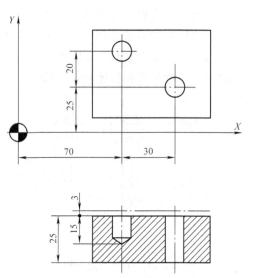

图 2-2-28　刀具长度补偿举例

O2201
N10 G54 G17 G90；
N20 S600 M03；
N30 G00 G43 Z25.0 H01；
N40 X700.0 Y45.0；
N50 G00 Z3.0；
N60 G01 Z-15.0 F100 M08；
N70 G04 P1000；
N80 G00 Z3.0；
N90 X100.0 Y25.0；
N100 G01 Z-30.0 F100；
N110 G00 Z25.0；
N120 X0.0 Y0.0 M09；
N130 G49 Z100.0 M05；
N140 M30；

本例中，若第一孔的深度出现误差，可通过修改 H01 中的补偿值的办法达到尺寸要求。例如加工后测得孔深为 14.5mm，比要求浅了 0.5mm（可能为对刀误差或刀具磨损等原因造成的），此时可通过 MDI 方式，修改 H01 中的补偿值，即在原偏移量上再加上一个 -0.5mm，这样钻孔时相对补偿前的孔深度就增加了 0.5mm，达到孔深要求。在修正补偿值时，根据尺寸误差情况，应注意补偿值的取值及正负号。

【技能准备】

技能点 1　铣刀的安装方法

将刀柄置于刀座上，将拉钉旋入刀柄的尾部，用扳手拧紧，刀柄装夹图如图 2-2-29 所示。将弹簧夹头装入到锁紧螺母中，然后将弹簧夹头和锁紧螺母一起旋入到刀柄的前端（不要拧紧）；然后将刀具插入到弹簧夹头中（一般使立铣刀的夹持柄部伸出弹簧夹头 3～5mm）；用月牙扳手拧紧锁紧螺母，装好的刀具如图 2-2-30 所示。用干净的抹布将刀柄锥部和主轴锥孔擦拭干净，将机床置于手动（JOG）工作方式下，按下主轴松刀按钮，将刀柄和刀具装入到主轴锥孔中（注意主轴端面键应插入到刀柄键槽中），按下主轴夹紧按钮（部分机床主轴松刀和主轴夹紧为同一按钮，按一次为松刀，再按一次为夹紧，松刀和夹紧往复循环），刀具安装完毕。

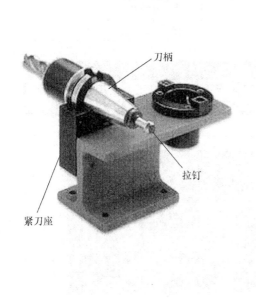

图 2-2-29　刀柄装夹图

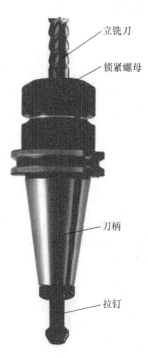

图 2-2-30　刀具安装在刀柄中

安装刀具时的注意事项。

1）拧紧拉钉时，其拧紧力要适中，拧紧力过大易造成拆卸困难甚至损坏拉钉，拧紧力过小会造成刀柄连接不可靠，加工时易发生事故。

2）安装直柄立铣刀时，一般使立铣刀的夹持柄部伸出弹簧夹头 3～5mm，伸出过长将降低刀具的铣削刚性。

3）禁止将加长套筒套在月牙扳手上拧紧刀柄，也不允许使用锤子敲击月牙扳手来紧固刀具，否则将会损坏月牙扳手或锁紧螺母。

4）装卸刀具时务必弄清扳手的旋转方向，特别是拆卸刀具时的旋转方向，否则将影响刀具的装卸甚至损坏锁紧螺母或刀柄。

5）安装铣刀时，铣刀应垫棉纱并握圆周，防止切削刃划伤手。

6）刀柄装入主轴锥孔前一定要把刀柄和锥孔擦拭干净，以免造成刀具与主轴不同轴。

技能点 2　刀具长度补偿的设置操作

当使用多把刀具加工一个工件时，除设置工件坐标系用的刀外，其他刀具还要设定长度补偿。不同的数控系统设置刀具补偿的页面会有所区别，FANUC 0i 系统设置刀具长度补偿的操作步骤见表 2-2-6。

表 2-2-6　FANUC 0i 系统设置刀具长度补偿的操作步骤

步骤	操作内容	操作示意（结果）图
1	在工件上表面（XY 基准面）上贴沾油纸片	
2	在手动的工作方式下，将要设置刀具长度补偿值的刀具安装到机床主轴上	
3	按下主轴正转按键，启动主轴	
4	选择"手动"或"手摇"工作方式	

项目 2　盘盖类零件数控编程与加工

(续)

步骤	操作内容	操作示意（结果）图
5	利用对刀的方法让刀具底刃轻触工件 XY 基准面纸片（纸片轻轻滑出）	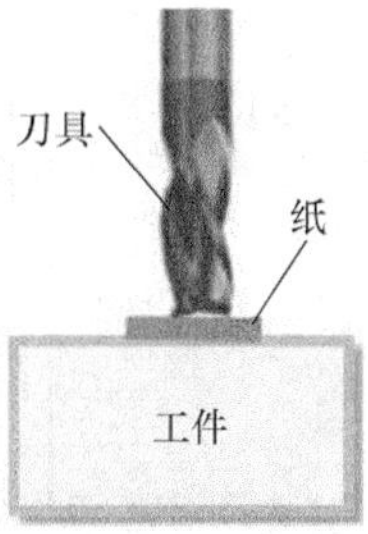
6	按"POS"键，选择坐标位置屏幕	 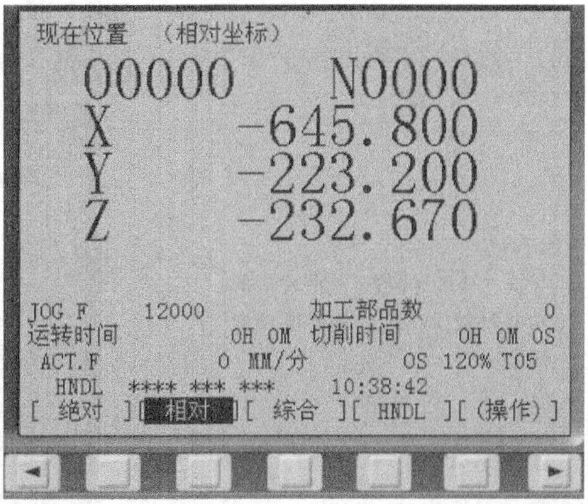
7	选择"绝对坐标"	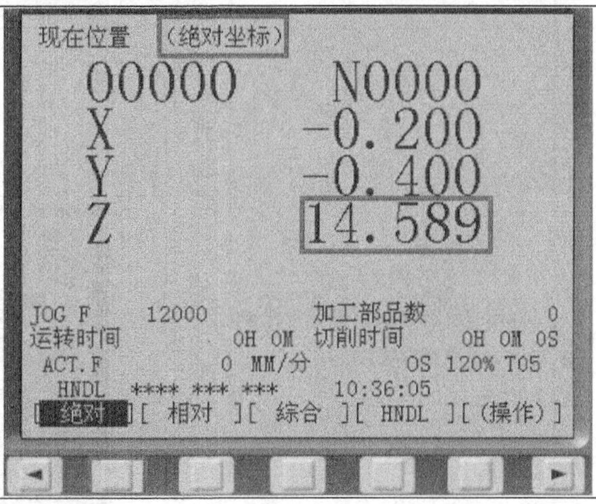
8	记录下 Z 轴的坐标值	$Z = 14.589\text{mm}$
9	计算刀具与标准刀具的长度差	$\Delta H = Z - t = 14.589\text{mm} - 0.08\text{mm} = 14.509\text{mm}$ （t 为纸的厚度）

（续）

步骤	操作内容	操作示意（结果）图
10	按"OFS/SET"，选择偏置/设置屏幕	
11	按"补正（偏置）"所对应的功能软键，进入刀具补偿设置页面	
12	利用光标移动键将光标移动到对应的长度补偿地址	

(续)

步骤	操作内容	操作示意（结果）图
13	运用MDI键盘在缓存区中输入ΔH值	
14	按"INPUT"键，刀具长度补偿设置完毕	

【任务实施】

步骤1　零件分析

图 2-2-1 所示内轮廓零件为简单零件，该零件毛坯尺寸为 100mm×100mm×20mm，型腔中带有心形凸台；尺寸标注完整，外轮廓尺寸下极限偏差为负，而型腔尺寸上极限偏差为正，心形凸台尺寸无公差要求，轮廓和型腔的深度方向公差要求一致，对零件无热处理和硬度要求，适宜采用数控铣床来加工。

步骤2　工艺制订

1. 确定定位基准和装夹方案

由于零件毛坯的上表面为方形，零件仅加工上半部分，且轮廓的加工深度不是很深，所以采用机用虎钳来定位装夹。铅垂面定位基准为零件的底面，另一定位基准为零件与固定钳口接触的侧面。装夹时注意选用合适规格的垫铁，确保工件露出钳口的高度要超过 6mm。内轮廓零件装夹示意图如图 2-2-31 所示。

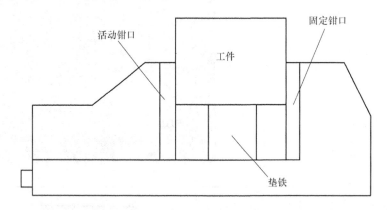

图 2-2-31　内轮廓零件装夹示意图

2. 选择刀具与切削用量

选择刀具时需要根据零件结构特征确定刀具类型，本任务中，加工工件的凹圆弧半径最小值为 R10mm，但是由于型腔中有一个心形凸台，故选择刀具尺寸时还要考虑到心形凸台与内轮廓之间的距离、加工效率和加工精度。本任务中，外轮廓采用 φ20mm 立铣刀加工，带心形凸台型腔采用 φ12mm 立铣刀加工，零件材料为 45 钢，刀具材料可选择高速工具钢。根据零件的精度要求和工序安排确定刀具几何参数及切削用量，见表 2-2-7。

表 2-2-7　刀具几何参数及切削用量表

序号	工作内容	刀具号	刀具规格	主轴转速 /(r/min)	进给量 /(mm/min)	背吃刀量/mm
1	粗铣外轮廓	T01	φ20mm 立铣刀	350	80	
2	精铣外轮廓	T01	φ20mm 立铣刀	500	60	0.2
3	粗铣内轮廓	T02	φ12mm 立铣刀	400	70	
4	精铣内轮廓	T02	φ12mm 立铣刀	600	50	0.2

3. 确定加工顺序

零件外轮廓的加工深度为 6mm，内轮廓的加工深度为 5mm，侧吃刀量不大，深度和外形除留精加工余量外，可一刀切完。内外轮廓单边留精加工余量 0.2mm。内轮廓零件数控加工工序卡见表 2-2-8。

表 2-2-8 内轮廓零件数控加工工序卡

内轮廓零件数控加工工序卡		零件图号		零件名称		材料		使用设备		
				内轮廓零件		45 钢		数控铣床		
工步号	工步内容	刀具号	刀具名称	刀具规格 /mm	主轴转速 /(r/min)	进给量 /(mm/min)	刀具半径补偿号	刀具长度补偿号	备注
1	粗铣外轮廓	T01	立铣刀	ϕ20	350	80	D01	H01	
2	精铣外轮廓	T01	立铣刀	ϕ20	500	60	D01	H01	
3	粗铣内轮廓	T02	立铣刀	ϕ12	400	70	D02	H02	
4	精铣内轮廓	T02	立铣刀	ϕ12	600	50	D02	H02	

步骤 3　程序编写

1. 建立工件坐标系

该零件形状为轴对称图形，尺寸标注采用对称标注，中心线为设计基准，所以编程零点取在工件上表面中心位置，如图 2-2-32 所示。

2. 确定刀具路径

由于加工中采用刀具半径补偿功能，可直接用工件轮廓编程，所以只需要计算工件轮廓上基点坐标即可，不需要计算刀心刀具路径及坐标。考虑到刀具寿命和工件的表面质量，数控铣床中刀具路径大都安排为顺铣，加工该工件在 XY 平面内的刀具路径如图 2-2-33 所示，图中 0 点为加工正方形外轮廓下刀点，0→1→2→4→5→0 为外轮廓的编程路线，6 点为加工内轮廓下刀点（螺旋下刀的起点和终点），6→7→8→9→…→14→8 为心形凸台的刀具路径，8→15 为凸台到圆形内轮廓的过渡线（切出和切入），同时 15 为圆形内轮廓的起点和终点，15→7→6 为切出和取消刀具半径补偿。

3. 计算节点坐标

结合图 2-2-33 刀具路径图，内轮廓零件手工编程节点坐标见表 2-2-9。

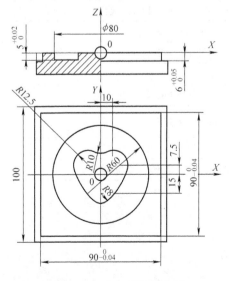

图 2-2-32　建立工件坐标系

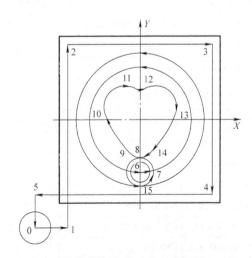

图 2-2-33　刀具路径图

表 2-2-9　内轮廓零件手工编程节点坐标

坐标点	坐标值	坐标点	坐标值	坐标点	坐标值
0	X-70，Y-70	6	X0，Y-31.5	12	X4.444，Y18.698
1	X-45，Y-70	7	X8.5，Y-31.5	13	X21.74，Y3.209
2	X-45，Y45	8	X0，Y-23	14	X5.325，Y-20.97
3	X45，Y45	9	X-5.325，Y-20.97	15	X0，Y-40
4	X45，Y-45	10	X-21.74，Y3.209		
5	X-70，Y-45	11	X-4.444，Y18.698		

4. 编写程序

手工编写零件加工程序，图 2-2-1 所示内轮廓零件的加工程序见表 2-2-10。

表 2-2-10　内轮廓零件的加工程序

程序内容	程序说明
O2211	程序号
N10 G54 G17 G90；	选择工件坐标系、加工平面和绝对值编程方式（φ20mm立铣刀）
N20 G43 H01 G00 Z100.0 M03 S350；	快速抬刀到安全高度，同时建立刀具长度补偿，启动主轴
N30 G40 X-70.0 Y-70.0；	快速定位到下刀点位置
N40 Z5.0 M08；	快速定位到参考高度，同时开切削液
N50 G01 Z-6.0 F80；	进给下刀到切削层的高度
N60 G41 D01 X-45.0 Y-70.0；	建立刀具半径补偿（左补偿）
N70 Y45.0；	切向切入，开始沿轮廓加工（顺时针、顺铣加工）
N80 X45.0；	沿轮廓加工正方形外轮廓
N90 Y-45.0；	
N100 X-70.0；	切向切出（含轮廓加工）
N110 G00 G40 X-70.0 Y-70.0 M09；	取消刀具半径补偿，同时关切削液
N120 G49 G00 Z200.0 M05；	快速抬刀到安全高度，同时取消刀具长度补偿
N130 M00；	程序暂停、手动换刀（φ12mm立铣刀）
N140 G43 H02 G00 Z100.0 M03 S400；	快速定位到安全高度，同时建立刀具长度补偿，启动主轴
N150 G40 G00 X0.0 Y-31.5；	快速定位到下刀点位置
N160 G00 Z0.2 M08；	快速定位到参考高度，同时开切削液
N170 G03 X0.0 Y-31.5 Z-5.0 J31.5 F70；	进给下刀到切削层的高度（螺旋下刀）
N180 G41 D01 G01 X8.5；	建立刀具半径补偿（左补偿）
N190 G03 X0.0 Y-23.0 R8.5；	切向切入，开始沿轮廓加工（顺时针、顺铣加工）
N200 G02 X-5.325 Y-20.97 R8.0；	
N210 G02 X-21.74 Y3.209 R60.0；	
N220 G02 X-4.444 Y18.698 R12.5；	
N230 G03 X4.444 Y18.698 R10.0；	沿轮廓加工心形凸台
N240 G02 X21.74 Y3.209 R12.5；	
N250 G02 X5.325 Y-20.97 R60.0；	
N260 G02 X0 Y-23.0 R8.0；	

(续)

程序内容	程序说明
N270 G03 X0 Y-40.0 R8.5;	心形凸台的切削切出与圆形内轮廓的切削切入
N280 G03 X0 Y-40.0 J40.0;	加工圆形内轮廓（顺时针、顺铣加工）
N290 G03 X8.5 Y-31.5 R8.5;	切向切出
N300 G01 G40 X0.0 F1500;	取消刀具半径补偿
N310 G00 G49 Z200.0 M09;	抬刀到安全高度，关闭切削液
N320 M30;	程序结束

步骤4　工具材料领用

完成本任务零件加工所需的工、刃、量、辅具清单见表2-2-11。

表2-2-11　工、刃、量、辅具清单

序号	名称	规　　格	数　量	备　　注
1	机用虎钳	QH160	1台	
2	扳手		1把	
3	垫铁		1副	
4	木锤子		1把	
5	游标卡尺	0~150mm/0.02mm	1把	
6	深度卡尺	0~200mm/0.02mm	1把	
7	指示表及表座	0~8mm/0.01mm	1套	
8	表面粗糙度样板	N0~N1 12级	1副	
9	高速工具钢立铣刀	ϕ20mm	1把	
10	高速工具钢立铣刀	ϕ12mm	1把	
11	材料	100mm×100mm×20mm（45钢）	1块	
12	其他辅具	铜棒、铜皮、毛刷等；计算器、相关指导书等	1套	选用

步骤5　零件加工

1) 按照工、刃、量、辅具清单领取相应的工、刃、量、辅具。

2) 开机上电。

3) 复位。

4) 返回机床参考点。

5) 装夹工件毛坯。

6) 装夹刀具并找正。

7) 对刀，建立工件坐标系。

8) 程序的输入。

9) 程序校验。

10) 零件加工。

11) 零件测量。

12) 校正刀具磨损值。

13) 加工合格后对机床进行相应的保养。

14) 按照工、刃、量、辅具清单归还相应的工、刃、量、辅具。

15）填写工作日志并关闭机床电源。

注意事项：

1）程序编好后，待教师检查无误方可运行。
2）运行时要用单段方式进行，且注意将机床的防护罩关闭。
3）出现紧急情况马上按急停按钮。
4）注意进给倍率的控制。

【检查评价】

加工完成后对零件进行去毛刺和尺寸的检测，外轮廓零件检测的评分表见表2-2-12。

表2-2-12 外轮廓零件检测的评分表

项目	序号	技术要求	配分	评分标准	得分
程序与工艺（15%）	1	程序正确完整	5	不规范每处扣1分	
	2	切削用量合理	5	不合理每处扣1分	
	3	工艺过程规范合理	5	不合理每处扣1分	
机床操作（20%）	4	刀具选择安装正确	5	不正确每次扣1分	
	5	对刀及工件坐标系设定正确	5	不规范每处扣1分	
	6	机床操作规范	5	不正确每次扣1分	
	7	工件加工正确	5	不正确每次扣1分	
工件质量（40%）	8	尺寸精度符合要求	30	不合格每处扣3分	
	9	表面粗糙度符合要求	8	不合格每处扣1分	
	10	无毛刺	2	不合格不得分	
文明生产（15%）	11	安全操作	5	出错全扣	
	12	机床维护与保养	5	不合格全扣	
	13	工作场所整理	5	不合格全扣	
相关知识及职业能力（10%）	14	数控加工基础知识	2	视情况酌情给分	
	15	自学能力	2		
	16	表达沟通能力	2		
	17	合作能力	2		
	18	创新能力	2		

【拓展训练】

拓展训练1

在数控铣床上完成图2-2-34所示内轮廓零件的加工。毛坯材料为45钢，尺寸为50mm×50mm×20mm。注意数控铣削刀具路径的安排，同时注意刀具半径补偿指令的运用。

拓展训练2

在数控铣床上完成图2-2-35所示零件内、外轮廓的加工，毛坯材料为45钢，尺寸为100mm×100mm×20mm。注意型腔铣削刀具路径的安排，同时注意刀具长度补偿指令的运用。

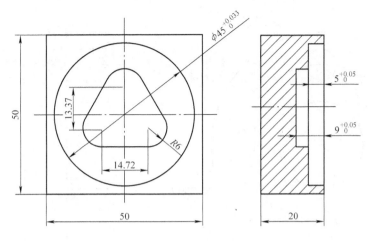

图 2-2-34　拓展训练 1 图

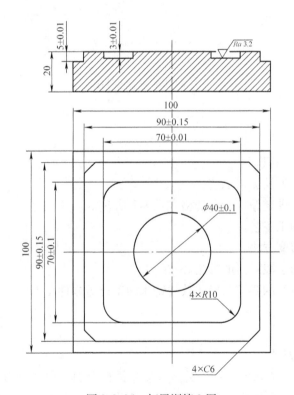

图 2-2-35　拓展训练 2 图

任务 2.3　孔的数控钻镗加工

【任务导入】

本任务要求在数控铣床上,采用自定心卡盘对零件进行定位装夹,用孔加工刀具加工图 2-3-1 所示的透盖零件。对透盖零件工艺编制、程序编写及数控钻镗加工全过程进行详细分析。

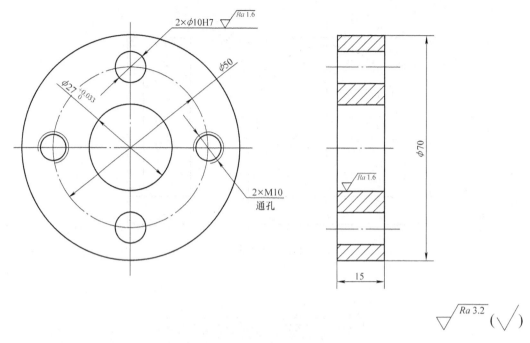

图 2-3-1 透盖零件图

【任务目标】

1. 了解孔加工刀具知识。
2. 熟练掌握孔的类型及加工工艺。
3. 熟练掌握孔加工固定循环指令的格式及编程方法。
4. 熟练掌握透盖加工工艺。
5. 熟练掌握钻头刃磨方法。
6. 熟练掌握使用指示表对刀的方法。
7. 遵守安全文明生产的要求,操作数控铣床加工透盖零件。

【知识准备】

知识点 1 孔加工刀具

孔加工刀具一般可分为两大类:一类是从实体材料上加工出孔的刀具,常用的有麻花钻、中心钻和深孔钻等;另一类是对工件上已有孔进行再加工的刀具,常用的有扩孔钻、铰刀及镗刀等。常用孔加工刀具及用途见表 2-3-1。

表 2-3-1 常用孔加工刀具及用途

铣刀名称	简图	用途
中心钻	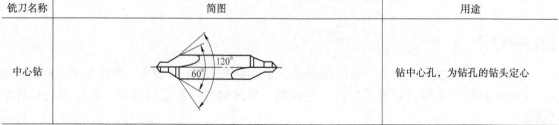	钻中心孔,为钻孔的钻头定心

（续）

铣刀名称	简图	用途
钻头		有直柄和锥柄两种，加工孔径较小
深孔钻		加工深径比较大的深孔
扩孔钻		在已加工孔的基础上扩大孔径
锪孔钻		加工沉孔
铰刀		铰孔，加工孔径精度较高
丝锥		攻螺纹
镗刀		加工孔径较大、精度要求较高的孔

1. 中心钻

中心钻用于加工中心孔。其有三种形式，即中心钻、无护锥60°复合中心钻及带护锥60°复合中心钻。中心钻在结构上与钻头类似。为节约刀具材料，复合中心钻常制成双端的。钻沟一般制成直的。复合中心钻工作部分由钻孔部分和锪孔部分组成。钻孔部分与钻头的一样，有倒锥度及钻尖几何参数。锪孔部分制成60°锥度，保护锥制成120°锥度。复合中心钻工作部分的外圆须经斜向铲磨，才能保证锪孔部分与钻孔部分的过渡部分具有后角。

2. 钻头

钻头是一种形状复杂的孔加工刀具，它的应用较为广泛。常用来钻精度较低和表面较粗糙的孔。用高速工具钢钻头加工的孔公差等级可达IT11~IT13，表面粗糙度可达$Ra6.3~25\mu m$；用硬质合金钻头加工时则分别可达IT10~IT11和$Ra3.2~12.5\mu m$。

3. 深孔钻

一般深径比（孔深与孔径比）为5~10的孔即为深孔。加工深径比较大的深孔可用深孔钻。深孔钻的结构有多种形式，常用的主要有外排屑深孔钻、内排屑深孔钻、喷吸钻等。

4. 扩孔钻

扩孔钻用于已有孔的扩大，一般加工公差等级可达IT10~IT11，表面粗糙度可达$Ra3.2~12.5\mu m$，通常作为孔的半精加工刀具。扩孔钻的类型主要有两种，即整体锥柄扩孔钻和套式扩孔钻。

5. 锪孔钻

锪孔钻用于加工各种埋头螺钉沉头座、锥孔、凸台面等。其优点如下。

1）定位精度高，不需要使用钻套。

2）大螺旋角，排屑速度快，适用于高速切削。

3）在排屑槽全长范围内，钻头直径是一个倒锥，钻削时与孔壁的摩擦小，钻孔质量较高。

6. 铰刀

铰刀是用于孔的精加工和半精加工的刀具。由于是精加工，故加工余量一般很小，这就要求铰刀的齿数多、修光刃长，为此其加工精度及表面粗糙度都必须较高，才能适合工作的需要。铰刀通常用来加工圆柱形孔，有时也可用来加工锥形孔，加工锥形孔的铰刀是锥形铰刀。按其使用情况可分为手用铰刀和机用铰刀，机用铰刀又可分为直柄铰刀和锥柄铰刀。铰刀的规格以其加工工作部分直径划分，手用铰刀为$\phi2.8~\phi22mm$，直柄机用铰刀为$\phi2.8~\phi20mm$，锥柄机用铰刀为$\phi10~\phi23mm$。铰刀由工作部分、颈部及柄部三部分组成。工作部分主要有切削部分和校准部分，校准部分由圆柱部分与倒锥部分组成。

7. 丝锥

丝锥用于与其主要参数相同的内螺纹的切削或修整。在加工小规格螺孔时，丝锥几乎是唯一的加工工具。丝锥常分为手用丝锥、机用丝锥、螺母丝锥（用于在螺母加工机床上切制螺纹）、板牙丝锥（用于切制和校正板牙螺纹）、管螺纹丝锥和锥形螺纹丝锥等。通常，丝锥由工作部分和柄部构成。工作部分又分为切削部分和校准部分，前者磨有切削锥，担负切削工作，后者用以校准螺纹的尺寸和形状。

8. 镗刀

镗刀是专门用于对已有的孔进行粗加工、半精加工或精加工的刀具。根据结构形式镗刀可分为倾斜式镗刀和直角式镗刀，前者主要用于加工通孔，后者主要用于加工不通孔和沉孔根据切削刃数，镗刀分为单刃镗刀和双刃镗刀，单刃镗刀切削部分的形状与车刀相似。双刃镗刀有两个分布在中心两侧同时切削的刀齿，由于切削时产生的径向力互相平衡，可加大切削用量，生产效率高。双刃镗刀按刀片在镗杆上浮动与否分为浮动镗刀和定装镗刀。浮动镗刀适用于孔的精加工。它实际上相当于铰刀，能镗削出尺寸精度高和表面光洁的孔，但不能修正孔的直线度偏差。为了提高重磨次数，浮动镗刀常制成可调结构。

根据应用场合，镗刀又可分为粗镗刀和精镗刀，粗镗刀主要用于大孔的半精加工以及为精加工做准备。而为了使孔获得高的尺寸精度，精加工用镗刀的尺寸需要准确地调整。微调镗刀可以在机床上精确地调节镗孔尺寸，它有一个精密游标刻线的指示盘，指示盘同装有镗刀头的心杆组成一对精密丝杠副机构。当转动螺母时，装有刀头的心杆即可沿定向键做直线移动，借助游标刻度，其分度值可达 0.001mm。镗刀的尺寸也可在机床外用对刀仪预调。

知识点 2　孔加工刀具选择

1. 孔加工刀具的选择步骤

1）确定孔的直径、深度和质量要求，同时考虑生产经济性和切削可靠性等。

2）选择钻头类型。选择用于粗加工和精加工孔的钻头；检查钻头是否适合工件材料、孔的质量要求和是否能提供最佳的经济性。

3）选择钻头牌号和槽型。如果选择了可转位刀片钻头，必须单独选择刀片。找到适合孔直径的刀片，选择推荐用于工件材料的槽型和牌号。

4）选择刀柄类型。许多钻头有不同的安装方式，找出适合于机床的类型。

5）确定工艺参数。根据不同加工材料的性能，确定切削速度、进给量等。

2. 钻头的选择

相对机床和工艺来说，整体硬质合金钻头和焊接式麻花钻头采用较低的切削速度和较大的进给量，而可转位刀片钻头使用高切削速度和小进给量。钻头的运用场合见表 2-3-2。

表 2-3-2　钻头的运用场合

孔型	类型	应用
小直径孔	高速工具钢钻头、整体硬质合金钻头、焊接硬质合金钻头	在高速切削场合，应尽量使用硬质合金钻头，以获得高生产效率。当安装的稳定性比较差，硬质合金钻头的稳定性得不到保证时，可以用高速工具钢钻头作为补充选择
中等直径孔	可转位刀片钻头、焊接硬质合金钻头、镶嵌冠硬质合金钻头	在需要小公差或孔深限制了可转位刀片钻头的使用时，可选择焊接硬质合金钻头。当钻削不平表面时，或孔是预钻的或需要钻削交叉孔时，可转位刀片钻头常常是唯一的选择
大直径孔	可转位刀片钻头、套孔钻	一般情况下使用可转位刀片钻头。当机床功率受到限制时，则应使用套孔钻，而不是实体钻

知识点 3　孔的分类

1. 按孔的深浅分

按孔的深浅分浅孔和深孔两类。当深径比（孔深与孔径之比）小于 5 时为浅孔，大于等于 5 时为深孔。浅孔加工可直接编程加工或调用钻孔循环；深孔加工因排屑困难、冷却困难，钻削时应调用深孔钻削循环加工。

2. 按工艺用途分

孔的分类及加工方法见表2-3-3。

表2-3-3 孔的分类及加工方法

序号	种类	特点	加工方法
1	中心孔	定心作用	钻中心孔
2	螺孔	孔径大小不一，精度较低	钻孔、扩孔、铣孔
3	工艺孔	孔径大小不一，精度较低	钻孔、扩孔、铣孔
4	定位孔	孔径较小、精度较高、表面质量高	钻孔+铰孔
5	支承孔	孔径大小不一、精度较高、表面质量高	钻孔+镗孔（钻孔+铰孔）
6	沉孔	精度较低	锪孔

此外，孔还有其他一些分类方法。例如有通孔和不通孔之分，有阶梯孔、直孔和螺孔之分等。

知识点4 孔的加工工艺

1. 孔的加工方法

孔加工的特点是刀具在 XY 平面内定位到孔的中心，然后刀具在 Z 向做一定的切削运动。孔的直径由刀具的直径来决定。根据实际选用刀具和编程指令的不同，数控铣床可以实现钻孔、铰孔、镗孔、攻螺纹等孔加工的形式。一般来说，较小的孔可以用钻头一次加工完成，较大的孔可以先钻孔再扩孔，或用镗刀进行镗孔，也可以用铣刀按轮廓加工的方法铣出相应的孔。如果孔的位置精度要求较高，可以先用中心钻钻出孔的中心位置，刀具在 Z 方向的切削运动可以用插补命令G01来实现，但一般都使用钻孔固定循环指令来实现孔的加工。

（1）钻孔 钻孔主要用于加工螺孔、铰削前预加工孔、镗孔前预加工孔及加工铆钉孔等精度较低和表面质量要求不高的孔。

（2）扩孔 扩孔是在已有孔的基础上，做铰孔或磨孔前的预加工扩孔以及毛坯孔的扩大，扩孔所用的刀具是扩孔钻或麻花钻，扩孔钻的结构与麻花钻相似，但切削刃有3~4个。扩孔具有下列特点。

1）切削刃不是自外圆延续到中心，避免了横刃加工时阻力的影响，加工质量比钻孔高。

2）切屑窄、易排除，排屑槽可做得较小、较浅，钻头刚度较好。

3）导向性较好、切削较平稳，可校正孔的轴向偏差。

4）一般为半精加工，也可作为精加工。

5）生产率高，在成批或大量生产时应用较广。

（3）锪孔 所谓锪孔就是用锪孔钻在孔端加工出圆锥形沉孔、圆柱形沉孔或平面的加工过程。锪孔的操作与钻孔大致相同，只是在刃具上有所不同，锪孔钻是用多刃的刀具。锪孔钻大多用高速工具钢制造，只有加工端面凸台的大直径端面锪孔钻用硬质合金制造。锪孔的三种形式如图2-3-2所示。

1）锪圆柱形沉孔。用来锪螺钉圆柱形沉孔，为了保持圆孔与沉头锪孔同心，这种锪孔钻切削部分的前端导柱，应与圆孔配合适当，并且在加工时加润滑油。

2）锪圆锥形沉孔。用来锪孔口倒角，以及锪螺钉和铆钉的锥形沉孔。这种锪孔钻顶角有60°、90°、120°三种。

3）锪凸台平面。用于锪螺母和铆钉的支承平面，其端面上有切削刃，刀杆切削部分的前端有导柱插入圆孔内,以保持加工平面与圆孔的垂直度。

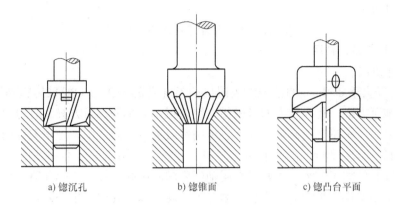

图 2-3-2 锪孔的三种形式

(4) 铰孔

1) 铰孔是用铰刀从工件孔壁上切除微量金属层,以提高其尺寸精度和减小其表面粗糙度值的半精加工或精加工方法。铰孔作为孔的精加工方法之一,铰孔前应安排用麻花钻钻孔等粗加工工序(钻孔前还需用中心钻钻中心孔定心)。

2) 铰削余量不能太大也不能太小,余量太大铰削困难;余量太小,前道工序加工痕迹无法消除。一般粗铰余量为 0.15~0.3mm,精铰余量为 0.04~0.15mm。若铰孔前采用钻孔、扩孔等工序,则铰削余量主要由所选择的钻头直径确定。

3) 铰孔的加工公差等级可高达 IT6~IT7,表面粗糙度 Ra 0.4~0.8μm,常作为孔的精加工方法之一,尤其适用于精度高的小孔的精加工。圆柱孔、圆锥孔、通孔和不通孔都可用铰刀铰孔。

(5) 铣孔 铣孔是在数控铣床上用铣刀对孔进行铣削加工的一种方法。铣孔通常用键槽铣刀铣削,铣孔前需用中心钻钻中心孔定心,然后用麻花钻钻基(底)孔。

(6) 镗孔

1) 镗孔是对锻出、铸出或钻出孔的进一步加工,镗孔可扩大孔径、提高精度、减小表面粗糙度,还可以较好地纠正原来孔轴线的偏斜。镗孔可以分为粗镗、半精镗和精镗。精镗孔的尺寸公差等级可达 IT7~IT8,表面粗糙度 Ra 值 0.8~1.6μm。

2) 镗孔作为孔的精加工方法之一,之前还需安排钻孔(含钻中心孔定心)、扩孔、铣孔等粗、半精加工工序,最后用镗刀进行加工。

(7) 攻螺纹与套螺纹

1) 螺纹可用机械加工和手工加工,对于直径较小的内螺纹一般可用丝锥攻螺纹,直径较小的外螺纹可用板牙套螺纹;直径较大的螺纹可采用车削、旋风铣削等机械加工的方法。

2) 攻内螺纹时丝锥主要用来切削金属,但也有挤压金属的作用。加工塑性好的材料时,挤压作用尤其显著。因此攻螺纹前的底孔直径(即钻孔直径)必须大于螺纹标准中规定的公称直径。一般用下列经验公式计算内螺纹底孔钻头直径 d_0

对钢料及韧性金属 $\quad d_0 \approx D - P$

对铸铁及脆性金属 $\quad d_0 \approx D - (1.05 \sim 1.1)P$

式中 d_0——底孔直径(mm);

d——公称直径(mm);

P——螺距(mm)。

3）攻不通孔的螺纹时，因丝锥不能攻到底，所以孔的深度要大于螺孔深度，不通孔深度可按下列公式计算

$$孔的深度 = 所需螺孔深度 + 0.7D$$

2. 孔的加工方案的确定

（1）普通孔加工

1）对于直径大于 $\phi30mm$ 的已铸出或锻出的毛坯孔的加工，一般采用粗镗→半精镗→孔倒角→精镗的加工方案，孔径较大的可采用立铣刀粗铣→精铣加工方案。有退刀槽时可用锯片铣刀在半精镗之后、精镗之前铣削完成，也可用镗刀进行单刀镗削，但单刀镗削效率较低。

2）对于直径小于 $\phi30mm$ 的无毛坯孔的加工，通常采用锪平端面→钻中心孔→钻孔→扩孔→孔倒角→铰孔的加工方案。尤其对有同轴度要求的小孔，钻中心孔前需要采用锪平端面的加工方案。孔倒角安排在半精加工之后、精加工之前，以防孔内产生毛刺。

（2）螺纹加工

1）螺纹的加工应根据孔径的大小分别进行处理，一般情况下，直径在 M6～M20 之间的螺纹用攻螺纹的方法加工。直径在 M6 以下的螺纹，在完成基孔（底孔）加工后再通过手工加工。直径在 M20 以上的螺纹，可采用镗刀镗削加工。

2）铣削加工方法的选择原则：保证加工表面的加工精度和表面粗糙度要求的前提下还要结合零件的形状、尺寸大小和热处理要求等综合考虑。例如，对于 IT7 的孔采用镗削、铰削、磨削等加工方法均可达到精度要求，但箱体上的孔一般采用镗削或铰削。一般小尺寸的箱体孔宜选择铰孔，当孔径较大时则应选择镗孔。

知识点 5　孔加工质量的影响因素及控制方法

1. 孔加工质量的影响因素

（1）机床的几何误差引起的误差　加工中刀具相对于工件的成形运动一般都是通过机床完成的，因此，工件的加工精度在很大程度上取决于机床的精度。机床制造误差对工件加工精度影响较大的有主轴回转误差、导轨误差和传动链误差。

1）主轴回转误差。机床主轴是装夹工件或刀具的基准，并将运动和动力传给工件或刀具，主轴回转误差将直接影响被加工工件的精度。

2）导轨误差。导轨是机床上确定各机床部件相对位置关系的基准，也是机床运动的基准。除了导轨本身的制造误差外，导轨的不均匀磨损和安装质量，也是造成导轨误差的重要因素。导轨磨损是机床精度下降的主要原因之一。

3）传动链误差。传动链误差是指传动链始末两端传动元件间相对运动的误差。一般用传动链末端元件的回转误差来衡量。

（2）刀具的几何误差引起的误差　刀具误差对加工精度的影响随刀具种类的不同而不同。采用定尺寸刀具、成形刀具、展成刀具加工时，刀具的制造误差会直接影响工件的加工精度；而对一般刀具（如车刀等），其制造误差对工件加工精度无直接影响。

（3）夹具的几何误差引起的误差　夹具的作用是使工件相对于刀具和机床具有正确的位置，因此夹具的制造误差对工件的加工精度（特别是位置精度）有很大影响。

（4）工艺系统受力变形引起的误差

1）机械加工工艺系统在切削力、夹紧力、重力、传动力等的作用下，会产生相应的变形，从而破坏了刀具和工件之间正确的相对位置，使工件的加工精度下降。

2）工艺系统中如果工件刚度相对于机床、刀具、夹具来说比较低，在切削力的作用下，工件由于刚度不足而引起的变形对加工精度的影响就比较大。

3) 镗直径较小的内孔，刀杆刚度很差，刀杆受力变形对孔的加工精度就有很大影响。

4) 影响机床部件刚度的因素有结合面接触变形的影响、摩擦力的影响、低刚度零件的影响、间隙的影响。

(5) 工艺系统刚度引起的误差

1) 加工过程中，由于工件的加工余量发生变化、工件材质不均等因素引起的切削力变化，使工艺系统变形发生变化，从而产生加工误差。工件在装夹过程中，如果工件刚度较低或夹紧力的方向和施力点选择不当，将引起工件变形，造成相应的加工误差。

2) 若要减少工艺系统变形，就应提高工艺系统刚度，减少切削力并压缩它们的变动幅值。合理地选择刀具材料，增大前角和主偏角，对工件材料进行合理的热处理以改善材料的可加工性等，都可使切削力减小。

(6) 工艺系统受热变形引起的误差　工艺系统热变形对加工精度的影响比较大，特别是在精密加工和大件加工中，由热变形所引起的加工误差有时可占工件总误差的40%~70%。机床、刀具和工件受到各种热源的作用，温度会逐渐升高，同时它们也通过各种传热方式向周围的物质和空间散发热量。当单位时间传入的热量与其散出的热量相等时，工艺系统就达到了热平衡状态。

(7) 内应力重新分布引起的误差　没有外力作用而存在于零件内部的应力，称为内应力。工件一旦产生内应力之后，就会使工件金属处于一种高能位的不稳定状态，它本能地要向低能位的稳定状态转化，并伴随变形发生，从而使工件丧失原有的加工精度。

2. 孔加工质量的控制方法

加工中心加工零件时，其加工质量是由机床、刀具、热变形、工件余量的复映误差、测量误差和振动等因素综合影响的结果。提高产品质量，主要有下面一些途径和方法。

(1) 解决加工中心本身所造成的加工质量问题

1) 提高机床导轨的直线度、平行度。

2) 定期检测机床工作台的水平。

3) 提高机床三坐标轴之间的垂直度。

4) 提高主轴的回转精度及回转刚度。

(2) 解决刀具方面所造成的加工质量问题

1) 针对不同的工件材料，选择合适的刀具材料。

2) 刃磨合理的切削角度。

3) 选择合理的切削用量。

4) 针对不同的工件材料，选择不同的切削液。

(3) 解决工件原始精度所造成的加工质量问题

1) 加工中应严格执行粗、精分开的原则。

2) 工件在粗加工后，应有充分的时间使工件达到热平衡。

3) 达到热平衡后，进行精加工。

(4) 解决热变形造成的加工质量问题

1) 采用有利于减少切削热的各项措施。

2) 使工件充分冷却或预热，以达到热平衡。

3) 合理选用切削液。

(5) 解决振动造成的加工质量问题

1) 合理选择切削用量及刀具的几何参数。

2）提高机床、工件及刀具的刚度,增加工艺系统的抗振性。
3）减少或消除振源的激振力。
4）调节振动源频率。

知识点6 孔加工固定循环动作顺序

数控铣床加工孔时,采用固定循环功能,能够缩短程序,使编程简单,但并不会提高加工效率。FANUC 系统孔加工固定循环见表 2-3-4。

表 2-3-4 FANUC 系统孔加工固定循环

G 代码	加工运动（Z 轴负向进刀）	孔底动作	返回运动（Z 轴正向退刀）	应用
G73	分次,切削进给	无	快速定位进给	高速深孔钻削
G74	切削进给	暂停－主轴正转	切削进给	攻左旋螺纹
G76	切削进给	主轴定向,让刀	快速定位进给	精镗循环
G80	无	无	无	取消固定循环
G81	切削进给	无	快速定位进给	普通钻削循环
G82	切削进给	暂停	快速定位进给	钻削或粗镗削
G83	分次,切削进给	无	快速定位进给	深孔钻削循环
G84	切削进给	暂停——主轴反转	切削进给	攻右旋螺纹
G85	切削进给	无	切削进给	镗削循环
G86	切削进给	主轴停	快速定位进给	镗削循环
G87	切削进给	主轴正转	快速定位进给	反镗削循环
G88	切削进给	暂停——主轴停	手动	镗削循环
G89	切削进给	暂停	切削进给	镗削循环

孔加工固定循环由 6 个顺序动作组成,如图 2-3-3 所示。

动作 1:刀具在安全平面高度,定位孔中心位置。

动作 2:刀具沿 Z 轴快速移动到 R 点（即参考平面高度）。R 点是刀具进给由快速移动转变为切削的转换点,从 R 点位置始,刀具以进给速度下刀。R 点距工件表面距离称为切入距离。通常在已加工表面上钻孔、镗孔、铰孔,切入距离为 2～5mm;在毛坯面上钻孔、镗孔、铰孔,切入距离为 5～8mm;攻螺纹时,切入距离为 5～10mm;铣削时,切入距离为 5～10mm。

动作 3:刀具切削进给,加工到孔底。

动作 4:在孔底的动作,包括进给暂停、主轴反转（变向）、主轴停或主轴定向停止等。

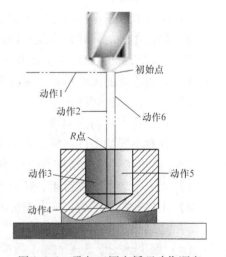

图 2-3-3 孔加工固定循环动作顺序

动作 5:从孔中退出,返回到 R 点（参考平面）。

动作 6:刀具快速返回到初始点（安全平面）,循环结束。

知识点7 孔加工固定循环指令格式

孔加工固定循环指令的基本格式如下

$$\begin{Bmatrix} G90 \\ G91 \end{Bmatrix} \begin{Bmatrix} G98 \\ G99 \end{Bmatrix} \begin{Bmatrix} G73 \\ \cdots \\ G89 \end{Bmatrix} X\_Y\_Z\_R\_P\_Q\_F\_K\_;$$

在 G73/G74/G76/G81~G89 后面，给出孔加工参数，格式如下

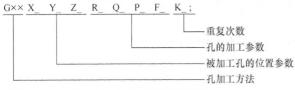

孔加工固定循环程序段参数说明见表 2-3-5。

表 2-3-5 孔加工固定循环程序段参数说明

参数	含义	说明
G	孔加工方式	见表 2-3-4
G90、G91	坐标方式	G90 用绝对坐标值编程；G91 用增量坐标值编程
G98、G99	返回平面	G99 指刀具从孔底返回到 R 点；G98 指刀具从孔底返回到安全平面，如图 2-3-4 所示
X、Y	孔位	指定被加工孔中心的位置
Z	孔深	绝对值方式指 Z 轴孔底的位置，增量值方式指从 R 点到孔底的矢量
R	安全平面	绝对值方式指 R 点的位置，增量值方式指从初始点到 R 点的矢量
Q	每次进给量	指定 G73 和 G83 中的 Z 向进给量；G76 和 G87 中退刀的偏移量（无论 G90 或 G91，总是增量值指令）
P	孔底暂停时间	孔底动作，指定暂停时间，单位为 s
F	进给速度	切削进给速率。从初始点到 R 点及从 R 点到初始点的运动以快速进给的速度进行，从 R 点到孔深的运动以 F 指定的进给速度进行
K	重复次数	指定当前定位孔的重复次数，如果不指定 K，数控系统认为 K=1

注：表中参数在各孔加工固定循环指令中并不一定同时存在，具体参考本任务知识点 8。

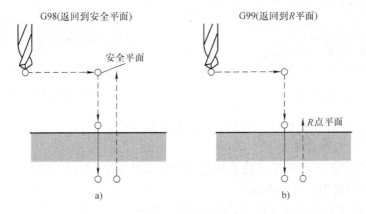

图 2-3-4 选择返回平面指令 G98、G99

注意：孔加工固定循环是模态的。使用 G80 或 G00~G03 指令可以取消固定循环。孔加工参数（K 除外）也是模态的，在被改变或固定循环被取消之前也会一直保持。

知识点 8　孔加工固定循环指令

固定循环图中使用符号含义如图 2-3-5 所示。

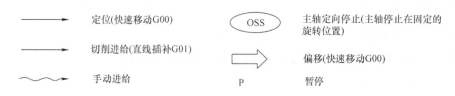

图 2-3-5　固定循环图中使用符号含义

1. 钻孔加工循环（G81、G82、G73、G83）

(1) 钻孔循环 G81（图 2-3-6）

1) 格式：G98/G99 G81 X_Y_Z_R_F_K_；

2) 说明：主要用于中心钻加工定位孔和一般孔的加工。

3) 钻孔过程：在指定 G81 之前用辅助功能 M 代码使主轴旋转，刀具在安全平面内沿着 X、Y 轴定位到孔轴线上方（初始点），快速移动到 R 点。从 R 点到 Z 点执行钻孔加工。然后刀具快速移动退回。

(2) 钻孔循环、锪镗循环 G82（图 2-3-7）

1) 格式：G98/G99 G82 X_Y_Z_R_P_F_K_；

2) 说明：图中符号"P"表示暂停，单位 ms，以整数表示。由于在孔底有进给暂停，孔底平整、光滑，适用于不通孔、锪孔加工。

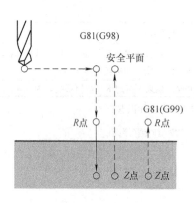

图 2-3-6　钻孔循环 G81

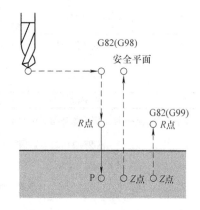

图 2-3-7　钻孔循环、锪镗循环 G82

(3) 高速啄式深孔钻孔循环（断屑）G73（图 2-3-8）

1) 格式：G98/G99 G73 X_Y_Z_R_Q_F_K_；

2) 说明：刀具沿着 Z 轴啄式往复间歇进给，每次进给量为 q 值，d 为退刀量（NC 默认），这使切屑容易断裂，从孔中排出。

(4) 深小孔啄式钻孔循环（排屑）G83（图 2-3-9）

1) 格式：G98/G99 G83 X_Y_Z_R_Q_F_K_；

2) 说明：G83 用于啄式深孔加工。该循环中的 q 和 d 与 G73 循环中的含义相同。其区别在：G83 中每次进刀 q 后，以"G00"快速返回到 R 点，更有利于深小孔加工中的排屑。

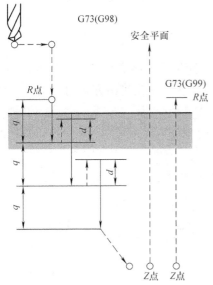
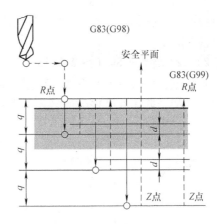

图 2-3-8　高速啄式深孔钻孔循环（断屑）G73　　　图 2-3-9　深小孔啄式钻孔循环（排屑）G83

2. 攻螺纹循环 G84、G74

（1）攻右旋螺纹循环 G84（图 2-3-10）

1）格式：G98/G99 G84 X_Y_Z_R_P_F_K_;

2）说明：此指令需先使主轴正转，再执行 G84 指令，则丝锥先快速定位至 X_、Y_ 所指定的坐标位置，再快速定位到 R 点，接着以 F 所指定的进给速率攻螺纹至 Z 点，主轴转换为反转且同时 Z 轴正向退回至 R 点，退至 R 点后主轴恢复原来的正转。

（2）攻左旋螺纹循环 G74（图 2-3-11）

1）格式：G98/G99 G74 X_Y_Z_R_P_F_K_;

2）说明。

① 此指令需先使主轴反转，再执行 G74 指令，丝锥先快速定位至 X_、Y_ 所指定的坐标位置，再快速定位到 R 点，接着以 F 所指定的进给速率攻螺纹至 Z 点，主轴转换为正转且同时向 Z 轴正方向退回至 R 点，退至 R 点后主轴恢复原来的反转。

② 在 G84、G74 攻螺纹循环指令执行中，进给速率调整钮无效；加工过程中按下进给暂停键，循环在回复动作结束之前也不会停止。

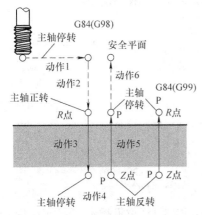
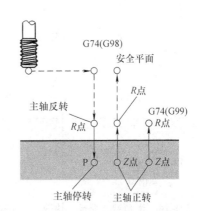

图 2-3-10　攻右旋螺纹循环 G84　　　　　　　图 2-3-11　攻左旋螺纹循环 G74

3. 铰孔循环（G85/G89）

（1）铰孔循环 G85（图 2-3-12）

1）格式：G98/G99 G85 X _ Y _ Z _ R _ F _ K _ ;

2）说明：铰刀先快速定位至 X _、Y _ 所指定的坐标位置，再快速定位至 R 点，接着以 F 所指定的进给速度向下铰削至 Z _ 所指定的孔底位置后，仍以切削进给方式向上抬刀。故此指令适宜铰孔。

（2）铰孔循环 G89（图 2-3-13）

1）格式：G98/G99 G89 X _ Y _ Z _ R _ P _ F _ K _ ;

2）说明：除了在孔底位置暂停 P 所指定的时间外，其余与 G85 相同。

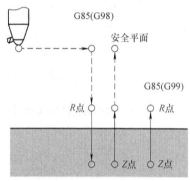

图 2-3-12　铰孔循环 G85　　　　　　　图 2-3-13　铰孔循环 G89

4. 镗孔循环（G86/G88/G76/G87）

（1）半精镗孔循环、快速返回 G86（图 2-3-14）

1）格式：G98/G99 G86 X _ Y _ Z _ R _ F _ K _ ;

2）说明：除了在孔底位置主轴停转并以快速进给向上抬刀外，其余与 G81 相同。

（2）镗孔循环、手动退回 G88（图 2-3-15）

1）格式：G98/G99 G88 X _ Y _ Z _ R _ F _ K _ ;

2）说明：在孔底暂停 P 所指定的时间且主轴停转，操作者可用手动微调方式将刀具偏移后往上抬刀。欲恢复程控时，则将操作模式设于"自动执行"再按"程序执行"键，其余与 G82 相同。

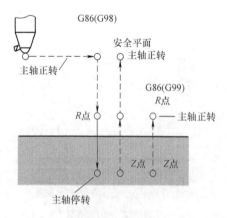

图 2-3-14　半精镗孔循环、快速返回 G86

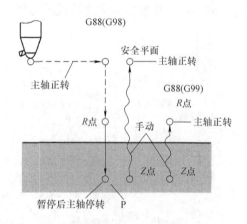

图 2-3-15　镗孔循环、手动退回 G88

(3) 精镗孔循环 G76

1) 格式：G98/G99 G76 X_Y_Z_R_Q_F_K_;

2) 说明：如图 2-3-16a 所示，镗刀先快速定位至起始点，再快速定位到 R 点，接着以 F 指定的进给速度镗孔至 Z_指定的深度后，主轴定向停止，使刀尖指向一固定的方向后，镗刀中心偏移，使刀尖离开加工孔面，这样镗刀快速退出孔外时，才不致于刮伤孔面。当镗刀退回到 R 点或安全平面时，刀具中心即恢复原来位置，且主轴恢复转动。

图 2-3-16b 所示的偏移量用 Q 指定。Q 值一定是正值（Q 不可用小数点方式表示数值，如欲偏移 1.0mm 应写成 Q1000），偏移方向可用参数设定选择 + X、+ Y、- X 及 - Y 的任何一个。Q 值不能太大，以避免碰撞工件。

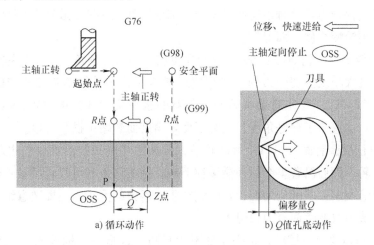

图 2-3-16　精镗孔循环 G76

(4) 背（反）镗孔循环 G87

1) 格式：G98/G99 G87 X_Y_Z_R_Q_F_K_;

2) 说明：如图 2-3-17a 所示，刀具运动到起始点 B (X, Y) 后，主轴定向停止，刀具沿刀尖所指的反方向偏移 Q 值，然后快速运动到孔底位置，接着沿刀尖所指方向偏移回 E 点，

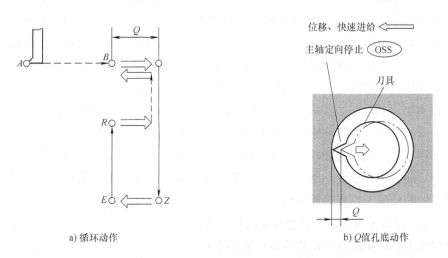

图 2-3-17　背（反）镗孔循环 G87

主轴正转，刀具向上进给运动，到 R 点，主轴又定向停止，刀具沿刀尖所指的反方向偏移 Q 值，如图 2-3-17b 所示，快退，沿刀尖所指正方向偏移到 B 点，主轴正转，本加工循环结束。

【技能准备】

技能点 1　钻头的刃磨方法

钻头的刃磨质量直接关系到钻孔质量和钻削效率。钻头刃磨时一般只刃磨两个主后面，但同时要保证后角、顶角和横刃斜角正确。刃磨得不正确的钻头，由于切削不均匀，会使钻头很快磨损，加工的孔径增大。刃磨钻头时要注意以下几点。

(1) 刃口要与砂轮面摆平　磨钻头前，先要将钻头的主切削刃与砂轮面放置在一个水平面上，也就是说，保证刃口接触砂轮面时整个刃都要磨到。这是摆放钻头与砂轮相对位置的第一步，位置摆好再慢慢往砂轮面上靠。

(2) 钻头轴线要与砂轮面倾斜 60°　这个角度就是钻头的顶角，若此时的角度不对，则直接影响钻头顶角的大小及主切削刃的形状和横刃斜角（这里是指钻头轴线与砂轮表面之间的位置关系，取 60° 即可）。要注意钻头刃磨前相对的水平位置和角度位置，两者要统筹兼顾，不要为了摆平刃口而忽略了摆好角度，或为了摆好角度而忽略了摆平刃口。

(3) 由刃口往后磨后面　刃口接触砂轮后，要从主切削刃往后面磨，也就是从钻头的刃口先开始接触砂轮，而后沿着整个后面缓慢往下磨。钻头切入时可轻轻接触砂轮，先进行较少量的刃磨，并注意观察火花的均匀性，及时调整手上压力的大小，还要注意钻头的冷却，不能让其磨过火，造成刃口变色而至刃口退火。

(4) 钻头的刃口要上下摆动，钻头尾部不能起翘　这是一个标准的钻头磨削动作，主切削刃在砂轮上要上下摆动，也就是握钻头前部的手要均匀地将钻头在砂轮面上上下摆动。而握柄部的手却不能摆动，还要防止后柄往上翘，即钻头的尾部不能高翘于砂轮水平中心线以上，否则会使刃口磨钝、无法切削。这是最关键的一步，钻头磨得好与坏，与此有很大的关系。在磨得差不多时，要从刃口开始，往后角再轻轻蹭一下，让刃后面更光洁一些。

(5) 保证刃尖对轴线，两边对称慢慢修　一边刃口磨好后，再磨另一边刃口，必须保证刃口在钻头轴线的中间，两边刃口要对称。钻头切削刃的后角一般为 10°~14°，后角大了，切削刃太薄，钻削时振动厉害，孔口呈三边或五边形，切屑呈针状；后角小了，钻削时轴向力很大，不易切入，切削力增加，温升大，钻头发热严重，甚至无法钻削。后角磨得适合，锋尖对中、两刃对称，钻削时，钻头排屑轻快，无振动，孔径也不会扩大。

(6) 两刃磨好后，对直径大一些的钻头还要注意磨一下钻头锋尖　钻头两刃磨好后，两刃锋尖处会有一个平面，影响钻头的中心定位，需要在后面倒一下角，把刃尖部的平面尽量磨小。方法是将钻头竖起，对准砂轮的角，在后面的根部，对着刃尖倒一个小槽。这也是保证钻头定中和切削轻快的重要一点。注意在修磨刃尖倒角时，千万不能磨到主切削刃上，这样会使主切削刃的前角偏大，直接影响钻孔。

技能点 2　用指示表设置工件坐标系的操作方法

用外圆设置工件坐标系的操作步骤见表 2-3-6。

表 2-3-6　用指示表找正外圆设置工件坐标系的操作步骤

步骤	操作内容	操作示意（结果）图
1	用"手动"方式降下主轴，并移动工作台使主轴轴线与工件轴线大致同轴	
2	将主轴抬到一定的高度，把磁性表座吸附到主轴上，使指示表可以和主轴一起转动。安装指示表，使测头与工件轴线垂直	
3	X 轴找正（Y 轴不动），用手转动主轴，并 X 向移动工作台，使得 X 轴方向左右两根侧素线的压表数一致。X 轴对刀完成	

(续)

步骤	操作内容	操作示意（结果）图
4	Y轴找正（X轴不动），用手转动主轴，并Y向移动工作台，使得Y轴方向左右两根侧素线的压表数一致。Y轴对刀完成 最后手动旋转主轴一周，若指示表的跳动量在对刀误差0.02mm内，则认为主轴轴线和工件轴线重合，此时，不能再移动工作台。对刀完成	（主轴、磁性表座、指示表、圆形工件、工作台示意图）
5	按"OFS/SET"，进入偏置/设置页面	（工具补正页面）
6	按"坐标系"对应功能软键，进入坐标系页面	（工件坐标系设定页面）

项目2 盘盖类零件数控编程与加工

(续)

步骤	操作内容	操作示意(结果)图
7	利用光标移动键将光标移动到对应的坐标系	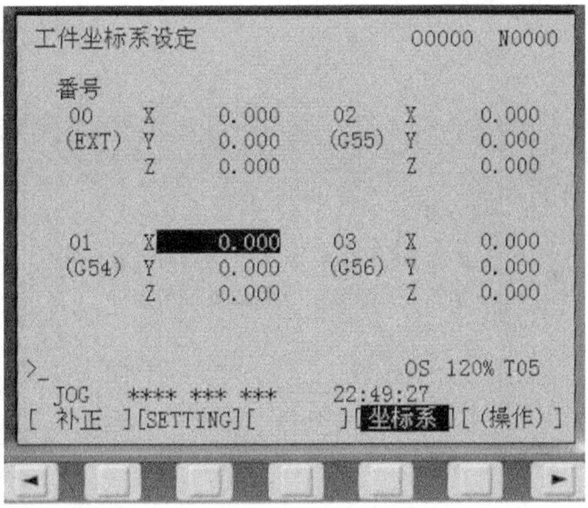
8	在缓存区中输入X0(X0为当前位置刀具中心在工件坐标系中X轴的坐标值)	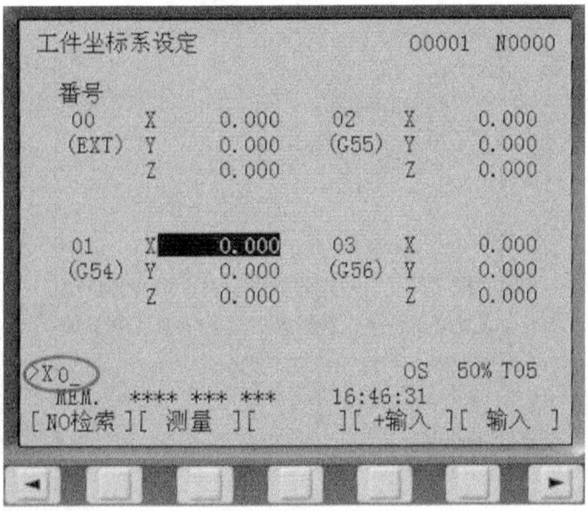
9	按"测量"对应的操作软键,系统会自动设置好工件坐标系原点在机床坐标系中X轴的坐标	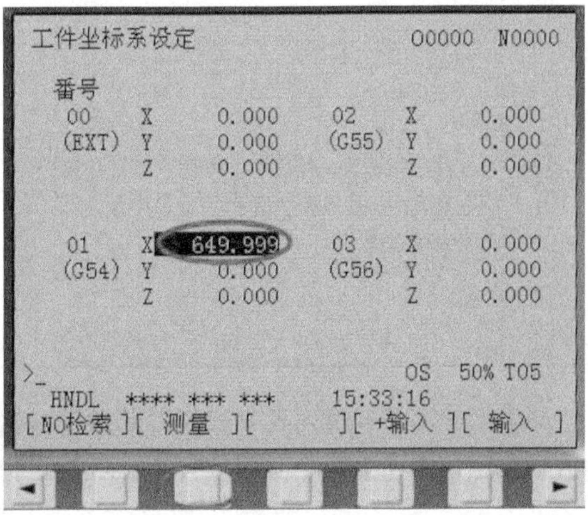

(续)

步骤	操作内容	操作示意（结果）图
10	在缓存区中输入 Y0（Y0 为当前位置刀具中心在工件坐标系中 Y 轴的坐标值）	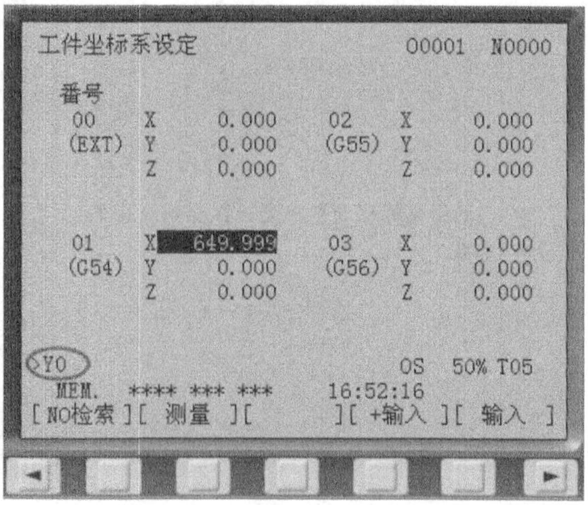
11	按"测量"对应的操作软键，系统会自动设置好工件坐标系原点在机床坐标系中 Y 轴的坐标	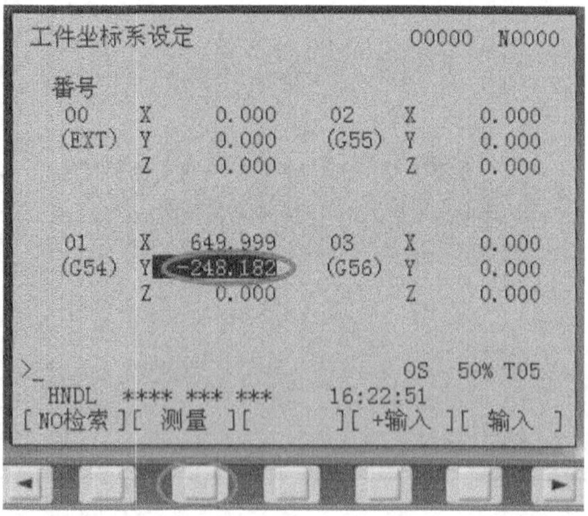
12	先卸下指示表，然后卸下磁性表座，并装入包装盒中。注意保护指示表（尤其测头），不要发生碰撞	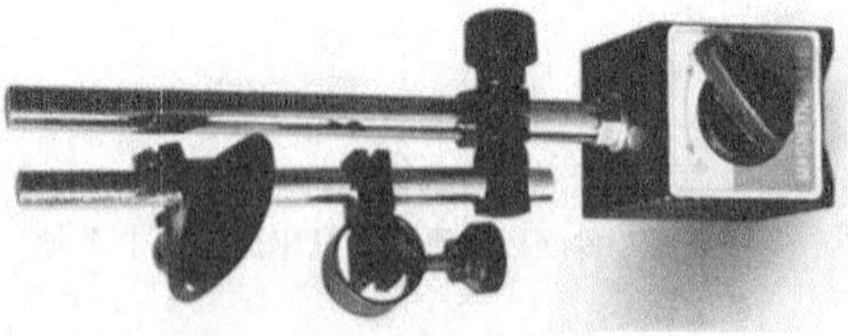

如果工件需要通过内孔来找正，其找正方法与外圆找正的方法相同。内孔直径较大时可用指示表找正，内孔直径小时用杠杆指示表找正，如图 2-3-18 所示。

项目 2 盘盖类零件数控编程与加工

【任务实施】

步骤 1 零件分析

图 2-3-1 所示零件毛坯为 45 钢 $\phi 70\text{mm}$ 的棒料,应考虑用铣床专用自定心卡盘装夹,由图样分析可知,本任务零件需要加工的部位为 $2\times\phi 10\text{H7}$ 的孔、$2\times\text{M10}$ 的螺纹和 $\phi 27^{+0.033}_{\ 0}\text{mm}$ 的孔,外圆和厚度在车床下料的时候已经加工到位,并且 $\phi 27^{+0.033}_{\ 0}\text{mm}$ 的孔已经预钻至 $\phi 20\text{mm}$。$2\times\phi 10\text{H7}$ 的孔公差为 H7,所以需要铰削;$2\times\text{M10}$ 的螺纹需要采用柔性攻螺纹;$\phi 27^{+0.033}_{\ 0}\text{mm}$ 的孔需要镗孔。铰孔和镗孔的表面粗糙度要求达到 $Ra1.6\mu\text{m}$。

步骤 2 工艺制订

1. 确定定位基准和装夹方案

零件毛坯为圆形,所以不能采用机用虎钳装夹,应采用铣床专用自定心卡盘进行装夹。零件装夹示意图如图 2-3-19 所示。

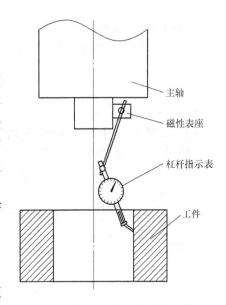

图 2-3-18 杠杆指示表找正小直径内孔

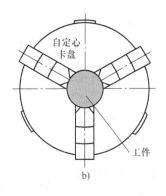

图 2-3-19 零件装夹示意图

2. 选择刀具与切削用量

选择刀具时需要根据零件结构特征确定刀具类型。本例中,根据前面的分析可知,需要采用中心钻、钻头、铰刀、立铣刀、丝锥、精镗刀。根据零件的精度要求和工序安排确定刀具几何参数及切削用量,见表 2-3-7。

表 2-3-7 刀具几何参数及切削用量表

序号	工作内容	刀具号	刀具名称	刀具规格	主轴转速 /(r/min)	进给量 /(mm/min)
1	钻中心孔	T01	中心钻	A3	1200	60
2	钻 $2\times\phi 10\text{H7}$ 底孔	T02	钻头	$\phi 9.8\text{mm}$	500	75
3	钻 $2\times\text{M10}$ 底孔	T03	钻头	$\phi 8.6\text{mm}$	500	70
4	铰 $2\times\phi 10\text{H7}$ 孔	T04	铰刀	$\phi 10\text{H7mm}$	200	180
5	攻 $2\times\text{M10}$ 螺孔	T05	丝锥	M10	50	75
6	铣 $\phi 27^{+0.033}_{\ 0}\text{mm}$ 孔底孔	T06	立铣刀	$\phi 20\text{mm}$	350	80
7	精镗 $\phi 27^{+0.003}_{\ 0}\text{mm}$ 孔	T07	精镗刀	$\phi 27\text{mm}$	1500	60

3. 确定加工顺序

分析零件图,零件加工的工艺过程如下。

(1) 下料 在车床上加工至外形尺寸,保证 $\phi 70$ mm、15mm,同时钻 $\phi 27^{+0.033}_{0}$ mm 的底孔至 $\phi 20$ mm。

(2) 钻中心孔 钻 $2 \times \phi 10$ H7、$2 \times$ M10 的中心孔,为钻孔定位。

(3) 钻底孔 用 $\phi 9.8$ mm 钻头钻 $2 \times \phi 10$ H7 底孔,用 $\phi 8.6$ mm 钻头钻 $2 \times$ M10 的底孔。

(4) 铰孔 用 $\phi 10$ H7mm 铰刀铰 $2 \times \phi 10$ H7 孔。

(5) 攻螺纹 用 M10 机用丝锥攻 $2 \times$ M10 螺纹。

(6) 铣孔 用 $\phi 20$ mm 的立铣刀铣 $\phi 27^{+0.033}_{0}$ mm 的孔至 $\phi 26.7$ mm。

(7) 镗孔 用 $\phi 27$ mm 的精镗刀镗 $\phi 27^{+0.033}_{0}$ mm 孔至尺寸。

根据上面的零件加工工艺过程,制订透盖数控加工工序卡,见表 2-3-8。

表 2-3-8 透盖数控加工工序卡

透盖数控加工工序卡		零件图号		零件名称		材料		使用设备		
				透盖		45 钢		数控铣床		
工步号	工步内容	刀具号	刀具名称	刀具规格	主轴转速 /(r/min)	进给量 /(mm/min)	刀尖半径补偿号	刀具长度补偿号	备注
1	钻 $2 \times \phi 10$ H7、$2 \times$ M10 的中心孔	T01	中心钻	A3	1200	60		H01	
2	钻 $2 \times \phi 10$ H7 底孔至 $\phi 9.8$ mm	T02	钻头	$\phi 9.8$ mm	500	75		H02	
3	钻 $2 \times$ M10 的底孔至 $\phi 8.6$ mm	T03	钻头	$\phi 8.6$ mm	500	70		H03	
4	铰 $2 \times \phi 10$ H7 孔	T04	铰刀	$\phi 10$ H7mm	200	180		H04	
5	攻 $2 \times$ M10 螺纹	T05	丝锥	M10	50	75	D06	H05	
6	铣 $\phi 27^{+0.033}_{0}$ mm 的孔至 $\phi 26.7$ mm	T06	立铣刀	$\phi 20$ mm	350	80		H06	
7	精镗 $\phi 27^{+0.033}_{0}$ 孔	T07	精镗刀	$\phi 27$ mm	1500	60		H07	

步骤3 程序编写

1. 建立工件坐标系

程序零点设在工件的上表面中心位置(端面与轴线交点处),如图 2-3-20 所示。

2. 确定刀具路径

由于孔加工属于点位加工,所以这里省略刀具路径图。

3. 计算节点坐标

孔加工采用的是固定循环指令,只需要计算工件上孔的中心位置坐标值即可,结合图 2-3-21 所示孔的基点位置图,透盖手工编程节点坐标见表 2-3-9。

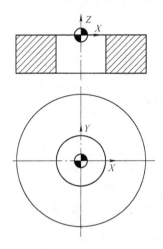

图 2-3-20 建立工件坐标系

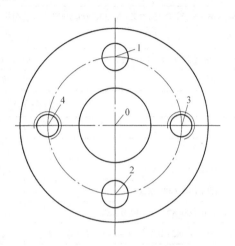

图 2-3-21 孔的基点位置图

表 2-3-9 透盖手工编程节点坐标

坐标点	坐标值	坐标点	坐标值	坐标点	坐标值
0	X0,Y0	2	X0,Y-25	4	X-25,Y0
1	X0,Y25	3	X25,Y0		

4. 编写程序

手工编写零件加工程序,图 2-3-1 所示透盖零件的加工程序见表 2-3-10 ~ 表 2-3-16。

表 2-3-10 钻中心孔程序

程序内容	程序说明
O2301	程序号
N10 G54 G17 G90 M03 S1200;	选择坐标系 G54,绝对坐标编程,主轴正转 1200r/min
N20 G43 H01 G00 Z100.0;	定位到初始平面,建立刀具长度补偿
N30 G40 G00 X40.0 Y40.0 M08;	快速定位至(40,40),取消刀具半径补偿,开切削液
N40 G99 G81 X0.0 Y25.0 Z-5.0 R2.0 F60;	钻1号孔
N50 X0.0 Y-25.0;	钻2号孔
N60 G00 X40.0 Y40.0;	快速定位至(40,40),消除反向间隙
N70 G99 G81 X25.0 Y0.0 Z-5.0 R2.0 F60;	钻3号孔
N80 X-25.0 Y0.0;	钻4号孔
N90 G00 G49 Z200.0 M09;	抬刀到安全高度,取消刀具长度补偿,关切削液
N100 M30;	程序结束

表 2-3-11 钻 2×φ10H7 底孔程序

程序内容	程序说明
O2302	程序号
N10 G54 G17 G90 M03 S500;	选择坐标系 G54，绝对坐标编程，主轴正转 500r/min
N20 G43 H02 G00 Z100.0;	定位到初始平面，建立刀具长度补偿
N30 G40 G00 X40.0 Y40.0 M08;	快速定位至（40，40），取消刀具半径补偿，开切削液
N40 G99 G83 X0.0 Y25.0 Z-20.0 R2.0 Q5 F75;	采用排屑钻孔方式钻 1 号孔
N50 X0.0 Y-25.0;	采用排屑钻孔方式钻 2 号孔
N60 G00 G49 Z100.0 M09;	抬刀到安全高度，取消刀具长度补偿，关切削液
N70 M30;	程序结束

表 2-3-12 钻 2×M10 底孔程序

程序内容	程序说明
O2303	程序号
N10 G54 G17 G90 M03 S500;	选择坐标系 G54，绝对坐标编程，主轴正转 500r/min
N20 G43 H03 G00 Z100.0;	定位到初始平面，建立刀具长度补偿
N30 G40 G00 X40.0 Y40.0 M08;	快速定位至（40，40），取消刀具半径补偿，开切削液
N40 G99 G83 X25.0 Y0.0 Z-20.0 R2.0 Q5 F70;	采用排屑钻孔方式钻 3 号孔
N50 X-25.0 Y0.0;	采用排屑钻孔方式钻 4 号孔
N60 G00 G49 Z100.0 M09;	抬刀到安全高度，取消刀具长度补偿，关切削液
N70 M30;	程序结束

表 2-3-13 铰 2×φ10H7mm 孔程序

程序内容	程序说明
O2304	程序号
N10 G54 G17 G90 M03 S200;	选择坐标系 G54，绝对坐标编程，主轴正转 200r/min
N20 G43 H04 G00 Z100.0;	定位到初始平面，建立刀具长度补偿
N30 G40 G00 X40.0 Y40.0 M08;	快速定位至（40，40），取消刀具半径补偿，开切削液
N40 G99 G85 X0.0 Y25.0 Z-18.0 R2.0 F180;	铰 1 号孔
N50 X0.0 Y-25.0;	铰 2 号孔
N60 G00 G49 Z100 M09;	抬刀到安全高度，取消刀具长度补偿，关切削液
N70 M30;	程序结束

表 2-3-14 攻 2×M10 螺纹程序

程序内容	程序说明
O2305	程序号
N10 G54 G17 G90 M03 S50;	选择坐标系 G54，绝对坐标编程，主轴正转 50r/min
N20 G43 H05 G00 Z100.0;	定位到初始平面，建立刀具长度补偿
N30 G40 G00 X40.0 Y40.0 M08;	快速定位至（40，40），取消刀具半径补偿，开切削液
N40 G99 G84 X25.0 Y0.0 Z-20.0 R2.0 F75;	攻 3 号螺孔
N50 X-25.0 Y0.0;	攻 4 号螺孔
N60 G00 G49 Z100.0 M09;	抬刀到安全高度，取消刀具长度补偿，关切削液
N70 M30;	程序结束

项目 2　盘盖类零件数控编程与加工

表 2-3-15　铣 $\phi27^{+0.033}_{0}$ mm 底孔程序

程序内容	程序说明
O2306	程序号
N10 G54 G17 G90 M03 S350;	选择坐标系 G54,绝对坐标编程,主轴正转 350r/min
N20 G43 H06 G00 Z100.0;	定位到初始平面,建立刀具长度补偿
N30 G40 G00 X0.0 Y0.0 M08;	快速定位至下刀点位置,取消刀具半径补偿,开切削液
N40 G00 Z5.0;	快速定位至参考高度
N50 G01 Z-16.0 F100;	下刀到切削层高度
N60 G01 G41 D06 X13.5 F80;	垂直切入,建立半径补偿,D06 设置为"10.15"
N70 G03 I-13.5;	走整圆铣孔
N80 G01 G40 X0.0 Y0.0 F100;	取消半径补偿
N90 G00 G49 Z100.0 M09;	抬刀到安全高度,取消刀具长度补偿,关切削液
N100 M30;	程序结束

表 2-3-16　精镗 $\phi27^{+0.033}_{0}$ mm 孔程序

程序内容	程序说明
O2307	程序号
N10 G54 G17 G90 M03 S1500;	选择坐标系 G54,绝对坐标编程,主轴正转 1500r/min
N20 G43 H07 G00 Z100.0;	定位到初始平面,建立刀具长度补偿
N30 G40 G00 X0.0 Y0.0 M08;	快速定位至下刀点位置,取消刀具半径补偿,开切削液
N40 G99 G76 X0.0 Y0.0 Z-16.0 R5.0 Q0.5 F60;	精镗 0 号孔
N50 G00 G49 Z100.0 M09;	抬刀到安全高度,取消刀具长度补偿,关切削液
N60 M30;	程序结束

加工时,需要根据机床的切削状态及时调整切削用量,保证加工质量。精镗孔时,需要注意刀具的安装方向和让刀方向,在镗孔过程中可能需经过多次测量和调整后,才能保证精镗孔的精度。

步骤 4　工具材料领用

完成本任务零件加工所需的工、刃、量、辅具清单见表 2-3-17。

表 2-3-17　工、刃、量、辅具清单

序号	名称	规　格	数量	备注
1	铣床专用自定心卡盘	NBK-06	1 台	
2	卡盘钥匙		1 把	
3	木锤子		1 把	
4	游标卡尺	0~150mm/0.02mm	1 把	
5	内径千分尺	5~30mm/0.01mm	1 把	
6	指示表及表座	0~8mm/0.01mm	1 套	
7	表面粗糙度样板	N0~N1 12 级	1 副	
8	中心钻	A3	1 把	
9	钻头	ϕ8.6mm	1 把	

(续)

序号	名称	规格	数量	备注
10	钻头	$\phi 9.8mm$	1把	
11	立铣刀	$\phi 20mm$	1把	
12	铰刀	$\phi 10H7mm$	1把	
13	精镗刀	$\phi 27mm$	1把	
14	材料	$\phi 70mm \times 15mm$ 45钢	1段	
15	其他辅具	铜棒、铜皮、毛刷等；计算器、相关指导书等	1套	选用

步骤5 零件加工

1）按照工、刃、量、辅具清单领取相应的工、刃、量、辅具。
2）开机上电。
3）复位。
4）返回机床参考点。
5）装夹工件毛坯。
6）装夹刀具并找正。
7）对刀，建立工件坐标系。
8）程序的输入。
9）程序校验。
10）零件加工。
11）零件测量。
12）校正刀具磨损值。
13）加工合格后对机床进行相应的保养。
14）按照工、刃、量、辅具清单归还相应的工、刃、量、辅具。
15）填写工作日志并关闭机床电源。

注意事项：

1）程序编好后，待教师检查无误方可运行。
2）运行时要用单段方式进行，且注意将机床的防护罩关闭。
3）出现紧急情况马上按急停按钮。
4）注意进给倍率的控制。

【检查评价】

加工完成后对零件进行去毛刺和尺寸的检测，透盖零件检测的评分表见表2-3-18。

表2-3-18 透盖零件检测的评分表

项目	序号	技术要求	配分	评分标准	得分
程序与工艺（15%）	1	程序正确完整	5	不规范每处扣1分	
	2	切削用量合理	5	不合理每处扣1分	
	3	工艺过程规范合理	5	不合理每处扣1分	
机床操作（20%）	4	刀具选择安装正确	5	不正确每次扣1分	
	5	对刀及工件坐标系设定正确	5	不规范每处扣1分	
	6	机床操作规范	5	不正确每次扣1分	
	7	工件加工正确	5	不正确每次扣1分	

(续)

项目	序号	技术要求	配分	评分标准	得分
工件质量 (40%)	8	尺寸精度符合要求	30	不合格每处扣 3 分	
	9	表面粗糙度符合要求	8	不合格每处扣 1 分	
	10	无毛刺	2	不合格不得分	
文明生产 (15%)	11	安全操作	5	出错全扣	
	12	机床维护与保养	5	不合格全扣	
	13	工作场所整理	5	不合格全扣	
相关知识及 职业能力 (10%)	14	数控加工基础知识	2	视情况酌情给分	
	15	自学能力	2		
	16	表达沟通能力	2		
	17	合作能力	2		
	18	创新能力	2		

【拓展训练】

在数控铣床上完成图 2-3-22 所示零件孔的加工。毛坯材料为 HT200，外形已经加工到位。注意孔加工方法的选择，同时注意用指示表对刀，设置工件坐标系的操作。

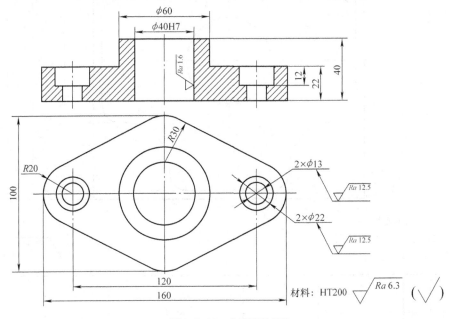

图 2-3-22 拓展训练图

任务 2.4 配合件数控铣削加工

【任务导入】

本任务要求在数控铣床上，采用机用虎钳对零件进行定位装夹，用立铣刀和孔加工刀具加工图 2-4-1 所示的配合件零件。对配合件零件加工工艺编制、程序编写及数控铣削加工全过程进行详细分析。

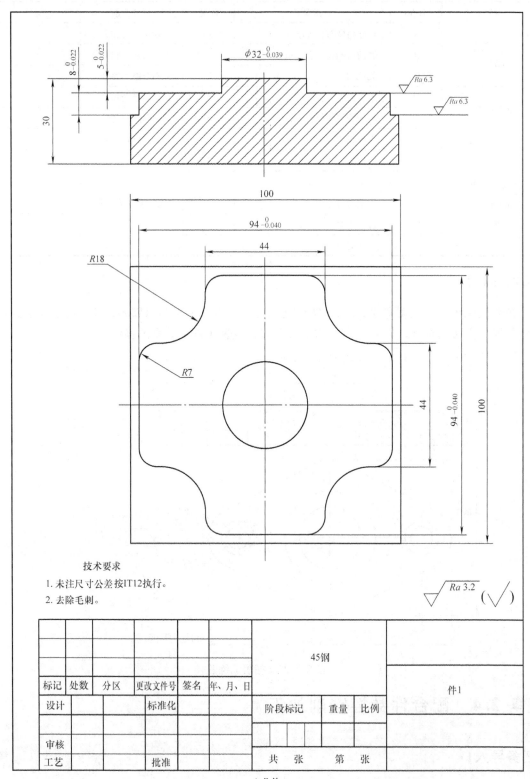

a) 凸件

图 2-4-1

项目2 盘盖类零件数控编程与加工

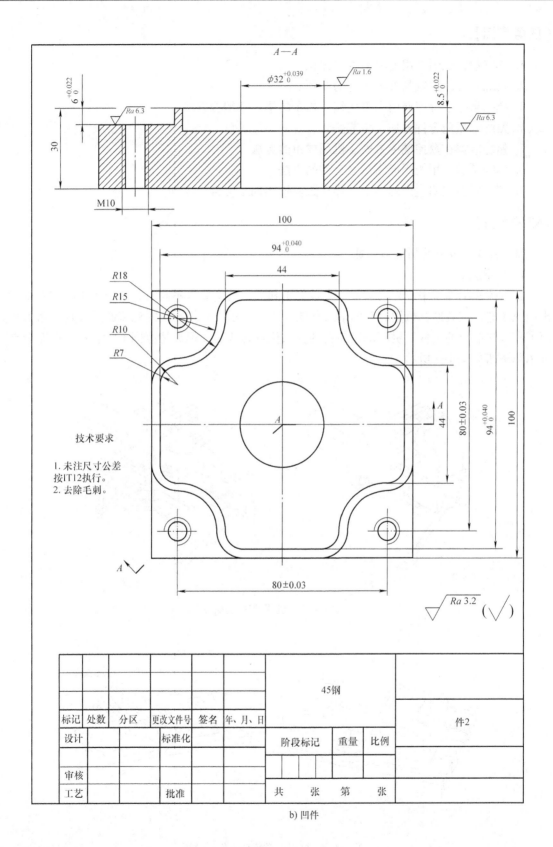

b) 凹件

配合件零件图

【任务目标】

1. 了解数控铣削常用夹具的相关知识。
2. 熟练掌握数控铣削方案制订的原则。
3. 熟练掌握子程序调用和简化编程指令的格式及编程方法。
4. 熟练掌握配合件的加工工艺。
5. 熟练掌握在数控铣床上安装机用虎钳的方法。
6. 熟练掌握使用机用虎钳装夹工件的方法。
7. 遵守安全文明生产的要求,操作数控铣床加工配合件零件。

【知识准备】

知识点1 数控铣削常用夹具

1. 机用虎钳

在数控铣削加工中,当粗加工、半精加工和加工精度要求不高时,对于较小的零件是利用机用虎钳进行装夹的。机用虎钳的形式如图2-4-2所示,它是常用的铣床通用夹具,用来装夹矩形和圆柱形类的工件。机用虎钳装夹的最大优点是快捷,但夹持范围不大。机用虎钳装夹工件示意图如图2-4-3所示。

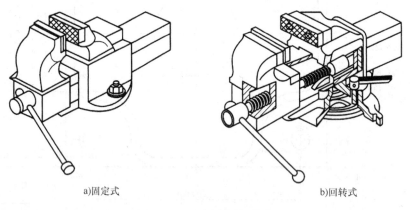

a)固定式　　　　　　　　b)回转式

图2-4-2　机用虎钳的形式

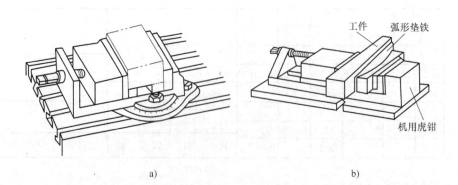

a)　　　　　　　　b)

图2-4-3　机用虎钳装夹工件示意图

2. 自定心卡盘

在数控铣床加工中，对于结构尺寸不大且零件外表面不需要进行加工的圆柱形零件，可以利用自定心卡盘进行装夹。自定心卡盘也是铣床的通用夹具，如图 2-4-4 所示。

3. 回转工作台

回转工作台用于比较规则的内外圆弧面零件的装夹，回转如图 2-4-5 所示。转动手轮时，通过回转工作台内部的蜗杆机构来实现回转工作台的旋转。回转工作台的中心为一圆锥孔，作为工件定位，以使工件加工圆弧与回转工作台同心。

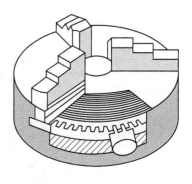

图 2-4-4 自定心卡盘

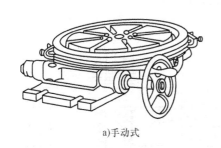
a)手动式

b)机动式

图 2-4-5 回转工作台

4. 直接在铣床工作台上安装

在单件或少量生产和不便于使用夹具夹持的情况下，常常直接在铣床工作台上安装工件。矩形工件装夹示意图如图 2-4-6 所示，圆形工件装夹示意图如图 2-4-7 所示。

使用压板、螺母、螺栓直接在铣床工作台上安装工件时，应该注意压板的压紧点尽量靠近切削处，还应该使压板的压紧点和压板下面的支承点相对应，如图 2-4-8 所示。

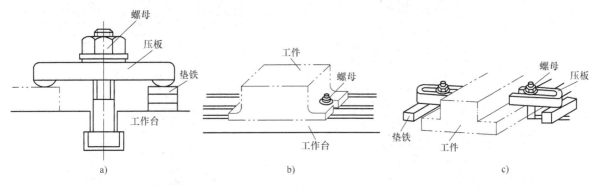

图 2-4-6 矩形工件装夹示意图

5. 利用角铁和 V 形块装夹工件

利用角铁和 V 形块装夹工件适合于单件或小批量生产。用角铁装夹工件示意图如图 2-4-9 所示，工件安装在角铁上时，工件与角铁侧面接触的表面为定位基准面。拧紧弓形夹上的螺钉，工件即被夹紧。这类角铁常常用来安装要求表面互相垂直的工件。

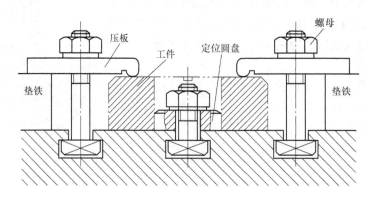

图 2-4-7 圆形工件装夹示意图

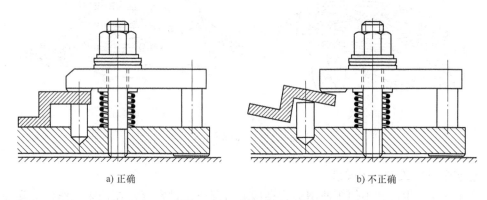

图 2-4-8 压紧点的选择

圆柱形工件（如轴类零件）通常用 V 形块装夹，利用压板将工件夹紧。用 V 形块装夹工件示意图如图 2-4-10 所示。

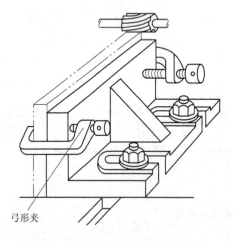

图 2-4-9 用角铁装夹工件示意图

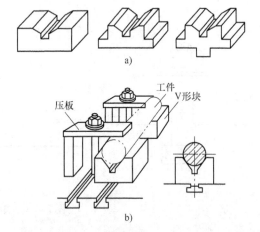

图 2-4-10 用 V 形块装夹工件示意图

6. 专用夹具装夹工件

在大批量生产中，为了提高生产效率，常常采用专用夹具装夹工件。使用此类夹具装夹工件，定位方便、准确，夹紧迅速、可靠，而且可以根据工件形状和加工要求实现多件装夹。专用夹具装夹工件示意图如图 2-4-11 所示。

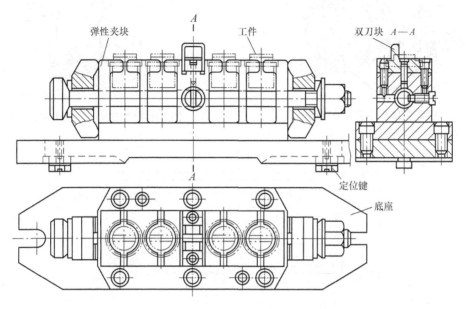

图 2-4-11　专用夹具装夹工件示意图

7. 组合夹具装夹工件

组合夹具是由一套预制好的标准件组装而成的。标准件有不同的形状、尺寸和规格，应用时可以按照需要选用某些元件，组装成各种各样的形式。组合夹具的主要特点是元件可以长期重复使用，结构灵活多样。组合夹具装夹工件示意图如图 2-4-12 所示。

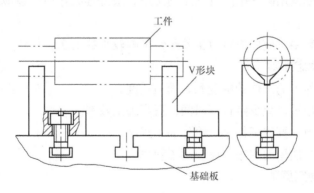

图 2-4-12　组合夹具装夹工件示意图

8. 分度头

分度头是铣床的重要附件。各种齿轮、正多边形、花键及刀具开齿等有分度要求的工件，都可以使用分度头来进行加工。分度头外观图如图 2-4-13 所示。

使用分度头和顶尖安装轴类工件时，应使得前后顶尖的中心线重合，如图 2-4-14 所示；安装长轴类工件时，可以加接延长板，如图 2-4-15 所示。

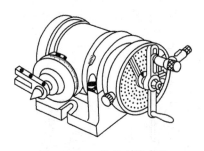

图 2-4-13 分度头外观图

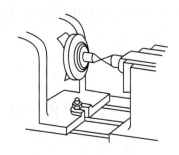

图 2-4-14 分度头和顶尖中心线重合

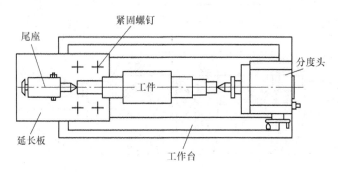

图 2-4-15 分度头和顶尖安装长轴类工件

知识点 2　数控铣削方案制订的原则

1. 加工顺序的安排原则

1）上道工序的加工不能影响下道工序的定位与夹紧。

2）先内后外，即先进行内部型腔（内孔）的加工工序，后进行外形加工。

3）以一次装夹或使用同一把刀具加工的工序，最好连续进行，以减少重新定位或换刀所引起的误差。

4）在同一次安装中，应先进行对工件刚性影响较小的工序。

2. 刀具路径的确定原则

1）应能保证被加工的工件的精度和表面粗糙度。

2）使刀具路径最短，减少空行程时间，提高加工效率。

3）尽量简化数值计算的工作量，简化加工程序。

4）对于某些重复使用的程序，应使用子程序。

3. 工件安装的确定原则

1）力求设计基准、工艺基准和编程基准统一。

2）尽量减少装夹次数，尽可能在一次定位装夹中，完成全部加工面的加工。

3）避免使用需要占用数控机床时的装夹方案，以便充分发挥数控机床的功效。

4. 数控刀具的确定原则

1）选用刚性高、刀具寿命长的刀具，以缩短对刀、换刀的停机时间。

2）刀具尺寸稳定，安装调整简便。

5. 切削用量的确定原则

1）粗加工时，以提高生产率为主，兼顾经济性和加工成本；半精加工和精加工时，以加工质量为主,兼顾切削效率和加工成本。

2)在编程时,应注意"拐点"处的过切或欠切问题。

6. 对刀点的确定原则

1)便于数学处理和加工程序的简化。

2)在机床上定位简便。

3)在加工过程中便于检查。

4)对刀点引起的加工误差较小。

知识点 3　子程序调用编程指令

为了简化程序的编制,当一个工件上有相同的加工内容时,常用调子程序的方法进行编程。调用子程序的程序称为主程序。子程序的编号与一般程序基本相同,只是用 M99 表示子程序结束,并返回到调用子程序的主程序中。

1. 子程序的结构

O1234　　　子程序号
　⋮　　　　子程序内容
M99;　　　子程序结束,从子程序返回到主程序

2. 子程序调用指令

1)格式:M98 P＿＿＿＿＿＿＿;。

2)说明:P 表示子程序调用情况。P 后共有 7 位数字,前三位为调用次数,省略时为调用一次;后四位为所调用的子程序号。

3)例如:M98 P61020;　表示调用 1020 号子程序,重复调用 6 次(执行 6 次)。

3. 子程序嵌套调用

子程序可以由主程序调用,被调用的子程序也可以调用另一个子程序,称为子程序嵌套调用。被主程序调用的子程序称为一级子程序,被一级子程序调用的子程序称为二级子程序,以此类推。子程序嵌套调用,可以嵌套 4 级,如图 2-4-16 所示。

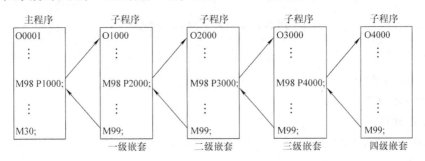

图 2-4-16　子程序嵌套调用

4. 注意事项

1)注意主、子程序间模式的变换,如某些 G 代码、M 和 F 代码。例如:G91、G90 模式的变化,如图 2-4-17 所示。

2)处在半径补偿模式中的程序段不应调用子程序。

3)子程序中一般用 G91 模式来进行重复加工;若用 G90 模式,则主程序可以用改变坐标系的方法,实现不同位置的加工。

图 2-4-17　G91、G90 模式的变化

5. 举例

如图 2-4-18 所示,在数控铣床上一次加工 4 个相同的工件,工件厚 12mm,采用 ϕ8mm 立铣刀,Z 轴原点取在工件上表面。

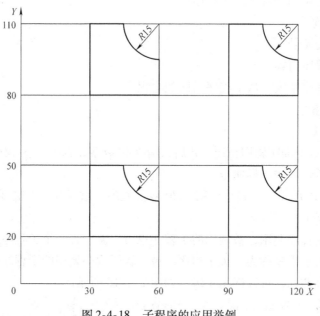

图 2-4-18　子程序的应用举例

程序如下。
O2401（主程序）
N10 G54 G17 G21 G40；
N20 S600 M03；
N30 G90 G00 X0.0 Y0.0；
N40 Z5.0；
N50 M98 P21008；
N60 G90 G00 X0.0 Y60.0；
N70 M98 P21008；
N80 G90 G00 Z50.0 M05；
N90 M30；
O1008（子程序）
N200 G91 G00 G41 X30.0 Y10.0 D01；
N210 G01 Z-17 F120；

N220 Y40.0;
N230 X15.0;
N240 G03 X15.0 Y-15.0 R15.0;
N250 G01 Y-15.0;
N260 X-40.0;
N270 G00 Z17.0;
N280 G40 X40.0 Y-20.0;
N290 M99;

知识点 4　简化编程指令

1. 极坐标指令

在编程中坐标值可以用极坐标表示。如对于法兰类零件（被加工孔以圆周分布）的加工，由于图样尺寸以半径和角度标注，采用极坐标编程，直接利用极坐标的极径和极角指定坐标位置，不但可以减少编程计算量，还可以提高程序的正确率。

（1）格式

$$\begin{Bmatrix} G17 \\ G18 \\ G19 \end{Bmatrix} \begin{Bmatrix} G90 \\ G91 \end{Bmatrix} G16;$$

…

G15;

（2）说明　G16 为极坐标生效指令，G15 为取消极坐标指令。

（3）注意事项

1）极坐标编程时，指令的格式与加工平面 G17、G18、G19 的选择有关。加工平面选定后，所选平面的第一坐标轴的地址用来指定极坐标半径，第二坐标轴的地址用来指定极坐标角度，极坐标的 0°角度为第一坐标轴的正方向，逆时针转向角度为正，顺时针转向角度为负。

2）G90 指定工件坐标系的零点作为极坐标系的原点，从该点测量半径。用绝对值编程指令指定半径时，工件坐标系的零点被设定为极坐标系的原点，当使用局部坐标系（G52）时，局部坐标系的原点变成极坐标的中心，如图 2-4-19 所示。

3）G91 指定当前位置作为极坐标系的原点，从该点测量半径。用增量值编程指令指定半径时，当前位置指定为极坐标系的原点，如图 2-4-20 所示。

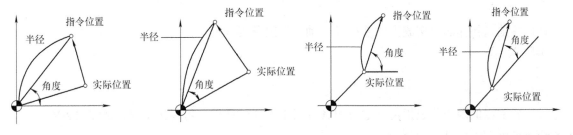

a）当角度用值指令指定时　　b）当角度用增量值指令指定时　　a）当角度用绝对值指令指定时　　b）当角度用增量值指令指定时

图 2-4-19　G90 模式极坐标　　　　　　　　图 2-4-20　G91 模式极坐标

（4）举例　编制图 2-4-21 所示圆周分布孔的加工程序，孔深 10mm。

1）用绝对值指令指定角度和半径。

O1000（程序名）

N1 G17 G90 G16；（指定极坐标指令和选择 XY 平面，工件坐标系的零点作为极坐标系的原点）

N2 G81 X100.0 Y30.0 Z-10.0 R2.0 F70；（指定第一孔位置）

N3 Y150.0；（指定第二孔位置）

N4 Y270.0；（指定第三孔位置）

N5 G15；（取消极坐标指令）

N6 M30；（程序结束）

2）用增量值指令指定角度，用绝对值指令指定半径。

O2000（程序名）

N1 G17 G90 G16；（指定极坐标指令和选择 XY 平面，工件坐标系的零点作为极坐标的原点）

N2 G81 X100.0 Y30.0 Z-10.0 R2.0 F70；（指定第一孔位置）

N3 G91 Y120.0；（指定第二孔位置）

N4 Y120.0；（指定第三孔位置）

N5 G15；（取消极坐标指令）

N6 M30；

2. 比例缩放 G50、G51

刀具路径被放大和缩小称为比例缩放。比例缩放指令（G50、G51）在编程中用于对刀具路径进行缩放加工。如图 2-4-22 所示，$P_1 \sim P_4$ 为程序中指令坐标尺寸图形，$P_1' \sim P_4'$ 为经比例缩小后的图形，P_0 为比例缩放中心点。比例缩放有两种指令格式。

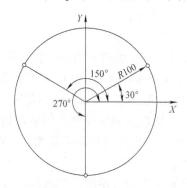

图 2-4-21 极坐标编程举例

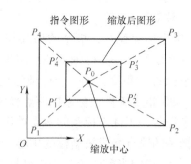

图 2-4-22 比例缩放功能

（1）格式

1）各轴以相同的比例放大或缩小（各轴比例因子相等）。

G51 X_Y_Z_P_;

⋮

G50；

2）各轴比例因子单独指定（通过对各轴指定不同的比例，可以按各自比例缩放各轴）。

G51 X_Y_Z_I_J_K_;

⋮

G50；

（2）说明

1）G51 为启动比例缩放，即缩放有效。

2）X_Y_Z_为比例缩放中心坐标值的绝对值指令。

3) P_为沿所有轴以相同的比例放大或缩小时的缩放比例。

4) I_J_K_为沿各轴以不同的比例放大或缩小时 X、Y 和 Z 各轴对应缩放比例。

5) G50 为取消比例缩放,即缩放无效。

(3) 注意事项

1) 在 FANUC 0i MB 系统中,缩放比例的最小输入单位是 0.001 或 0.00001,取决于参数 SCR(No.5400#7)的设定。用参数 SCLX(No.5401#0)设定执行缩放的坐标轴。如果比例未在程序段(G51 X _ Y _ Z _ P _;)中指定,则使用参数(No.5411)设定的比例。如果省略 X、Y 和 Z,则 G51 指定的刀具位置作为缩放中心。

2) 在单独程序段指定 G51,比例缩放之后必须用 G50 取消。

3) 当不指定 P 而是把参数设定值用作比例系数时,在执行 G51 指令时,就把设定值作为比例系数。其他指令不能改变这个值。

4) 无论比例缩放是否有效,都可以用参数设定各轴的比例系数。G51 方式时,比例缩放功能对圆弧半径 R 始终有效,与设定参数无关。

5) 比例缩放对存储器运行或 MDI 操作有效,对手动操作无效。

6) 比例缩放在下面的固定循环中,Z 轴的移动缩放无效:深孔钻循环 G83、G73 的切入值 Q 和返回值 d;精镗循环 G76、背镗循环 G87 中 X 轴和 Y 轴的偏移值 Q。手动运行时移动距离不能用缩放功能增减。

7) 关于回参考点和坐标系的指令。在缩放状态不能指定返回参考点的 G 代码(G27 ~ G30 等)和指定坐标系的 G 代码(G52 ~ G59、G92 等)。若必须指定这些 G 代码,则应在取消缩放功能后指定。

8) 若比例缩放结果按四舍五入圆整后,有可能使移动量变为零,此时程序段被视为无运动程序段,若用刀具半径补偿,则将影响刀具的运动。

9) 比例缩放功能不能缩放偏置量。例如,刀具半径补偿量、刀具长度补偿量、刀具偏置量等。如图 2-4-23 所示,编程图形缩小 1/2,刀具偏置量不能缩放。

(4) 举例 使用缩放功能编制图 2-4-24 所示轮廓的加工程序。已知三角形 ABC 的顶点为 $A(10, 30)$、$B(90, 30)$、$C(50, 110)$,三角形 $A'B'C'$ 是缩放后的图形,其中缩放中心为 $D(50, 50)$,缩放系数为 0.5。

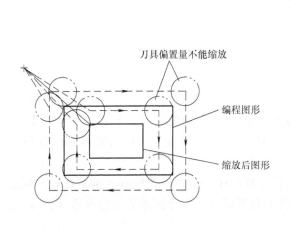

图 2-4-23 刀具偏置量不能缩放

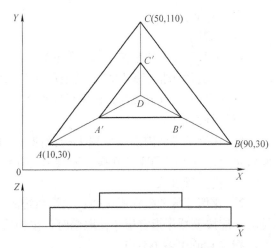

图 2-4-24 比例缩放编程举例

O2402（主程序）
N5 G54 G91 G17；
N10 G00 Z100.0 M03 S400；
N15 G40 X-20.0 Y0.0；
N20 Z5.0；
N25 G01 Z-12.0 F80；
N30 M98 P1000；（加工三角形 ABC）
N35 G01 Z-6.0 F80；
N40 G51 X50.0 Y50.0 P0.5；
N45 M98 P1000；（加工三角形 A′B′C′）
N50 G50；（取消缩放）
N55 G49 Z100.0；
N60 M30；
O1000（子程序）
N100 G42 D01 G01 X10.0 Y30.0；
N110 X90.0；
N120 X50.0 Y110.0；
N130 X10.0 Y30.0；
N140 X10.0 Y10.0；
N150 G00 Z10.0；
N160 G40 X-20.0 Y0；
N170 M99；

3. 可编程镜像

可编程镜像指令可实现坐标轴的对称的加工，如图 2-4-25 所示。

（1）格式

G51.1 IP_；

…；

G50.1 IP_；

（2）说明

1）G51.1 为启动镜像，即镜像有效。

2）IP 为用来指定镜像轴，其值可为 X_或 Y_。

3）G50.1 为取消镜像，即镜像无效。

（3）注意事项

1）在指定平面内的一个轴上的镜像：在指定平面对某个轴镜像时，下列指令发生变化。圆弧指令，G02 和 G03 被互换。刀具半径补偿，G41 和 G42 被互换。坐标系旋转 CW 和 CCW（旋转方向）被互换。

2）比例缩放和坐标系旋转：数控系统的数据处理顺序是从程序镜像到比例缩放和坐标系旋转。应按该顺序指定指令，取消时，按相反顺序取消指令。在比例缩放或坐标系旋转方式，不能指定 G50.1 或 G51.1。

3）与返回参考点和坐标有关的指令：在可编程镜像方式中，与返回参考点（G27～G30 等）和改变坐标系（G52～G59，G92 等）有关的 G 代码不准指定。如果需要这些 G 代码的任意一个，必须在取消可编程镜像方式之后再指定。

4）如果指定可编程镜像功能，同时又用数控系统外部开关或数控系统的设置生成镜像时，则可编程镜像功能首先执行。

（4）举例　使用可编程镜像功能编制图 2-4-26 所示轮廓的加工程序，设背吃刀量为 5mm。

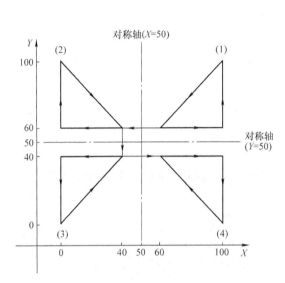

图 2-4-25　可编程镜像功能　　　　　图 2-4-26　可编程镜像编程举例

O2403（主程序）

N10 G54 G91 G17；

N20 G00 Z100.0 M03 S500；

N30 M98 P1001；（加工①）

N40 G51.1 X0.0；（Y 轴镜像，镜像位置为 X = 0）

N50 M98 P1001；（加工②）

N60 G51.1 Y0.0；（X、Y 轴镜像，镜像位置为 0，0）

N70 M98 P1001；（加工③）

N80 G50.1 X0.0；（取消 Y 轴镜像，X 轴镜像继续有效）

N90 M98 P1001；（加工④）

N100 G50.1 Y0.0；（取消 X 轴镜像）

N110 M30；

O1001（子程序）

N100 G40 X45.0 Y0.0；

N110 G00 Z5.0；

N120 G01 Z - 5.0 F80；

N130 G41 D01 X45.0 Y10.0；

N140 X10.0；

N150 Y30.0；

N160 X20.0；

N170 G03 X30.0 Y20.0 R10.0；

N180 G01 Y0.0;
N190 G40 X45.0 Y0.0;
N200 G00 Z10.0;
N210 M99;

4. 坐标系旋转 G68、G69

(1) 格式

$$\begin{Bmatrix} G17 \\ G18 \\ G19 \end{Bmatrix} G68 \begin{Bmatrix} X\_ \ Y\_ \\ X\_ \ Z\_ \\ Y\_ \ Z\_ \end{Bmatrix} R\_ ;$$

…;

G69;

(2) 说明

1) X_、Y_、Z_为旋转中心的坐标值。

2) R_指定旋转角度,逆时针方向旋转为正。当用小数指定角度时,个位对应"度"。

3) G69 指令为取消坐标系旋转。

(3) 注意事项

1) 用坐标系旋转取消指令(G69)以后的第一个移动指令必须用绝对值指定。如果用增量值指令,将不执行正确的移动。

2) 在坐标系旋转之后,执行刀具半径补偿、刀具长度补偿、刀具偏置和其他补偿操作。

3) 如果在比例缩放方式(G51 方式)中执行坐标系旋转指令,旋转中心的坐标值也被缩放。但不缩放旋转角(R)。当发出移动指令时,比例缩放首先执行,然后执行坐标系旋转。

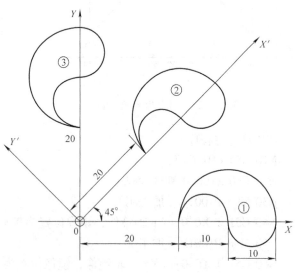

图 2-4-27 坐标系旋转指令编程举例

(4) 举例 使用坐标系旋转功能编制图 2-4-27 所示轮廓的加工程序,设背吃刀量为 5mm。

O2404(主程序)
N5 G54 G90 G17;
N10 G00 Z100.0 M03 S700;
N15 M98 P1002;(加工①)
N20 G68 X0.0 Y0.0 R45.0;(旋转45°)
N25 M98 P1002;(加工②)
N30 G68 X0.0 Y0.0 R90.0;(旋转90°)
N35 M98 P1002;(加工③)
N40 G00 G49 Z50.0;
N45 G69;(取消坐标系旋转)
N50 M30;

O1002（子程序）
N100 G40 X50.0 Y10.0；
N110 Z5.0；
N120 G01 Z-5.0 F60；
N130 G41 D01 G01 X40.0 Y10.0；
N140 Y0.0；
N150 G02 X30.0 R10.0；
N160 G03 X20.0 R10.0；
N170 G02 X40.0 R10.0；
N180 G01 Y-6.0；
N190 G00 Z5.0；
N200 G40 X40.0 Y10.0；
N210 M99；

【技能准备】

技能点1　机用虎钳的安装与找正

1. 机用虎钳的安装

1）清洁机床工作台面和机用虎钳底面，检查机用虎钳底部的定位键是否紧固，定位键的定位面是否同一方向安装。

2）将机用虎钳安装在工作台中间的T形槽内，如图2-4-28所示，钳口位置居中，并且用手拉动机用虎钳底盘，使定位键与T形槽直槽一侧贴合。

3）用T形螺栓将机用虎钳压紧在铣床工作台面上。

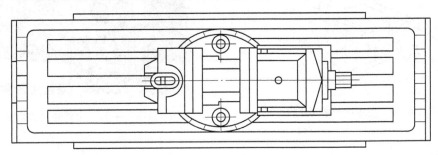

图2-4-28　机用虎钳的安装

2. 机用虎钳的找正

1）松开机用虎钳上体与转盘底座的紧固螺母，将机用虎钳水平回转90°，并稍稍带紧紧固螺母。

2）将指示表座固定在机床主轴上，或者将磁性表座吸附在机床立柱的外壳上，注意防止指示表座与连接杆的松动，以免影响找正精度。

3）将指示表测头接触机用虎钳固定钳口，如图2-4-29所示。

4）手动沿X（或Z）向往复移动工作台，观察指示表指针，找正钳口对X（或Z）向的平行度，指示表指针示值范围不要超过0.02mm。移动铣床Z向，可以校核固定钳口与工作台面的垂直度误差。

5）拧紧紧固螺母。

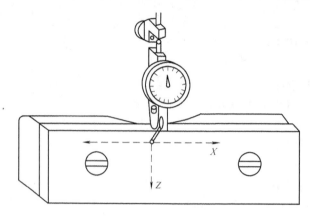

图 2-4-29 机用虎钳的找正

6) 将指示表表座从机床主轴上卸下。

技能点 2 使用机用虎钳装夹工件的方法

用锉刀把工件各棱边毛刺去除干净,将机用虎钳和垫铁擦拭干净,选择合适的垫铁组合,以保证工件毛坯露出机用虎钳高度大于工件外轮廓的高度,将垫铁置于机用虎钳钳口间底部,然后将工件置于钳口内垫铁之上,使工件定位基准面分别紧贴机用虎钳固定钳口和垫铁上表面,转动机用虎钳扳手预紧工件,用木锤子敲击工件上表面以保证工件下表面与垫铁紧密接触(图 2-4-30),再次转动机用虎钳扳手夹紧工件。工件装夹示意图如图 2-4-31 所示。注意:当工件本身尺寸较大时可以不使用垫铁而直接将其定位在机用虎钳内。

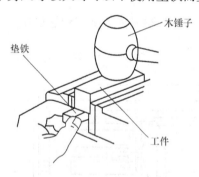

图 2-4-30 用木锤子敲实工件

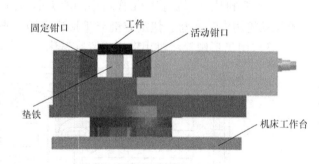

图 2-4-31 工件装夹示意图

【任务实施】

步骤 1 零件分析

图 2-4-1 所示零件毛坯为两块 100mm×100mm×30mm 的 45 钢。零件存在两处配合,一处为尺寸 $94_{-0.04}^{\ 0}$ mm 和 $94_{\ 0}^{+0.04}$ mm 的轮廓配合,另一处为 $\phi 32_{-0.039}^{\ 0}$ mm 的凸台和 $\phi 32_{\ 0}^{+0.039}$ mm 的孔配合。另外件 2 上有一个宽 3mm、深 $6_{\ 0}^{+0.022}$ mm 的薄壁和四个螺孔。件 1 的加工要素较少,件 2 的薄壁加工是难点,加工时要尽量避免薄壁变形。

步骤 2 工艺制订

1. 确定定位基准和装夹方案

零件毛坯为方形板料,所以采用机用虎钳装夹,用指示表找正机用虎钳。铅垂面定位基准为零件的底面,另一定位基准为零件与固定钳口接触的侧面。将 100mm×100mm×30mm 的长方形工件用垫铁作为 Z 向的限位,放在机用虎钳中,如图 2-4-32 所示,注意使垫铁避开 4×

M10 螺孔和 $\phi32^{+0.039}_{\ 0}$ 孔的位置，并使上表面高出钳口 15～20mm，夹紧工件。

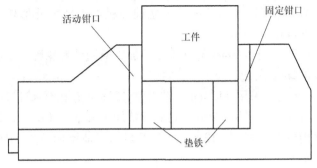

图 2-4-32 工件装夹示意图

2. 选择刀具与切削用量

选择刀具时需要根据零件结构特征确定刀具类型。件 1 需要加工的部位是外轮廓和圆形凸台，外轮廓的最小内圆弧半径为 R18mm；件 2 需要加工的部位有薄壁内轮廓、外轮廓、螺孔和镗孔，内轮廓最小内圆弧半径为 R7mm，外轮廓最小内圆弧半径为 R15mm。根据零件的精度要求和工序安排确定刀具几何参数及切削用量，见表 2-4-1。

表 2-4-1 刀具几何参数及切削用量表

序号	工作内容	刀具号	刀具名称	刀具规格	主轴转速 /(r/min)	进给量 /(mm/min)
1	粗精铣件 1、件 2 外轮廓，粗铣 ϕ32mm 孔	T01	立铣刀	ϕ20mm	350/450	60/50
2	钻中心孔	T02	中心钻	A3	1200	60
3	钻 4×M10 底孔	T03	钻头	ϕ8.6mm	500	75
4	粗精铣件 2 内轮廓	T04	立铣刀	ϕ12mm	400/500	60/50
5	精镗 ϕ32mm 孔	T05	精镗孔刀	ϕ32mm	1500	60
6	攻 4×M10 螺孔	T06	丝锥	M10	50	75

3. 确定加工顺序

由于本任务是配合件加工，而件 1 的加工要素较少，且为凸轮廓，比较容易测量，所以应先加工件 1。件 1 加工合格后，可以用件 1 配作件 2，这样既能比较容易满足配合精度要求，又可把件 1 作为件 2 的检验工具。件 1 的加工顺序如下。

(1) 下料　根据零件的外形要求，保证 100mm×100mm×30mm 的尺寸。

(2) 粗加工外轮廓　采用 ϕ20mm 的高速工具钢立铣刀粗加工外轮廓，给精加工单边留 0.2mm 精加工余量，深度留 0.2mm 余量。

(3) 粗加工圆形凸台　用上道工序的刀具加工圆形凸台，给精加工单边留 0.2mm 精加工余量，深度留 0.2mm 余量。

(4) 精加工外轮廓和圆形凸台　用上道工序的刀具精加工外轮廓和圆形凸台，保证外形尺寸 $94^{\ 0}_{-0.04}$mm、$\phi32^{\ 0}_{-0.039}$mm 和高度尺寸 $5^{\ 0}_{-0.022}$mm、$8^{\ 0}_{-0.022}$mm。

(5) 清除残料　由于内轮廓是孔和薄壁的配合部位，而外轮廓没有要求，所以加工的时候应该采用的顺序：粗加工外轮廓→粗加工内轮廓→精加工外轮廓→精加工内轮廓。把内轮廓的精加工放在最后，保证内轮廓的精度满足配合要求。件 2 的加工顺序如下。

(1) 下料　根据零件的外形要求，保证 100mm×100mm×30mm 的尺寸。

(2) 钻中心孔　采用 A3 中心钻钻 4×M10 和 ϕ32mm 的中心孔。

(3) 钻 4×M10 和 ϕ32mm 底孔　采用 ϕ8.6mm 钻头钻 4×M10 底孔，并预钻 ϕ32mm

底孔。

(4) 粗加工薄壁外形轮廓 用 $\phi 20mm$ 的立铣刀粗加工薄壁外形轮廓,给精加工单边留 0.2mm 精加工余量,深度留 0.2mm 余量。

(5) 粗加工薄壁内腔 用 $\phi 12mm$ 的立铣刀粗加工薄壁外形轮廓,给精加工单边留 0.2mm 精加工余量,深度留 0.2mm 余量。

(6) 粗铣 $\phi 32mm$ 底孔 采用 $\phi 12mm$ 立铣刀铣 $\phi 32mm$ 底孔至 $\phi 31.7mm$。

(7) 精加工薄壁外轮廓 采用 $\phi 20mm$ 立铣刀精加工薄壁外轮廓,保证其尺寸精度。

(8) 精加工薄壁内轮廓 采用 $\phi 12mm$ 立铣刀精加工薄壁内轮廓,保证其尺寸 $94^{+0.04}_{0}mm$ 精度,用件 1 配作件 2。

(9) 镗 $\phi 32mm$ 孔 用 $\phi 32mm$ 的精镗孔刀镗 $\phi 32mm$ 孔,保证其尺寸 $\phi 32^{+0.039}_{0}mm$ 精度,为了保证顺利配合,应尽量偏向上极限尺寸。

(10) 攻 $4 \times M10$ 螺纹 用 M10 的丝锥,攻 $4 \times M10$ 螺纹。

(11) 清残料

根据上面的零件加工工艺过程,制订配合件数控加工工序卡,见表 2-4-2 和表 2-4-3。

表 2-4-2 件 1 数控加工工序卡

件 1 数控加工工序卡		零件图号		零件名称		材料		使用设备		
				件 1		45 钢		数控铣床		
工步号	工步内容	刀具号	刀具名称	刀具规格 /mm	主轴转速 /(r/min)	进给量 /(mm/min)	刀具半径补偿号	刀具长度补偿号	备注
1	下料,外形至尺寸								
2	粗加工外轮廓,单边留余量 0.2mm,深度留余量 0.2mm	T01	立铣刀	$\phi 20$	350	80	D01	H01	
3	粗加工圆形凸台,单边留余量 0.2mm,深度留余量 0.2mm	T01	立铣刀	$\phi 20$	350	80	D01	H01	
4	精加工外轮廓和圆形凸台,保证尺寸	T01	立铣刀	$\phi 20$	400	50	D01	H01	
5	清残料	T01	立铣刀	$\phi 20$	350		D01	H01	手动

表 2-4-3 件 2 数控加工工序卡

件 2 数控加工工序卡		零件图号		零件名称		材料		使用设备		
				件 2		45 钢		数控铣床		
工步号	工步内容	刀具号	刀具名称	刀具规格 /mm	主轴转速 /(r/min)	进给量 /(mm/min)	刀具半径补偿号	刀具长度补偿号	备注
1	下料,外形至尺寸								
2	钻 $4 \times M10$ 和 $\phi 32mm$ 的中心孔	T02	中心钻	A3	1200	60		H02	
3	钻 $4 \times M10$ 和 $\phi 32mm$ 底孔至 $\phi 8.6mm$	T03	钻头	$\phi 8.6mm$	500	75		H03	
4	粗加工薄壁外轮廓,单边留余量 0.2mm,深度留余量 0.2mm	T01	立铣刀	$\phi 20mm$	350	60	D01	H01	
5	粗加工薄壁内腔,单边留余量 0.2mm,深度留余量 0.2mm	T04	立铣刀	$\phi 12mm$	400	60	D04	H04	

项目 2 盘盖类零件数控编程与加工

(续)

件 2 数控加工工序卡		零件图号	零件名称	材料	使用设备				
			件 2	45 钢	数控铣床				
工步号	工步内容	刀具号	刀具名称	刀具规格/mm	主轴转速/(r/min)	进给量/(mm/min)	刀具半径补偿号	刀具长度补偿号	备注
6	粗铣 φ32mm 底孔	T04	立铣刀	φ12mm	400	60	D04	H04	
7	精加工薄壁外轮廓	T01	立铣刀	φ20mm	400	50	D01	H01	
8	精加工薄壁内轮廓	T04	立铣刀	φ12mm	500	50	D04	H04	
9	镗 $\phi32^{+0.039}_{0}$ mm 孔至尺寸	T05	精镗孔刀	φ32mm	1500	20		H05	
10	攻 4×M10 螺纹	T06	丝锥	M10	50	75		H06	
11	清残料	T01	立铣刀	φ20mm	350		D01	H01	手动

步骤 3 程序编写

1. 建立工件坐标系

件 1 和件 2 均为中心对称图形,尺寸标注采用对称标注,中心线为设计基准,所以编程序零点和加工零点选在工件上表面中心位置。

2. 确定刀具路径

件 1、件 2 刀具路径图分别如图 2-4-33、图 2-4-34 所示。

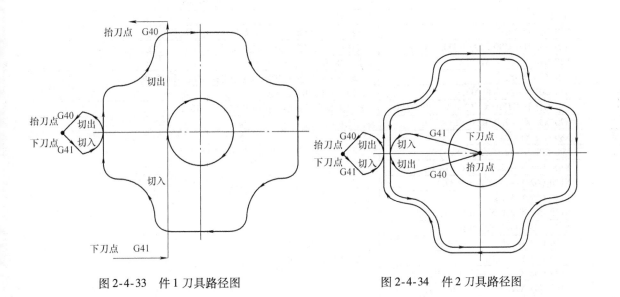

图 2-4-33 件 1 刀具路径图　　　　　图 2-4-34 件 2 刀具路径图

3. 计算节点坐标

节点坐标如图 2-4-35 所示。

4. 编写程序

手工编写零件加工程序,图 2-4-1 所示零件的参考加工程序见表 2-4-4～表 2-4-12。

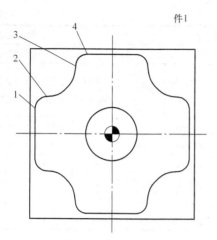
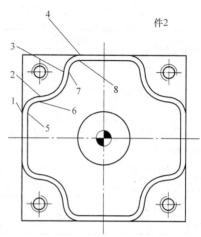

第1点坐标：$X=-47$ $Y=15$ 第1点坐标：$X=-50$ $Y=15$ 第5点坐标：$X=-47$ $Y=15$
第2点坐标：$X=-40$ $Y=22$ 第2点坐标：$X=-40$ $Y=25$ 第6点坐标：$X=-40$ $Y=22$
第3点坐标：$X=-22$ $Y=40$ 第3点坐标：$X=-25$ $Y=40$ 第7点坐标：$X=-22$ $Y=40$
第4点坐标：$X=-15$ $Y=47$ 第4点坐标：$X=-15$ $Y=50$ 第8点坐标：$X=-15$ $Y=47$

a)   b)

图 2-4-35 节点坐标

表 2-4-4 粗铣件 1 外轮廓程序

程序内容	程序说明
O2411	程序号
N10 G54 G90 G17;	选择工件坐标系、加工平面和绝对坐标编程方式
N20 G43 H01 G00 Z100.0 M03 S350;	快速抬刀至安全高度，建立长度补偿 H01，主轴正转
N30 G40 X-80.0 Y0.0;	定位至下刀点上方
N40 Z5.0 M08;	Z 轴下刀至工件上方 5mm（参考高度），开切削液
N50 G01 Z-13.0 F1000;	Z 轴下刀到切削层高度
N60 G41 D01 G01 X-67.0 Y-20.0 F80;	建立刀具半径补偿，粗加工 D01 = "10.2"
N70 G03 X-47.0 Y0.0 R20.0;	圆弧切向切入
N80 G01 Y15.0;	
N90 G02 X-40.0 Y22.0 R7.0;	
N100 G03 X-22.0 Y40.0 R18.0;	
N110 G02 X-15.0 Y47.0 R7.0;	
N120 G01 X15.0;	
N130 G02 X22.0 Y40.0 R7.0;	
N140 G03 X40.0 Y22.0 R18.0;	
N150 G02 X47.0 Y15.0 R7.0;	沿轮廓加工，顺铣
N160 G01 Y-15.0;	
N170 G02 X40.0 Y-22.0 R7.0;	
N180 G03 X22.0 Y-40.0 R18.0;	
N190 G02 X15.0 Y-47.0 R7.0;	
N200 G01 X-15.0;	
N210 G02 X-22.0 Y-40.0 R7.0;	
N220 G03 X-40.0 Y-22.0 R18.0;	
N230 G02 X-47.0 Y-15.0 R7.0;	
N240 G01 X-47.0 Y0.0;	
N250 G03 X-67.0 Y20.0 R20.0;	圆弧切向切出
N260 G40 G00 X-80.0 Y0.0;	取消刀具半径补偿
N270 G00 G49 Z200.0 M09;	抬刀至安全高度，取消长度补偿，关切削液
N280 M30;	程序结束

精铣件1外轮廓时，要根据加工零件的测量结果修改D01和H01中的设置值。

表2-4-5 粗铣件1圆形凸台程序

程序内容	程序说明
O2412	程序号
N10 G54 G90 G17;	选择工件坐标系、加工平面和绝对坐标编程方式
N20 G43 H01 G00 Z100.0 M03 S350;	快速抬刀至安全高度，建立长度补偿H01，主轴正转
N30 G40 X-65.0 Y-65.0;	定位至下刀点上方
N40 Z5.0 M08;	Z轴下刀至工件上方5mm（参考高度），开切削液
N50 G01 Z-5.0 F1000;	Z轴下刀到切削层高度
N60 G41 D01 X-16.0;	建立刀具半径补偿，粗加工D01="10.2"
N70 Y0.0 F80;	切向切入
N80 G02 I16.0;	加工圆形凸台
N90 G01 Y65.0;	切向切出
N100 G40 G00 X-65.0 Y65.0;	取消刀具半径补偿
N110 G00 G49 Z200.0 M09;	抬刀至安全高度，取消长度补偿，关切削液
N120 M30;	程序结束

精铣件1圆形凸台时，要根据加工零件的测量结果修改D01和H01中的设置值。

表2-4-6 钻中心孔程序

程序内容	程序说明
O2421	程序号
N10 G54 G90 G17;	选择工件坐标系、加工平面和绝对坐标编程方式
N20 G43 H02 G00 Z100.0 M03 S1200;	快速抬刀至安全高度，建立长度补偿H02，主轴正转
N30 G40 X0.0 Y0.0 M08;	取消刀具半径补偿，开切削液
N40 G99 G81 X0.0 Y0.0 Z-5.0 R2.0 F60;	钻ϕ32mm中心孔
N50 X-40.0 Y40.0;	钻4×M10中心孔
N60 X40.0 Y40.0;	
N70 X40.0 Y-40.0;	
N80 X-40.0 Y-40.0;	
N90 G00 G49 Z200.0 M09;	抬刀到安全高度，取消长度补偿，关切削液
N100 M30;	程序结束

表2-4-7 钻底孔程序

程序内容	程序说明
O2422	程序号
N10 G54 G90 G17;	选择工件坐标系、加工平面和绝对坐标编程方式
N20 G43 H03 G00 Z100.0 M03 S500;	快速抬刀至安全高度，建立长度补偿H03，主轴正转
N30 G40 X0.0 Y0.0 M08;	取消刀具半径补偿，开切削液
N40 G83 X0.0 Y0.0 Z-35.0 Q5 R2.0 F75;	钻ϕ32mm底孔
N50 X-40.0 Y40.0;	钻4×M10底孔
N60 X40.0 Y40.0;	
N70 X40.0 Y-40.0;	
N80 X-40.0 Y-40.0;	
N90 G00 G49 Z200.0 M09;	抬刀到安全高度，取消长度补偿，关切削液
N100 M30;	程序结束

表 2-4-8 粗铣件 2 外轮廓程序

程序内容	程序说明
O2423	程序号
N10 G54 G90 G17;	选择工件坐标系、加工平面和绝对坐标编程方式
N20 G43 H01 G00 Z100.0 M03 S350;	快速抬刀至安全高度,建立长度补偿 H01,主轴正转
N30 G40 X-80.0 Y0.0;	定位至下刀点上方
N40 Z5.0 M08;	Z 轴下刀至工件上方 5mm(参考高度),开切削液
N50 G01 Z-6.0 F1000;	Z 轴下刀到切削层高度
N60 G41 D01 G01 X-70.0 Y-20.0 F60;	建立刀具半径补偿,粗加工 D01 = "10.2"
N70 G03 X-50.0 Y0.0 R20.0;	圆弧切向切入
N80 G01 Y15.0;	沿轮廓加工,顺铣
N90 G02 X-40.0 Y25.0 R10.0;	
N100 G03 X-25.0 Y40.0 R15.0;	
N110 G02 X-15.0 Y50.0 R10.0;	
N120 G01 X15.0;	
N130 G02 X25.0 Y40.0 R10.0;	
N140 G03 X40.0 Y25.0 R15.0;	
N150 G02 X50.0 Y15.0 R10.0;	
N160 G01 Y-15.0;	
N170 G02 X40.0 Y-25.0 R10.0;	
N180 G03 X25.0 Y-40.0 R15.0;	
N190 G02 X15.0 Y-50.0 R10.0;	
N200 G01 X-15.0;	
N210 G02 X-25.0 Y-40.0 R10.0;	
N220 G03 X-40.0 Y-25.0 R15.0;	
N230 G02 X-50.0 Y-15.0 R10.0;	
N240 G01 X-50.0 Y0.0;	
N250 G03 X-70.0 Y20.0 R20.0;	圆弧切向切出
N260 G40 G00 X-80.0 Y0.0;	取消刀具半径补偿
N270 G00 G49 Z100.0 M09;	抬刀至安全高度,取消长度补偿,关切削液
N280 M30;	程序结束

精铣件 2 外轮廓时,要根据加工零件的测量结果修改 D01 和 H01 中的设置值。另外可以通过修改 D01 中的设置值而直接使用加工件 1 的程序 "O2411" 加工件 2 的外轮廓。

表 2-4-9 粗铣件 2 薄壁内轮廓程序

程序内容	程序说明
O2424	程序号
N10 G54 G90 G17;	选择工件坐标系、加工平面和绝对坐标编程方式
N20 G43 H04 G00 Z100.0 M03 S400;	快速抬刀至安全高度,建立长度补偿 H04,主轴正转
N30 G40 X0.0 Y0.0;	定位至下刀点上方
N40 Z5.0 M08;	Z 轴下刀至工件上方 5mm(参考高度),开切削液
N50 G01 Z-8.5 F60;	Z 轴下刀到切削层高度
N60 G41 D04 X-37.0 Y10.0;	建立刀具半径补偿 D04,粗加工 D04 = 6.2
N70 G03 X-47.0 Y0.0 R10.0;	圆弧切向切入

(续)

程序内容	程序说明
N80 Y-15.0;	
N90 G03 X-40.0 Y-22.0 R7.0;	
N100 G02 X-22.0 Y-40.0 R18.0;	
N110 G03 X-15.0 Y-47.0 R7.0;	
N120 G1 X15.0;	
N130 G03 X22.0 Y-40.0 R7.0;	
N140 G02 X40.0 Y-22.0 R18.0;	
N150 G03 X47.0 Y-15.0 R7.0;	
N160 G01 Y15.0;	沿轮廓加工，顺铣
N170 G03 X40.0 Y22.0 R7.0;	
N180 G02 X22.0 Y40.0 R18.0;	
N190 G03 X15.0 Y47.0 R7.0;	
N200 G01 X-15.0;	
N210 G03 X-22.0 Y40.0 R7.0;	
N220 G02 X-40.0 Y22.0 R18.0;	
N230 G03 X-47.0 Y15.0 R7.0;	
N240 G01 X-47.0 Y0.0;	
N250 G03 X-37.0 Y-10.0 R10.0;	圆弧切向切出
N260 G40 G01 X0.0 Y0.0;	取消刀具半径补偿
N270 G00 G49 Z200.0 M09;	抬刀至安全高度，取消长度补偿，关切削液
N280 M30;	程序结束

精铣件2内轮廓时，要根据加工零件的测量结果修改D04和H04中的设置值。

表 2-4-10　粗铣 ϕ32mm 底孔程序

程序内容	程序说明
O2425;	程序号
N10 G54 G17 G90 M03 S400.0;	选择坐标系G54，绝对坐标编程，主轴正转
N20 G43 H04 G00 Z100.0;	定位到初始平面，建立刀具长度补偿
N30 G40 G00 X0.0 Y0.0 M08;	快速定位至下刀点位置，取消刀具半径补偿，开切削液
N40 G00 Z5.0;	快速定位至参考高度
N50 G01 Z-31.0 F60;	下刀到切削层高度
N60 G01 G41 D04 X16.0;	垂直切入，建立半径补偿，D04设置为"6.15"
N70 G03 I-16.0;	走整圆铣孔
N80 G01 G40 X0.0 Y0.0 F100;	取消半径补偿
N90 G00 G49 Z100.0 M09;	抬刀至安全高度，取消长度补偿，关切削液
N100 M30;	程序结束

表 2-4-11　镗孔程序

程序内容	程序说明
O2426	程序号
N10 G54 G90 G17;	选择工件坐标系、加工平面和绝对坐标编程方式
N20 G43 H05 G00 Z100.0 M03 S1500;	快速抬刀至安全高度，建立长度补偿H05，主轴正转
N30 G40 X0.0 Y0.0 M08;	取消刀具半径补偿，开切削液
N40 G76 X0.0 Y0.0 Z-32.0 R2.0 Q0.5 F20;	镗 ϕ32mm 孔
N50 G00 G49 Z200.0 M09;	抬刀至安全高度，取消长度补偿，关切削液
N60 M30;	程序结束

表 2-4-12　攻 4×M10 螺纹程序

程序内容	程序说明
O2427;	程序号
N10 G54 G90 G17;	选择工件坐标系、加工平面和绝对坐标编程方式
N20 G43 H06 G00 Z100.0 M03 S50;	快速抬刀至安全高度，建立长度补偿 H06，主轴正转
N30 G40 X0.0 Y0.0 M08;	取消刀具半径补偿，开切削液
N40 G84 X-40.0 Y40.0 Z-35.0 R4.0 F75;	攻螺纹固定循环
N50 X40.0 Y40.0;	
N60 X40.0 Y-40.0;	
N70 X-40.0 Y-40.0;	
N80 G00 G49 Z200.0 M09;	抬刀至安全高度，取消长度补偿，关切削液
N90 M30;	程序结束

加工时，需要根据机床的切削状态及时调整切削用量，保证加工质量。镗孔时，需要注意刀具的安装方向和让刀方向，在镗削过程中需经过多次测量和调整后，才能保证镗孔的精度。

步骤 4　工具材料领用

完成本任务零件加工所需的工、刃、量、辅具清单见表 2-4-13。

表 2-4-13　工、刃、量、辅具清单

序号	名称	规格	数量	备注
1	机用虎钳	QH160	1 台	
2	扳手		1 把	
3	木锤子		1 把	
4	游标卡尺	0~150mm/0.02mm	1 把	
5	内测千分尺	25~50mm/0.01mm	1 把	
6	指示表及表座	0~8mm/0.01mm	1 套	
7	表面粗糙度样板	N0~N1 12 级	1 副	
8	中心钻	A3	1 把	
9	钻头	φ8.6mm	1 把	
10	立铣刀	φ20mm、φ12mm	各 1 把	
11	精镗刀	BJ1625-90	1 套	
12	丝锥	M10	1 把	
13	材料	100mm×100mm×30mm	2 块	
14	刀柄、拉钉、夹头	BT40	5 套	
15	自锁式钻夹刀柄	BT40	1 套	
16	其他辅具	铜棒、铜皮、毛刷等；计算器、相关指导书等	1 套	选用

步骤 5　零件加工

1）按照工、刃、量、辅具清单领取相应的工、刃、量、辅具。

2）开机上电。

3）复位。

4）返回机床参考点。

5）装夹工件毛坯。

6）装夹刀具并找正。

项目 2 盘盖类零件数控编程与加工

7）对刀，建立工件坐标系。
8）程序的输入。
9）程序校验。
10）零件加工。
11）零件测量。
12）校正刀具磨损值。
13）加工合格后对机床进行相应的保养。
14）按照工、刃、量、辅具清单归还相应的工、刃、量、辅具。
15）填写工作日志并关闭机床电源。

注意事项：

1）程序编好后，待教师检查无误方可运行。
2）运行时要用单段方式进行，且注意将机床的防护罩关闭。
3）出现紧急情况马上按急停按钮。
4）注意进给倍率的控制。

【检查评价】

加工完成后对零件进行去毛刺和尺寸的检测，配合件零件检测的评分表见表 2-4-14。

表 2-4-14 配合件零件检测的评分表

项目	序号	技术要求	配分	评分标准	得分
程序与工艺 （15%）	1	程序正确完整	5	不规范每处扣 1 分	
	2	切削用量合理	5	不合理每处扣 1 分	
	3	工艺过程规范合理	5	不合理每处扣 1 分	
机床操作 （20%）	4	刀具选择安装正确	5	不正确每次扣 1 分	
	5	对刀及工件坐标系设定正确	5	不规范每处扣 1 分	
	6	机床操作规范	5	不正确每次扣 1 分	
	7	工件加工正确	5	不正确每次扣 1 分	
工件质量 （40%）	8	尺寸精度符合要求	30	不合格每处扣 3 分	
	9	表面粗糙度符合要求	8	不合格每处扣 1 分	
	10	无毛刺	2	不合格不得分	
文明生产 （15%）	11	安全操作	5	出错全扣	
	12	机床维护与保养	5	不合格全扣	
	13	工作场所整理	5	不合格全扣	
相关知识及 职业能力 （10%）	14	数控加工基础知识	2	视情况酌情给分	
	15	自学能力	2		
	16	表达沟通能力	2		
	17	合作能力	2		
	18	创新能力	2		

【拓展训练】

在数控铣床上完成图 2-4-36 所示配合件零件的加工。毛坯材料为 45 钢，尺寸为 100mm×100mm×15mm。注意配合件零件加工工序的安排，同时注意配合件零件加工精度的控制。

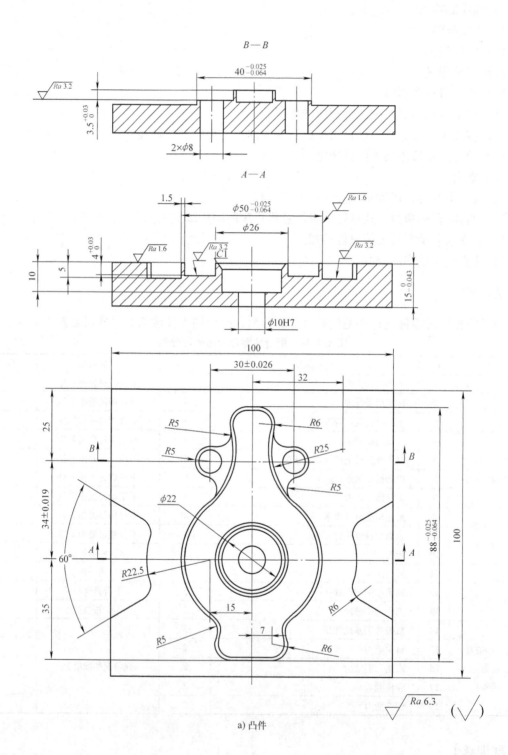

a) 凸件

图 2-4-36 拓展

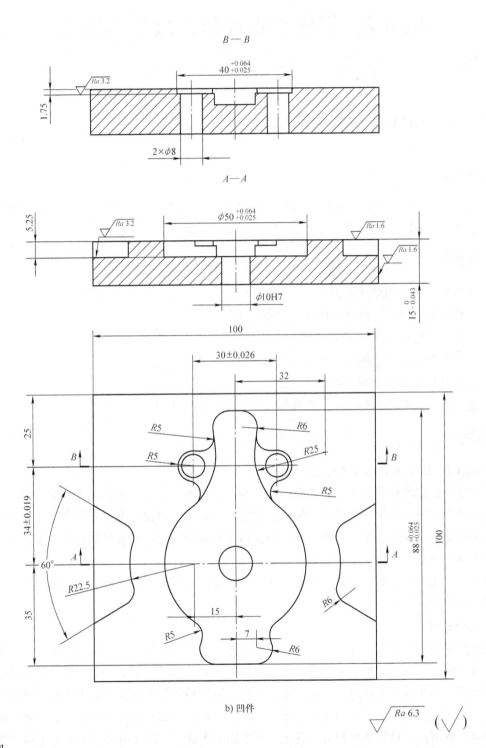

b) 凹件

训练图

项目 3　箱体类零件数控编程与加工

任务 3.1　箱体数控铣削加工

【任务导入】

本任务要求在加工中心上采用压板对零件进行定位装夹,加工图 3-1-1 所示的箱体零件,对箱体零件工艺编制、程序编写及数控铣削加工全过程进行详细分析。

【任务目标】

1. 了解加工中心的基础知识。
2. 熟练掌握回参考点指令的格式及编程方法。
3. 熟练掌握箱体铣削加工工艺。
4. 熟练掌握加工中心的安全操作规程。
5. 熟练掌握加工中心的基本操作方法。
6. 遵守安全文明生产的要求,操作加工中心加工箱体零件。

【知识准备】

知识点 1　加工中心的加工范围

通常能够在数控铣床上加工的工序内容,都可以在加工中心上加工。由于加工中心具备自动换刀的功能,并且其加工工序高度集中,因此对于在加工过程中需要调用多把刀具或者需要频繁换刀以及工序繁杂、生产周期较长、位置精度要求较高和不同表面间的尺寸精度要求较高的工序内容更适合于在加工中心上进行加工。

加工中心加工的主要对象有箱体类零件、复杂曲面类零件、异形件、盘、套、板类零件和新产品试制中的零件等。

1. 箱体类零件

箱体类零件一般是指具有一个以上孔系,内部有型腔,在长、宽、高方向有一定比例的零件,这类零件在机床、汽车、飞机制造等行业应用较多,如图 3-1-2 所示。箱体类零件一般都需要进行多工位孔系及平面加工,公差要求较高,特别是几何公差要求较为严格,通常要经过铣、钻、扩、镗、铰、锪、攻螺纹等工序,需要刀具较多。如果在普通机床上加工则需要的工装套数多、费用高;且需多次装夹、找正,手工测量次数多,加工时必须频繁地更换刀具,因此加工周期较长,更重要的是精度难以保证。

当加工工位较多、需工作台多次旋转才能完成的零件时,一般选卧式镗铣类加工中心。在加工中心上加工箱体类零件,一次装夹后可完成普通机床60%~95%的加工内容。

项目 3 箱体类零件数控编程与加工

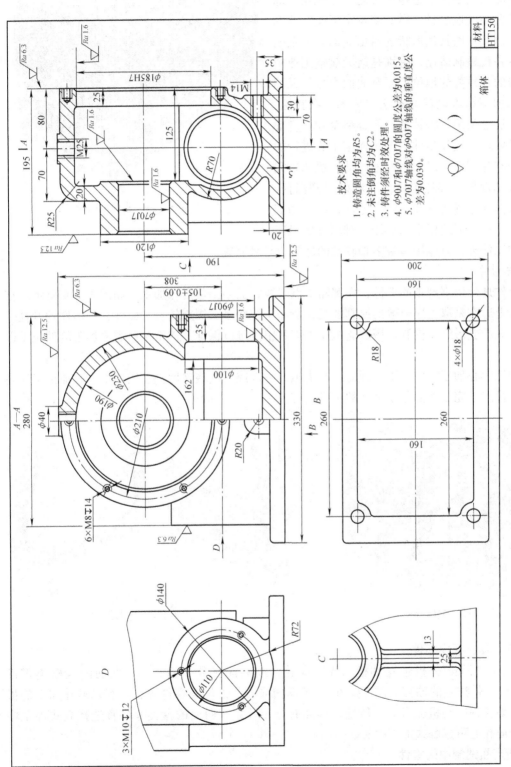

图 3-1-1 箱体零件图

2. 复杂曲面类零件

复杂曲面类零件是指各种叶轮、导风轮、球面、各种曲面成形模具、螺旋桨及水下航行器的推进器，以及一些其他形状的自由曲面。复杂曲面类零件在机械制造业，特别是航天航空工业中占有特殊的、重要的地位。复杂曲面类零件采用普通机床加工是难以甚至无法完成的。在我国，传统的方法是采用精密铸造，但其精度和强度都难以满足要求。这类零件均可用加工中心进行加工，其中有些零件可以采用三轴联动的机床来完成，但效率较低，其加工质量也难以得到保证；而对于整体叶轮（图3-1-3）类零件，由于加工时会发生干涉，因此根本无法用三轴联动的机床来完成加工任务，只能用具备多轴联动的加工中心来完成。

图 3-1-2　箱体零件

3. 异形件

异形件是外形不规则的零件，大都需要点、线、面多工位混合加工，如图3-1-4所示。在普通机床上通常采取工序分散的原则加工，所需工装较多、周期较长。此外，异形件的刚性一般较差，夹压变形难以控制，用普通机床加工其精度难以保证，甚至某些需要加工的部位难以完成。

用加工中心加工时应采用合理的工艺措施，一次或两次装夹后，利用加工中心加工工序高度集中的优点，完成大部分或全部的工序内容。

图 3-1-3　整体叶轮

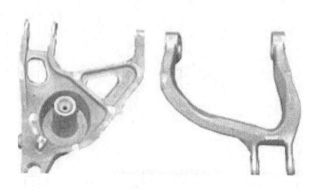

图 3-1-4　异形件

4. 盘、套、板类零件

盘、套、板类零件指带有键槽，或径向孔，或端面有分布的孔系、曲面的板槽类零件（图3-1-5）；带法兰的轴套（图3-1-6）、带键槽或方头的轴类零件等；具有较多孔加工的板类零件，如各种电动机盖等。一般地，端面有分布孔系、曲面的盘类零件宜选择立式加工中心，有径向孔的可选卧式加工中心。

5. 新产品试制中的零件

新产品在定型之前，选择加工中心试制，既可省去许多用通用机床加工所需的试制工装，又可极大地降低产品研制成本，缩短产品研制周期。

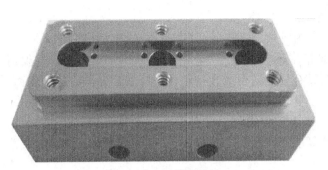

图 3-1-5 板槽类零件

图 3-1-6 带法兰的轴套

知识点 2 加工中心的基本组成

加工中心和一般的数控铣床的结构组成基本相似，两者最大的区别在于：加工中心配置有刀库（图 3-1-7）和自动换刀机构。在加工过程中可以自动更换刀具，而数控铣床没有刀库，要人工更换刀具。

部分加工中心为使工件在一次装夹中能够加工尽可能多的工序内容，配备有数控回转工作台；除此之外，有的加工中心为了进一步缩短非切削时间，配有两个自动交换工件托盘，一个安装在工作台上进行加工，另一个则位于工作台外进行装卸工件。当安装在工作台上的托盘中的工件完成加工后，便自动交换托盘，进行新零件的加工，这样可减少辅助时间，提高加工效率。

a) 转塔刀库

b) 链式刀库

c) 斗笠式刀库

d) 侧挂式刀库

图 3-1-7 加工中心刀库

知识点 3 加工中心的分类

对加工中心有多种不同的分类方法，通常可以按照加工中心可控制的联动轴数、换刀形式和主轴布局形式进行分类。

1. 按控制轴数分类

按控制轴数加工中心可分为三轴加工中心、四轴加工中心、五轴加工中心。

2. 按照换刀形式分类

（1）带刀库、机械手的加工中心　该加工中心的换刀装置由刀库和机械手组成，换刀机械手完成换刀工作，这是加工中心采用的最普遍形式。

（2）无机械手的加工中心　这种加工中心的换刀是通过刀库和主轴箱的配合动作来完成的，一般是采用把刀库放在主轴箱可以运动到的位置，或整个刀库或某一刀位能够到主轴箱可以达到的位置。刀库中刀具的存放位置方向与主轴方向一致。换刀时，主轴运动到刀位上的换刀位置，由主轴直接取走或放回刀具。多用于采用 40 号以下刀柄的小型加工中心。

（3）转塔刀库式加工中心　一般在小型立式加工中心上采用转塔刀库形式，主要以孔加工为主。

3. 按照机床形态及主轴布局形式分类

按照机床形态及主轴布局形式分类,分为卧式、立式、万能加工中心。

(1) 卧式加工中心 卧式加工中心是指主轴轴线与工作台平行设置的加工中心,主要适用于加工箱体类零件。卧式加工中心一般具有分度转台或数控转台,可加工工件的各个侧面;如果配备了数控转台则可做多轴联动,加工复杂的空间曲面。

(2) 立式加工中心 立式加工中心是指主轴轴线与工作台垂直设置的加工中心,主要适用于加工板类、盘类、模具及小型壳体类复杂零件。立式加工中心一般不带回转工作台,仅做顶面加工。

此外,还有带立、卧两个主轴的复合式加工中心和主轴能调整成卧轴或立轴的立卧可调式加工中心,它们能对工件进行五个面的加工。

(3) 万能加工中心 万能加工中心又称多轴联动型加工中心,是指通过加工主轴轴线与工作台回转轴线的角度可控制联动变化,完成复杂空间曲面加工的加工中心,适用于加工具有复杂空间曲面的叶轮转子、模具、刃具等工件。

知识点 4 加工中心加工的特点

(1) 工序集中 加工中心备有刀库并能自动更换刀具,对工件进行多工序加工,使得工件在一次装夹后,数控系统能控制机床按不同工序自动选择和更换刀具,自动改变机床主轴转速、进给量和刀具路径及其他辅助功能,现代加工中心更大程度地使工件在一次装夹后实现多表面、多特征、多工位的连续、高效、高精度加工,即工序集中。这是加工中心最突出的特点。

(2) 对加工对象的适应性强 加工中心生产的柔性不仅体现在对特殊要求的快速反应上,而且可以快速实现批量生产,提高市场竞争能力。

(3) 加工精度高 加工中心同其他数控机床一样具有加工精度高的特点,而且加工中心由于加工工序集中,避免了长工艺流程,减少了人为干扰,故加工精度更高,加工质量更加稳定。

(4) 加工生产率高 零件加工所需要的时间包括机动时间与辅助时间两部分。加工中心带有刀库和自动换刀装置,在一台机床上能集中完成多种工序,因而可减少工件装夹、测量和机床调整的时间,减少工件半成品的周转、搬运和存放时间,使机床的切削利用率(切削时间和开动时间之比)高于普通机床 3~4 倍,达 80% 以上。

(5) 操作者的劳动强度减轻 加工中心对零件的加工是按事先编好的程序自动完成的,操作者除了操作键盘、装卸零件,进行关键工序的中间测量以及观察机床的运行之外,不需要进行繁重的重复性手工操作,劳动强度和紧张程度均可大为减轻,劳动条件也得到很大的改善。

(6) 经济效益高 使用加工中心加工零件时,分摊在每个零件上的设备费用是较昂贵的,但在单件、小批量生产的情况下,可以节省许多其他方面的费用,因此能获得良好的经济效益。例如,在加工之前节省了划线工时,在零件装夹到机床上之后可以减少调整、加工和检验时间,减少了直接生产费用。另外,由于加工中心加工零件不需手工制作模型、凸轮、钻模板及其他工夹具,省去了许多工艺装备,减少了硬件投资。还由于加工中心加工稳定,减少了废品率,使生产成本进一步下降。

(7) 有利于生产管理的现代化 用加工中心加工零件,能够准确地计算零件的加工工时,并有效地简化了检验和工夹具、半成品的管理工作。这些特点有利于使生产管理现代化。目前有许多大型CAD/CAM集成软件已经开发了生产管理模块，实现了计算机辅助生产管理。

知识点5　参考点返回指令

（1）格式

1）返回机床参考点校验：G27 X_ Y_ Z_ ；

2）自动返回机床参考点：G28 X_ Y_ Z_ ；

3）从机床参考点返回：G29 X_ Y_ Z_ ；

4）返回第二参考点：G30 X_ Y_ Z_ ；

（2）说明

1）G27用于检查机床是否能准确返回参考点，必需先取消刀具补偿功能，X_ Y_ Z_ 为目标点坐标值。

2）G28可以使受控轴自动返回参考点，必需先取消刀具的补偿功能，X_ Y_ Z_ 为中间点位置坐标，一般用于自动换刀。

3）G29一般紧跟在G28指令后使用，X_ Y_ Z_ 为刀具应到达的坐标点，动作顺序是从参考点快速到达G28指令的中间点，再从中间点移动到G29指令的点。

4）G30与G28指令相似。不同之处是刀具自动返回第二参考点，而第二参考点的位置是由参数来设定的，G30指令必须在执行返回第一参考点后才有效，同G28一样应先取消刀具补偿。

【技能准备】

技能点1　加工中心安全操作规程

数控加工存在一定的危险性，操作加工中心时，操作者必须严格遵守机床安全操作规程，以免造成人身伤害和财产损失。加工中心安全操作规程如下：

1）未经培训者严禁开机；开机前认真检查电网电压、气源气压、润滑油和切削液的油位是否正常，不正常时严禁开机。

2）机床起动后，先检查电气柜冷却风扇和主轴系统是否正常工作，不正常时应立即关机，及时报告老师进行检修。

3）开机后先进行机床Z轴回零，再进行X、Y轴回零和刀库回零操作，回零过程中注意机床各轴的相对位置，避免在回零过程中发生碰撞。

4）手动操作机床时，操作者事先必须设定、确认好手动进给倍率、快速进给倍率，操作过程中时刻注意观察主轴所处位置及面板按键所对应的机床轴的运动方向，避免主轴及主轴上的刀具与夹具、工件之间发生干涉或碰撞。

5）主轴刀具交换必须通过刀库进行，严禁直接手持刀具进行主轴松刀、装刀及换刀；主轴不在零位时，严禁将刀库摆到换刀位，避免刀库和主轴发生碰撞。

6）认真仔细检查程序编制、参数设置、动作顺序、刀具干涉、工件装夹、开关保护等环节是否正确无误，并进行程序校验。调试完程序后做好保存，不允许运行未经校验和内容不明的程序。

7）在MDI方式下禁止用G00指令对Z轴进行快速定位。

8）在手动进行工件装夹和换刀时，要使机床处于锁住状态，其他无关人员禁止操作数控系统面板；工件及刀具装夹要牢固，完成装夹后要立即拿开调整工具，并放回指定位置，以免加工时发生意外。

9）严禁在开门的情况下执行自动换刀动作、运行机床加工工件，避免刀具、工件、切屑甩出伤及操作者。

10) 工作状态及工作结束后要关闭电气装置的门或盖，避免水、灰尘及有害气体进入数控装置控制台的电源控制板等部位；电网突然断电时，应随时关掉电气柜开关。

11) 机床运转中，操作者不得离开岗位；当出现报警、发生异常声音和夹具松动等异常情况时，必须立即停机、保护现场，及时上报、做好记录，并进行相应处理。

12) 工作结束后，须将主轴上的刀具还回刀库；及时清理残留切屑并擦拭机床，若使用气枪或油枪清理切屑时，主轴上必须有刀；禁止用气枪或油枪吹主轴锥孔，避免切屑等微小颗粒杂物吹入主轴孔内，影响主轴清洁度。

13) 关机前保证刀库在原始位置，X、Y、Z 轴停在居中位置；依次关掉机床操作面板上的电源和总电源，并认真填写好工作日志。

技能点 2　熟悉加工中心操作面板

加工中心加工功能的实现主要通过操作操作面板，所以学习加工中心的操作首先要熟悉其操作面板。不同厂家生产的设备操作面板会有所区别，但基本按键和功能大致是一样的。

1. 熟悉加工中心操作面板布局

VMC750E 型立式加工中心操作面板主要包含屏幕显示区、系统操作区、机床操作区、CF 卡接口和 RS232 接口，如图 3-1-8 所示。

2. 熟悉系统操作面板（系统操作区）

不同的机床厂家选择的系统操作面板布局可能会有所区别，但是系统操作面板上的按键内容一般分为手动数据输入 MDI 按键、功能选择按键和辅助操作功能按键三大部分。VMC750E 型立式加工中心系统操作面板如图 3-1-9 所示。

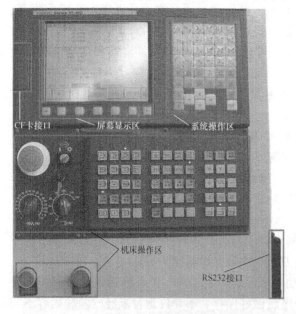

图 3-1-8　VMC750E 型立式加工中心操作面板

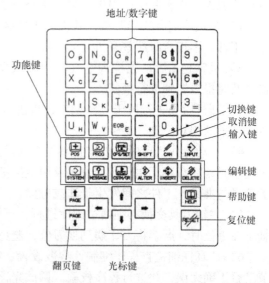

图 3-1-9　VMC750E 型立式加工中心系统操作面板

3. 熟悉机床操作面板（机床操作区）

不同的机床厂家机床操作面板会有一定区别，但是标准面板的图标是一样的，VMC750E 型立式加工中心机床操作面板如图 3-1-10 所示。机床操作面板主要工作方式由选择键、主轴转速倍率调整旋钮、进给速度调节旋钮、各种辅助功能键、手轮、各种指示灯等组成。

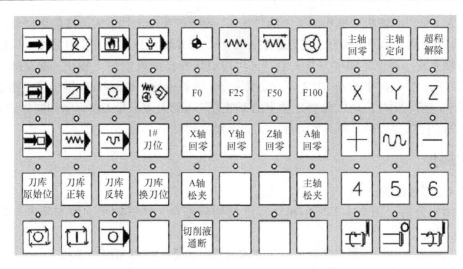

图 3-1-10　VMC750E 型立式加工中心机床操作面板

技能点 3　熟悉加工中心基本操作

加工中心与数控铣床的操作方法基本相同，但是由于加工中心比数控铣床增加了刀库，所以这里主要介绍刀库的相关操作。

1. 刀库的回零

根据加工中心制造厂家的不同，加工中心刀库中的刀具位置有绝对位置和相对位置两种形式，绝对位置形式的刀库开机后要对刀库进行回零操作，VMC750E 型立式加工中心（北京机电院机床有限公司生产）刀库回零的具体操作步骤如下。

选择"手动"（JOG）工作方式，按"刀库正转"键或"刀库反转"键将刀库中 1 号刀位转动到刀库正右方小缺口处，按"1#刀位"。刀库需要回零报警提示自动消失。

2. 装刀入库的操作

根据加工中心制造厂家的不同，加工中心装刀入库的操作方法也不同，有的加工中心使用直接手动将刀具装入刀库，而有的加工中心则必须通过主轴将刀具送入刀库。

（1）直接手动装刀入库的操作方法　北京机电院机床有限公司生产的 VMC750E 型立式加工中心属于手动装刀入库型加工中心，其装刀入库的操作步骤如下。

选择"回零"（REF）工作方式，按"F100"将快速倍率调到最大，按"Z 轴回零"键将 Z 轴回到零点位置（也可以在手动数据输入（MDI）工作方式下执行"G00 G28 Z0.0；"指令使 Z 轴回到零点位置），选择"手动"（JOG）工作方式，按"主轴定向"键使主轴端面键停在正右方，按"刀库换刀位"键直到按键灯亮使刀库刀位移动到主轴位，按"刀库正转"键或"刀库反转"键将需要装刀的刀位（1 号和 2 号刀位）转到刀库窗口，手动将刀具装到刀库对应刀位，待所有刀具装入刀库后按"刀库原始位"键直到按键灯亮使刀库返回到初始位置，装刀结束。

注意：若 Z 轴没有回零、主轴没有定向，均有可能发生碰撞事故；装刀时刀柄上键槽没有插入到刀库刀位定位键内，换刀时也会发生碰撞事故。

（2）主轴装刀入库的操作方法　沈阳机床股份有限公司生产的 TH5650 型和 VMC0850B 型加工中心都是属于主轴装刀入库的加工中心，其装刀入库的操作步骤如下。

按机床操作面板中的"MDI"键选择手动数据输入工作方式，缓存区中输入"T01；"，按系统操作面板中的"INSERT"键将换刀指令输入到数控系统中，按"循环启动"键将主轴上刀号定义为1号刀,按机床操作面板中的"JOG"键选择手动工作方式,按机床操作面板中的"主轴松刀"键使主轴刀具松开,将已经装配好的1号刀装入到主轴锥孔内,按机床操作面板中的"主轴夹紧"键使主轴将刀具夹紧,再次按机床操作面板中的"MDI"键选择手动数据输入工作方式,缓存区中输入"T02;",按系统操作面板中的"INSERT"键将换刀指令输入到数控系统中,按"循环启动"键将主轴上的1号刀装入到刀库1号刀位,采用同样的方法将2号刀装入到刀库2号刀位,将其他刀装入到刀库对应的刀位。

【任务实施】

步骤1 零件分析

(1) 结构分析　图 3-1-1 所示箱体零件结构较复杂,箱壁较薄、加工面多,有孔系要加工。

(2) 技术要求分析　根据图样中技术要求分析,箱体加工时精度要求如下。

1) 端面的表面粗糙度:装配基面表面粗糙度 $Ra6.3\mu m$,其他平面 $Ra12.5\mu m$。

2) 孔的表面粗糙度:主要孔的表面粗糙度 $Ra1.6\mu m$。

3) 孔的精度:孔的公差等级均为 IT7,且主要孔 $\phi 90J7$ 和 $\phi 70J7$ 均有圆度公差要求。

4) 孔系的位置精度:$\phi 70J7$ 轴线对 $\phi 90J7$ 轴线的垂直度公差为 0.03mm。

(3) 毛坯分析　该箱体零件毛坯为铸件,材料为 HT150。

步骤2 工艺制订

1. 确定定位基准和装夹方案

在使用卧式加工中心加工前,箱体顶面、孔和底座及四个安装孔预加工完毕。以箱体底座下平面做定位基准,通过一次装夹定位后,即可完成所有部位的加工。

箱体可采用"一面、两销"的方式定位:箱体底面为第一定位基准,定位元件采用支承面,限制了箱体 X、Y、Z 三个自由度;底座两安装孔,一个采用短圆柱销限制箱体 X、Z 两个自由度;另一个采用削边销限制箱体 Y 一个自由度。箱体的装夹可以通过压板从底座的上表面往下将箱体压紧。箱体零件定位装夹示意图如图 3-1-11 所示。

2. 选择刀具与切削用量

根据零件的精度要求和工序安排确定刀具几何参数及切削用量,见表 3-1-1。

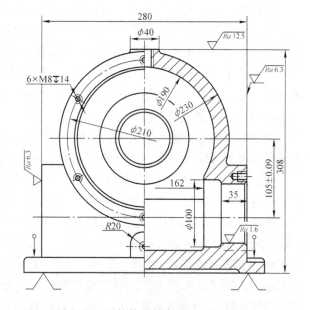

图 3-1-11　箱体零件定位装夹示意图

表 3-1-1　刀具几何参数及切削用量表

序号	工作内容	刀具号	刀具规格	主轴转速 /(r/min)	进给量 /(mm/min)
1	铣端面	T01	$\phi 32mm$ 面铣刀	1000/1500	100/80
2	钻底孔的中心孔	T02	A3 中心钻	1200	60
3	钻 M8 螺孔底孔	T03	$\phi 6.8mm$ 钻头	500	50

项目3 箱体类零件数控编程与加工

(续)

序号	工作内容	刀具号	刀具规格	主轴转速/(r/min)	进给量/(mm/min)
4	钻M10螺孔底孔	T04	φ8.6mm钻头	500	50
5	钻M14螺孔底孔	T05	φ11.9mm钻头	500	50
6	给所有螺孔倒角	T06	φ18mm倒角刀	500	50
7	攻M8螺孔	T07	M8丝锥	60	75
8	攻M10螺孔	T08	M10丝锥	60	90
9	攻M14螺孔	T09	M14丝锥	60	120
10	粗镗φ70J7mm孔	T10	φ69.6mm粗镗刀	2000	150
11	粗镗φ90J7mm孔	T11	φ89.6mm粗镗刀	2000	150
12	粗镗φ185H7mm孔	T12	φ184.6mm粗镗刀	2000	150
13	精镗φ70J7mm孔	T13	φ70mm精镗刀	3000	100
14	精镗φ90J7mm孔	T14	φ90mm精镗刀	3000	100
15	精镗φ185H7mm孔	T15	φ185mm精镗刀	3000	100

3. 确定加工顺序

根据加工中心工序划分的原则,先铣削平面,后加工孔和螺纹,先粗加工后精加工。具体加工工序安排如下(工作台做顺时针转动)。

1)铣削四个端面;铣φ230mm→φ120mm(内)→R20mm→φ140mm→φ120mm→φ140mm端面。

2)钻孔时,先用A3中心钻钻底孔的中心孔,再用φ6.8mm、φ8.6mm和φ11.9mm钻头加工底孔,接着用φ18mm倒角刀给所有螺孔倒角,最后用M8、M10和M14丝锥分别攻螺纹。加工时按先换面后换刀顺序加工。

3)粗镗和半精镗:φ185H7→φ90J7→φ70J7孔并倒角,各孔留精镗余量0.4mm。精镗:φ70J7→φ90J7→φ185H7孔。

箱体数控加工工序卡见表3-1-2。

表3-1-2 箱体数控加工工序卡

箱体数控加工工序卡		零件图号	零件名称		材料	使用设备
			箱体		HT150	卧式加工中心
工步号	工步内容	刀具号	刀具名称	刀具规格	主轴转速/(r/min)	进给量/(mm/min)	刀具长度补偿号	备注
1	粗铣端面	T01	面铣刀	φ32mm	1000	100	H01	
2	精铣端面	T01	面铣刀	φ32mm	1500	80	H31	
3	钻底孔的中心孔	T02	中心钻	A3	1200	60	H02	
4	钻M8螺孔底孔	T03	钻头	φ6.8mm	500	50	H03	
5	钻M10螺孔底孔	T04	钻头	φ8.6mm	500	50	H04	
6	钻M14螺孔底孔	T05	钻头	φ11.9mm	500	50	H05	
7	倒M14角	T06	倒角刀	φ18mm	500	50	H06	
8	倒6×M8⌁14角	T06	倒角刀	φ18mm	500	50	H06	
9	倒3×M10⌁12角	T06	倒角刀	φ18mm	500	50	H06	
10	攻M10螺孔	T08	丝锥	M10	60	90	H08	
11	攻M8螺孔	T07	丝锥	M8	60	75	H07	
12	攻M14螺孔	T09	丝锥	M14	60	120	H09	
13	粗镗φ185H7mm孔	T12	粗镗刀	φ184.6mm	2000	150	H12	
14	粗镗φ90J7mm孔	T11	粗镗刀	φ89.6mm	2000	150	H11	

(续)

工步号	工步内容	刀具号	刀具名称	刀具规格	主轴转速 /(r/min)	进给量 /(mm/min)	刀具长度补偿号	备注
15	粗镗 φ70J7 孔	T10	粗镗刀	φ69.6mm	2000	150	H10	
16	精镗 φ70J7 孔	T13	精镗刀	φ70mm	3000	100	H13	
17	精镗 φ90J7 孔	T14	精镗刀	φ90mm	3000	100	H14	
18	精镗 φ185H7 孔	T15	精镗刀	φ185mm	3000	100	H15	

步骤3 程序编写

1. 建立工件坐标系

建立工件坐标系,如图3-1-12所示。

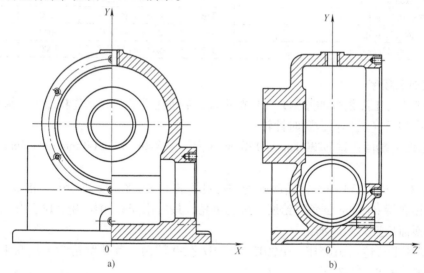

图 3-1-12 建立工件坐标系

2. 确定刀具路径

本任务零件使用卧式加工中心加工,加工内容为平面和孔系,刀具路径比较简单,但涉及空间运动,故此处刀具路径省略。

3. 计算节点坐标

本任务因涉及工件加工平面的变换,即加工坐标系的变换,所以坐标点直接参考程序。

4. 编写程序

手工编写零件加工程序,图3-1-1所示箱体零件的加工程序见表3-1-3。

表 3-1-3 箱体零件的加工程序

程序内容	程序说明
O3111	程序号
T01 M06;	换1号刀(φ32mm 面铣刀)
G54 M03 S1000;	选择工件坐标系,启动主轴
G91 G28 Z0.0;	回安全点
G90 G00 X200.0 Y400.0;	定位
G43 H01 Z150.0 F100 M08;	建立刀具长度补偿(H01 留 0.2mm 加工余量),开切削液
M98 P3101;	调用子程序 O3101,粗加工端面
G43 H31 Z150.0 F80;	建立刀具长度补偿(H31 设置精确补偿值)
M03 S1500;	启动精加工转速

(续)

程序内容	程序说明
M98 P3101;	调用子程序 O3101，精加工端面
T02 M06;	换 2 号刀（A3 中心钻）
G54 M03 S1200;	选择工件坐标系，启动主轴
G91 G28 Z0.0;	
G90 G00 X200.0 Y400.0;	
G43 H02 Z150.0;	
G99 G81 X0.0 Y140.0 Z135.0 R142.0 F60;	钻 3×M10↧12 螺纹中心孔（主视图右端）
M98 P5000;	
G91 G28 Z0.0;	
G90 G00 B0.0;	B 轴定位到 0°
Z90.0;	
G99 G81 X0.0 Y85.0 Z75.0 R82.0 F60;	钻 6×M8↧14 螺纹中心孔（主视图）
M98 P6000;	
G81 X0.0 Y35.0 Z65.0 R72.0 F60;	钻 M14 螺纹中心孔
G91 G28 Z0.0;	
G90 G00 X200.0 Y400.0;	
G00 B90.0;	B 轴定位到 90°
G00 Z150.0;	
G99 G81 X0.0 Y140.0 Z135.0 R142.0 F60;	钻 3×M10↧12 螺纹中心孔（主视图左端）
M98 P5000;	
M09;	
T04 M06;	换 4 号刀（φ8.6mm 钻头）
M03 S500;	
G90 G43 H04 Z150.0 M08;	
G99 G81 X0.0 Y140.0 Z120.0 R142.0 F50;	钻 3×M10↧12 螺孔底孔（主视图左端）
M98 P5000;	
G91 G28 Z0.0;	
G00 B270.0;	B 轴定位到 270°
G99 G81 X0.0 Y140.0 Z120.0 R142.0 F50;	钻 3×M10↧12 螺孔底孔（主视图右端）
M98 P5000;	
M09;	
T03 M06;	换 3 号刀（φ6.8mm 钻头）
M03 S500;	
G90 G00 B0.0;	B 轴定位到 0°
G43 Z90.0 H03 M08;	
G99 G81 X0.0 Y85.0 Z60.0 R82.0 F50;	钻 6×M8↧14 螺孔底孔（主视图）
M98 P6000;	
G49 G00 Z200.0;	
G91 G28 Z0.0;	
G90 G00 X200.0 Y400.0;	
M09;	
T05 M06;	换 5 号刀（φ11.9mm 钻头）
M03 S500;	

(续)

程序内容	程序说明
G90 G43 H05 Z90 M08;	
G98 G81 X0.0 Y35.0 Z0.0 F50;	钻 M14 螺孔底孔（主视图）
G49 G00 Z200.0;	
M09;	
G91 G28.0 Z0.0;	
G90 G00 X200.0 Y400.0;	
T06 M06;	换 6 号刀（φ18mm 倒角刀）
M03 S500;	
G90 G43 Z90.0 H06 M08;	
G99 G81 X0.0 Y35.0 Z67.0 R82.0 F50;	倒 M14 角（主视图）
X0 Y85.0 Z77.0;	倒 6×M8↧14 角（主视图）
M98 P6000;	
G91 G28 Z0.0;	
G90 G00 B90.0;	
G99 G81 X0.0 Y140.0 Z137.0 R142.0 F50;	倒 3×M10↧12 角（主视图左端）
M98 P5000;	
G00 B270.0;	B 轴定位到 270°
G99 G81 X0.0 Y140.0 Z137.0 R142.0 F50;	倒 3×M10↧12 角（主视图右端）
M98 P5000;	
G91 G28 Z0.0;	
G90 G00 X200.0 Y400.0;	
M09;	
T08 M06;	换 8 号刀（M10 丝锥）
M03 S60;	
G43 H08 Z160.0 M08;	
G99 G84 X0.0 Y85.0 Z123.0 R145.0 F90;	攻 3×M10↧12 螺纹（主视图右端）
M98 P5000;	
G90 G00 X200.0 Y400.0;	
G00 B90.0;	B 轴定位到 90°
G99 G84 X0.0 Y85.0 Z123.0 R145.0 F90;	攻 3×M10↧12 螺纹（主视图左端）
M98 P5000;	
G49 G00 Z200.0;	
M09;	
G91 G28 Z0.0;	
G90 G00 B0.0;	B 轴定位到 0°
T07 M06;	换 7 号刀（M8 丝锥）
M03 S60;	
G43 H07 Z150.0 M08;	
G98 G84 X0.0 Y85.0 Z61.0 R85.0 F75;	攻 6×M8↧14 螺纹（主视图）
M98 P6000;	
G49 G00 Z200.0;	
M09;	
X200.0 Y400.0;	

(续)

程序内容	程序说明
T09 M06;	换 9 号刀（M14 丝锥）
M03 S60;	
G43 H09 Z150.0 M08;	
G98 G84 X0.0 Y35.0 Z35.0 R75.0 F120;	攻 M14 螺纹（主视图）
G80 G49 G00 Z200.0;	
M09;	
X200.0 Y400.0;	
T12 M06;	换 12 号刀（φ184.6mm 粗镗刀）
M03 S2000;	
G43 H12 Z100.0 M08;	
G99 G86 X0.0 Y190.0 Z50.0 R85.0 F150;	粗镗 φ185H7 孔（主视图）
G01 Z78.0;	
M98 P7000;	φ185H7 孔倒角（主视图）
G90 G49 G00 Z200.0;	
M09;	
X200.0 Y400.0;	
G00 B90.0	B 轴定位到 90°
T11 M06;	换 11 号刀（φ89.6mm 粗镗刀）
M03 S2000;	
G43 Z150.0 H11 M08;	
G99 G86 X0.0 Y85.0 Z100.0 R145.0 F150;	粗镗 φ90J7 孔（主视图左端）
G01 Z138.0;	
M98 P7000;	φ90J7 孔倒角（主视图左端）
G91 G28 Z0.0;	
G90 G00 B270.0;	B 轴定位到 270°
Z150.0;	
G99 G86 X0.0 Y85.0 Z100.0 R145.0 F150;	粗镗 φ90J7 孔（主视图右端）
G01 Z138.0;	
M98 P7000;	φ90J7 孔倒角（主视图右端）
G91 G28 Z0.0;	
M09;	
G90 G00 B180.0;	
T10 M06;	换 10 号刀（φ69.6mm 粗镗刀）
M03 S2000;	
G43 H10 Z150.0 M08;	
G99 G86 X0.0 Y190.0 Z50.0 R110.0 F150;	粗镗 φ70J7 孔（左视图）
G90 Z105.0;	
M98 P7000;	倒角 φ70J7 孔（左视图）
G49 G90 G00 Z200.0;	
M09;	
X200 Y400.0;	
T13 M06;	换 13 号刀（φ70mm 精镗刀）
M03 S3000;	

(续)

程序内容	程序说明
G43 H13 Z150.0 M08;	
G99 G85 X0.0 Y190.0 Z75.0 R110.0 F100;	精镗φ70J7孔（左视图）
G91 G28 Z0.0;	
G90 G00 B90.0;	
M09;	
T14 M06;	换14号刀（φ90mm精镗刀）
M03 S3000;	
G43 H14 Z150.0 M08;	
G99 G85 X0.0 Y85.0 Z100.0 R145.0 F100;	精镗φ90J7孔（主视图左端）
G00 Z200.0;	
G91 G28 Z0.0;	
G90 G00 B270.0;	
G99 G85 X0.0 Y85.0 Z100.0 R145.0 F100;	精镗φ90J7孔（主视图右端）
G49 G00 Z200.0;	
X200.0 Y400.0;	
G91 G28.0 Z0.0;	
G90 G00 B0.0;	
M09;	
T15 M06;	换15号刀（φ185mm精镗刀）
M03 S3000;	
G43 H15 Z100.0 M08;	
G99 G85 X0.0 Y190.0 Z50.0 R85.0 F100;	精镗φ185H7孔（主视图）
G80 G49 G00 Z200.0;	
G91 G28 Z0.0;	
G90 G00 X200.0 Y400.0;	
M09;	
M05;	
M30;	
O3101	铣端面子程序
G00 X0 Y190;	
Z80.0;	
M98 P1000;	加工φ230mm端面
G01 Z-45.0;	
M98 P2000;	加工φ120mm端面（内）
G00 Z83.0;	
X40.0 Y35.0;	
G01 Z70.0;	
M98 P3000;	加工R20mm端面
G91 G28 Z0.0;	
G90 G00 B90.0;	工作台定位到90°
G00 X0.0 Y85.0;	
Z145.0;	
G01 Z140.0;	

(续)

程序内容	程序说明
M98 P4000;	加工 φ140mm 端面
G91 G28 Z0.0;	
G90 G00 B180.0;	工作台定位到180°
G00 X0.0 Y190.0;	
Z120.0;	
G01 Z115.0;	
M98 P2000;	加工 φ120mm 端面
G91 G28 Z0.0;	
G90 G00 B270.0;	工作台定位到270°
G00 X0.0 Y85.0;	
Z145.0;	
G01 Z140.0;	
M98 P4000;	加工 φ140mm 端面
M99;	
O1000	加工 φ230mm 端面子程序
G02 X0.0 Y295.0 R525.0;	
X0.0 Y295.0 I0.0 J−105.0;	
X0.0 Y190.0 R52.5;	
G00 Z−40.0;	
M99;	
O2000	加工 φ120mm 端面子程序
G02 X0.0 Y237.5 R23.75;	
I0.0 J−47.5;	
X0.0 Y190.0 R23.75;	
M99;	
O3000	加工 R20mm 端面子程序
X−10.0;	
G02 X10.0 R20.0;	
G01 X−30.0;	
Y40.0;	
G91 G28 Z0.0;	
M99;	
O4000	加工 φ140mm 端面子程序
G02 X0.0 Y115.0 R23.75;	
I0.0 J−115.0;	
X0.0 Y85.0 R23.75;	
G91 G28 Z0.0;	
M99;	
O5000	攻 3×M10↧12 螺纹子程序
X47.633 Y57.5;	
X−47.633 Y57.5;	
G91 G28 Z0.0;	
M99;	

(续)

程序内容	程序说明
O6000	攻 6×M8↧14 螺纹子程序
X45.468 Y137.5;	
Y242.5;	
X0.0 Y295.0;	
X-45.468 Y242.5;	
Y137.5;	
M99;	
O7000	倒角子程序
G91 G01 Y1.0;	
G02 I0.0 J-1.0;	
G01 Y1.0;	
G02 I0.0 J-1.0;	
G01 Y-2.0;	
M99;	

注：表中省略程序段号。

步骤 4　工具材料领用

完成本任务零件加工所需的工、刃、量、辅具清单见表 3-1-4。

表 3-1-4　工、刃、量、辅具清单

序号	名　称	规　　格	数　量	备　注
1	压板		若干	
2	螺栓		若干	
3	螺母、垫片		若干	
4	扳手		1 把	
5	木锤子		1 把	
6	游标卡尺	0~150mm/0.02mm、0~500mm/0.02mm	各1 把	
7	指示表及表座	0~8mm/0.01mm	1 套	
8	表面粗糙度样板	N0~N1 12 级	1 副	
9	面铣刀	ϕ32mm	1 把	
10	中心钻	A3mm	1 把	
11	钻头	ϕ6.8mm、ϕ8.6mm、ϕ11.9mm	各1 把	
12	倒角刀	ϕ18mm	1 把	
13	丝锥	M8、M10、M14	各1 把	
14	粗镗刀	ϕ69.6mm、ϕ89.6mm、ϕ184.6mm	各1 把	
15	精镗刀	ϕ70mm、ϕ90mm、ϕ185mm	各1 把	
16	材料	铸件	1 件	
17	其他辅具	铜棒、铜皮、毛刷等；计算器、相关指导书等	1 套	选用

步骤 5　零件加工

1）按照工、刃、量、辅具清单领取相应的工、刃、量、辅具。

2）开机上电。

3）复位。

4）返回机床参考点。

5）装夹工件毛坯。

6）装夹刀具并找正。

7）对刀，建立工件坐标系。

8）程序的输入。

9）程序校验。
10）零件加工。
11）零件测量。
12）校正刀具磨损值。
13）加工合格后对机床进行相应的保养。
14）按照工、刃、量、辅具清单归还相应的工、刃、量、辅具。
15）填写工作日志并关闭机床电源。

注意事项：
1）程序编好后，待教师检查无误方可运行。
2）运行时要用单段方式进行，且注意将机床的防护罩关闭。
3）出现紧急情况马上按急停按钮。
4）注意进给倍率的控制。

【检查评价】

加工完成后对零件进行去毛刺和尺寸的检测，箱体零件检测的评分表见表3-1-5。

表3-1-5 箱体零件检测的评分表

项目	序号	技术要求	配分	评分标准	得分
程序与工艺（15%）	1	程序正确完整	5	不规范每处扣1分	
	2	切削用量合理	5	不合理每处扣1分	
	3	工艺过程规范合理	5	不合理每处扣1分	
机床操作（20%）	4	刀具选择安装正确	5	不正确每次扣1分	
	5	对刀及工件坐标系设定正确	5	不规范每处扣1分	
	6	机床操作规范	5	不正确每次扣1分	
	7	工件加工正确	5	不正确每次扣1分	
工件质量（40%）	8	尺寸精度符合要求	30	不合格每处扣3分	
	9	表面粗糙度符合要求	8	不合格每处扣1分	
	10	无毛刺	2	不合格不得分	
文明生产（15%）	11	安全操作	5	出错全扣	
	12	机床维护与保养	5	不合格全扣	
	13	工作场所整理	5	不合格全扣	
相关知识及职业能力（10%）	14	数控加工基础知识	2	视情况酌情给分	
	15	自学能力	2		
	16	表达沟通能力	2		
	17	合作能力	2		
	18	创新能力	2		

【拓展训练】

在加工中心上完成图3-1-13所示壳体零件的加工。毛坯为铸件（ZAlSi12）。注意壳体零件的加工工艺安排。

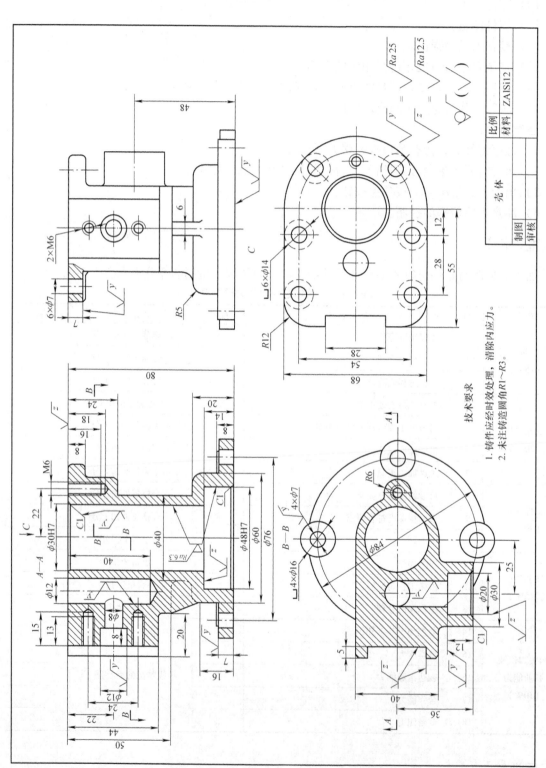

图 3-1-13 拓展训练图

任务 3.2　螺纹数控铣削加工

【任务导入】

在箱体零件加工过程中，经常会遇到一些大直径的内、外螺纹加工，这种类型的螺纹无法使用攻螺纹的方法加工，只能采用螺纹铣削的加工方法来加工，本任务要求在加工中心上，采用机用虎钳对零件进行定位装夹，用螺纹铣刀铣削图 3-2-1 所示的内、外螺纹。对螺纹铣削零件工艺编制、程序编写及数控铣削加工全过程进行详细分析。

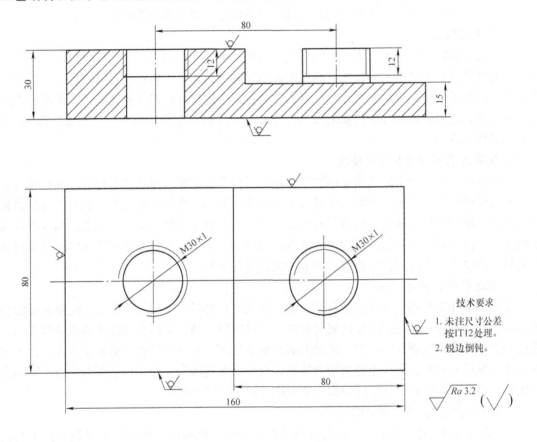

图 3-2-1　内、外螺纹零件图

【任务目标】

1. 了解螺纹铣削的优点。
2. 熟练掌握螺纹铣刀的类型。
3. 熟练掌握螺纹铣削加工工艺。
4. 熟练掌握数控铣削对刀装置。
5. 熟练掌握使用 Z 轴设定器对 Z 轴进行对刀的操作方法。
6. 熟练掌握加工中心日常维护与保养。
7. 遵守安全文明生产的要求，操作加工中心铣削螺纹零件。

【知识准备】

知识点1 螺纹铣削的优点

传统的螺纹加工方法主要有采用螺纹车刀或丝锥、板牙手工攻螺纹及套螺纹。随着数控技术的发展,更多螺纹可通过加工中心利用弹性或刚性攻螺纹方式实现。但对于一些直径比较大的螺纹,如对40刀柄机床螺纹大于M24、50刀柄机床螺纹大于M42时,攻螺纹已不再适用,铣螺纹就是必然的选择。

运用螺纹铣刀铣削螺纹有诸多的优点,如可以加工螺距相同、直径不同的内、外螺纹;可以加工锥螺纹;切削力较小;刀具的规格较少、刀具成本远低于丝锥和板牙、切削质量好等,所以螺纹铣削加工在现代制造业得到越来越广泛的应用。螺纹铣削的优点如下:

1. 加工高效率

在大批量的螺纹加工中,由于丝锥有比较低的切削速度限制以及在加工好螺纹后需要反转退刀,要想提高加工效率十分困难。然而如果使用螺纹铣刀,不但铣削速度很高,而且它的多刀槽设计增加了切削刃数从而可以轻松提高进给速度,这样就可以大幅提高加工效率。在长螺纹的加工中,还可以选用有更长切削刃的刀片减少轴向进给距离(相当于让螺纹变短),来进一步提高加工效率。

2. 优异的表面质量及尺寸精度

用丝锥加工时,由于较低的切削速度及切屑难折断的影响,要想获得很好的螺纹精度和较低的表面粗糙度相当困难,然而对于螺纹铣削来说其能用很高的切削速度、较小的切削力使切削面光滑;细碎的切屑能被切削液轻松冲出工件、不会划伤已加工面。对于螺纹精度有较高要求的工件,由于螺纹铣刀是靠螺旋插补来保证精度的,所以只需要调整程序就能轻松获得所需的高精度螺纹。这个特点在精密螺纹加工中拥有绝对优势。

3. 稳定性好、安全可靠

在加工难加工材料如钛合金、高温合金和高硬度材料时,由于切削力太大使丝锥经常会扭曲甚至折断在零件时。在加工长切屑材料时,一旦排屑不畅,切屑会缠绕丝锥或堵塞孔口,经常会导致丝锥崩刃或断在零件中。取出断的丝锥不但费时费力而且有可能破坏零件。由于螺纹铣刀是逐渐切入材料,它产生的切削力较小,很少会出现断刀;即使出现断刀,由于铣刀直径比螺孔小很多,可以轻松从零件中取出断裂部分而不会伤及零件。

4. 使用范围广、加工成本低

1) 螺纹铣刀使用灵活,可以适用多种工况。例如:既可以用同一把螺纹铣刀加工左旋螺纹,也可以加工右旋螺纹;既可以加工外螺纹,也可以加工内螺纹。

2) 使用丝锥加工,如果零件上有多个不同直径而螺距相同的螺孔,则需要不同直径的丝锥。这样不但所需丝锥数量很多而且换刀时间也长。如果使用螺纹铣刀,由于它是使用螺旋插补来进行加工的,所以只需要改变加工程序就可以完成所有直径的螺纹的加工,大大节省刀具费用及换刀时间。

3) 为了保证螺纹精度,用丝锥加工不同材料时需要使用不同类型的丝锥。然而使用螺纹铣刀就无此限制。同一把螺纹铣刀可以加工绝大多数的材料并且获得很高精度的螺纹。这样也可以大大减少刀具费用。

4) 在加工螺纹要求接近不通孔底部时,如果用丝锥攻螺纹很难在底部获得完整的螺纹。并且有可能在攻到底部丝锥停下准备反转回退这段时间里,刀具继续向前移动一点距离(浮动攻螺纹),这样很容易造成丝锥折断。使用螺纹铣刀就可以避免这个问题——螺纹铣刀比孔要小、不必反转退刀，并且在刀具尖端仍然是完整的螺纹形状。这样即可获得完整而精确的螺纹深度。

5）在有些加工中，螺纹铣削可以帮助解决很多问题。例如：在大型、非圆零件的螺纹加工中，如果在车床上加工就需要复杂的装夹和平衡装置以避免产生振动，这时可以在加工中心上加工，零件不动而螺纹铣刀旋转，避免了平衡问题。又如在加工断续的螺纹时，振动冲击对刀片影响很大、容易产生裂纹，使用螺纹铣刀则由于刀具是逐渐切入材料断续处的，这样就避免了大的冲击，延长了刀具寿命。螺纹铣削的局限性：它需要使用三轴联动的数控机床；它只能加工3倍直径深度的螺纹；单个的螺纹铣刀比丝锥昂贵。

知识点2　螺纹铣刀的类型

1. 按刀具结构分类

按照螺纹铣刀的整体结构分，螺纹铣刀可分为圆柱螺纹铣刀、机夹螺纹铣刀和组合式多工位专用螺纹镗铣刀三种类型。

（1）圆柱螺纹铣刀　圆柱螺纹铣刀的外形很像是圆柱立铣刀与丝锥的结合体（图3-2-2），但它的螺纹切削刃与丝锥不同，刀具上无螺纹升角，加工中的螺纹升角靠机床运动实现。由于这种特殊结构，故该刀具既可加工右旋螺纹，也可加工左旋螺纹，但不适用于较大螺距螺纹的加工。

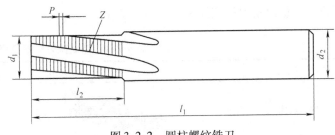

图3-2-2　圆柱螺纹铣刀

常用的圆柱螺纹铣刀可分为粗牙螺纹和细牙螺纹两种。出于对加工效率和刀具寿命的考虑，螺纹铣刀大都采用硬质合金材料制造，并可涂覆各种涂层以适应特殊材料的加工需要。圆柱螺纹铣刀适用于钢、铸铁和有色金属材料的中小直径螺纹铣削，切削平稳、刀具寿命长。缺点是刀具制造成本较高、结构复杂、价格昂贵。

（2）机夹螺纹铣刀　机夹螺纹铣刀（图3-2-3）适用于较大直径（如 $D>25\text{mm}$）的螺纹加工。其特点是刀片易于制造、价格较低，有的螺纹刀片可双面切削，但抗冲击性能较整体螺纹铣刀稍差。因此，该刀具常用于加工铝合金材料。

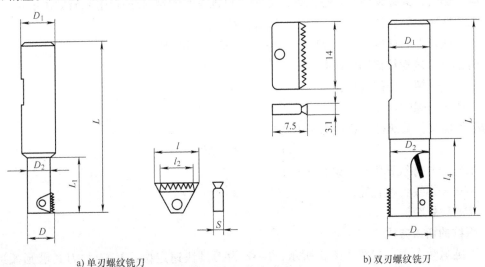

a) 单刃螺纹铣刀　　　　　　　　　　　b) 双刃螺纹铣刀

图3-2-3　机夹螺纹铣刀

（3）组合式多工位专用螺纹镗铣刀　组合式多工位专用螺纹镗铣刀的特点是一刀多刃，一次完成多工位加工，可节省换刀等辅助时间，显著提高生产率。图3-2-4所示为组合式多工位专用螺纹镗铣刀加工实例。工件需加工内螺纹、倒角和凹坑。若采用单工位自动换刀方式加工，单件加工用时约30s。而采用组合式多工位专用螺纹镗铣刀加工，单件加工用时仅约5s。

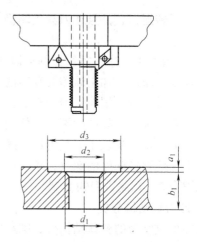

图3-2-4　组合式多工位专用螺纹镗铣刀加工实例

2. 按刀齿结构分类

按照螺纹铣刀的刀齿结构分，螺纹铣刀可分为盘形螺纹铣刀、梳形螺纹铣刀和螺纹钻铣刀三种。螺纹铣刀简图及用途见表3-2-1。

表3-2-1　螺纹铣刀简图及用途

铣刀名称	简图	用途
盘形螺纹铣刀		主要用于铣削螺距较大、长度较长的螺纹
梳形螺纹铣刀		主要用于铣削长度短而螺距小的普通螺纹
螺纹钻铣刀		主要用于铣削孔径较小的内螺纹

知识点3　螺纹铣削加工工艺

1. 内外螺纹底径的确定

对应内螺纹，其螺纹底孔直径的确定方法与攻螺纹时的螺纹底孔确定方法相同。

加工塑性较大的材料　　　$D_{底孔} = D - P$

加工塑性较小的材料　　　$D_{底孔} = D - (1.05 \sim 1.1)P$

式中　$D_{底孔}$——内螺纹铣削时底孔直径；

　　　D——螺纹公称直径；

　　　P——螺距。

对应外螺纹，其螺杆的直径确定方法如下

$$d_{杆} = d - 0.13P$$

式中　$d_{杆}$——外螺纹铣削时的螺杆直径；

　　　d——螺纹公称直径；

　　　P——螺距。

2. 螺纹的切入方式

（1）圆弧切入法　如图3-2-5所示，1→2为刀具快速定位，2→3为刀具沿圆弧进给切入，同时沿Z轴插补，3→4为整圆进给插补一周，轴向移动一个导程，4→5为刀具沿圆弧进给切出，同时沿 Z 轴插补，5→6 为刀具快速返回。圆弧切入法铣削螺纹时，刀具切入、切出稳定、不留痕迹、冲击力很小，是加工时应优先选用的方式。

（2）法向切入法　如图 3-2-6 所示，1→2 为法向进给切入，2→3 为整圆进给插补一周，轴向移动一个导程，3→4 为退出。法向切入法铣削螺纹时，刀具切入时冲击力较大、易产生振动，在切入切出的地方会有明显的痕迹，影响螺纹质量，但编程简单，适用于精度要求较低的场合。

（3）切向切入法　如图 3-2-7 所示，1→2 为切向进给切入，2→3 为整圆进给插补一周，轴向移动一个导程，3→4 为退出。该方法比较简单，并具有圆弧切入法的优点，但仅适用于外螺纹的铣削加工。

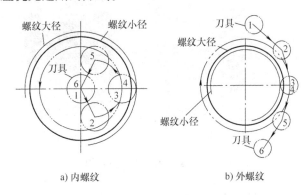

图 3-2-5　圆弧切入法

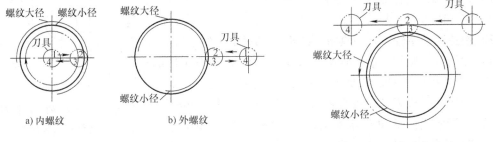

图 3-2-6　法向切入法　　　　　　图 3-2-7　切向切入法

3. 螺纹铣削的方法

（1）内螺纹铣削　加工时螺纹铣刀可自下而上（该方法加工时是顺铣），加工出的螺纹表面质量较好，优先推荐采用。也可自上而下加工（该方法加工时是逆铣），加工出的螺纹表面质量稍低，适用于表面质量要求一般的场合。

（2）外螺纹铣削　加工时螺纹铣刀可自上而下（该方法加工时是顺铣），加工出的螺纹表面质量较好，优先推荐采用。也可自下而上加工（该方法加工时是逆铣），加工出的螺纹表面质量稍低，适用于表面质量要求一般的场合。

【技能准备】

技能点 1　使用 Z 轴设定器对 Z 轴对刀的操作方法

Z 轴对刀的方式有很多种，Z 轴设定器主要用于确定工件坐标系原点在机床坐标系的 Z 轴坐标，即确定刀具在机床坐标系中的高度。Z 轴设定器有光电式和指针式等类型，通过光电指示或指针判断刀具与对刀器是否接触，对刀精度一般可达 0.005mm。Z 轴设定器带有磁性表座，可以牢固地附着在工件或夹具上，其高度一般为 50mm 或 100mm，如图 3-2-8 所示。

1. Z 轴设定器的校正

以研磨过的圆棒压平 Z 轴设定器的顶部研磨面（图 3-2-9），调整 Z 轴设定器的表盘，使指针对准零，完成 Z 轴设定器的找正。

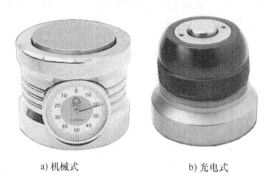

a) 机械式 b) 光电式

图 3-2-8 Z 轴设定器　　　　图 3-2-9 Z 轴设定器的校正

2. Z 轴设定器对刀，确定长度补偿值

长度补偿的方法通常有两种，一种是相对刀长法，另一种是绝对刀长法。采用绝对刀长法的操作步骤如下（图3-2-10）。

1）将 Z 轴设定器放置在工件上，并进行找正。

2）将 T01 号刀具装入主轴。

3）快速移动主轴，让刀具端面靠近 Z 轴设定器的上表面。

4）改用微调操作，让刀具端面慢慢接触到 Z 轴设定器的上表面，使其指针指向零刻度（光电式的设定器会发光）。

5）记下此时机床坐标系的 Z 值，如 Z_1 = " -305.248"。

6）假设使用的 Z 轴设定器高度为 50mm，所以 T01 号刀具的长度补偿值为 H01 = Z_1 - 50mm。

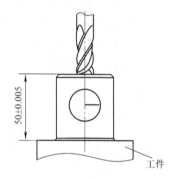

图 3-2-10 Z 轴设定器对刀（绝对刀长法）

7）依次换上 T02 ~ T08 号刀具，重复上面步骤 3 ~ 6，找出各自的长度补偿值 H02 ~ H08。

8）将工件坐标系 G54 中的 Z 值设为 "0"，并输入各自的长度补偿值到数控系统中，完成各刀具 Z 轴对刀。

采用相对刀长法的操作步骤如下。

1）将 Z 轴设定器放置在工件上，并进行找正。

2）将 T01 号刀具装入主轴，作为标准刀具。

3）快速移动主轴，让刀具端面靠近 Z 轴设定器的上表面。

4）改用微调操作，让刀具端面慢慢接触到 Z 轴设定器的上表面，使其指针指向零刻度（光电式的设定器会发光）。

5）记下此时的机床坐标系的 Z 值，如 Z_1 = " -305.248"。

6）将工件坐标系 G54 中的 Z 值设为 " -355.248"（计算方法为 Z_1 - 50mm = -355.248mm），因为 T01 号刀具为标准刀具，将其长度补偿值设为 H01 = 0。

7）换上 T02 号刀具，按步骤 3 ~ 5 操作，确定 Z_2，其长度补偿值为 H02 = ±(Z_2 - Z_1)，± 符号由 G43/G44 决定。

8）依次换上 T03 ~ T08 号刀具，重复上面步骤 3 ~ 6，找出各自的长度补偿值 H03 ~ H08。

9）输入各自的长度补偿值到数控系统中，完成各刀具 Z 轴对刀和长度补偿的设定。

技能点 2　加工中心日常维护保养操作

维修保养对于保持设备加工精度和设备使用寿命是相当重要的，整齐、清洁、干净的工作环境是维护保养的首要工作，因为所有的脏乱（如灰尘、油污、潮湿）都会加速恶化机器零件与电子接点的原有功能，直接影响机器加工精度与零件使用寿命。所以零件加工完毕后应该对使用设备进行日常维护保养。加工中心日常维护保养的内容见表3-2-2。

表3-2-2 加工中心日常维护保养的内容

序号	检查周期	检查部位	检查要求（内容）
1	每天	工作台、机床表面	1）清除工作台、基座等处污物和灰尘 2）擦去机床表面上的润滑油、切削液和切屑 3）清除没有罩盖的滑动表面上的一切东西 4）擦净丝杠的暴露部位
2		开关	清理、检查所有限位开关、接近开关及其周围表面
3		导轨润滑油箱	检查油量，及时添加润滑油，润滑泵是否定时启动打油及停止
4		主轴润滑恒温油箱	工作是否正常，油量是否充足，温度范围是否合适
5		刀具	确认各刀具在其应有的位置上更换
6		机床液压系统	油箱、液压泵有无异常噪声，液压泵的压力是否符合要求，工作油面高度是否合适，管路及各接头有无泄漏
7		压缩空气气源压力	气动控制系统压力是否在正常范围之内
8		气源自动分水滤气器、自动空气干燥器	确保空气滤杯内的水完全排出，保证自动空气干燥器工作正常
9		气液转换器和增压器油面	油量不够时要及时补充
10		导轨面	清除切屑液污物，检查导轨面有无划伤损坏，润滑油是否充足
11		切削液	检查切削液软管及液面，清理管内及切削液槽内的切屑等污物
12		数控系统输入/输出单元	例如光电编码器是否清洁，机械润滑是否良好
13		各防护装置	导轨、机床防护罩等是否齐全有效
14		电气柜各散热通风装置	1）各电气柜中冷却风扇是否工作正常，风道过滤网有无堵塞 2）及时清洗过滤器
15		其他	1）确保操作面板上所有指示灯为正常显示 2）检查各坐标轴是否处在原点上 3）检查主轴端面、刀夹及其他配件是否有毛刺、破裂或损坏现象
16	不定期	冷却油箱、水箱	1）随时检查液面高度，及时添加油（水），太脏时更换 2）清洗油箱（或水箱）和过滤器
17		废油池	及时取走积存在废油池中的废油，以免溢出
18		排屑器	经常清洗切屑，检查有无卡住等现象
19	每月	电气控制箱	清理电气控制箱内部，使其保持干净
20		工作台及床身基准	校准工作台及床身基准的水平，必要时调整垫铁、拧紧螺母
21		空气滤网	清洗空气滤网，必要时予以更换
22		液压装置、管路及接头	检查液压装置、管路及接头，确保无松动、无磨损
23		各电磁阀及开关	检查各电磁阀、行程开关、接近开关，确保它们能正确工作
24		过滤器	检查油箱内的过滤器，必要时予以清洗
25		电缆及接线端子	检查各电缆及接线端子是否接触良好
26		联锁装置、时间继电器、继电器	确保各连锁装置、时间继电器、继电器能正确工作，必要时予以修理或更换
27		数控装置	确保数控装置能正确工作

（续）

序号	检查周期	检查部位	检查要求（内容）
28	每半年	各电动机轴承	检查各电动机轴承是否有噪声，必要时予以更换
29		各进给轴	测量各进给轴的反向间隙，必要时予以调整或进行补偿
30		各电气部件及继电器	检查各电气部件及继电器等是否可靠工作
31		各伺服电动机	检查各伺服电动机的电刷及换向器的表面，必要时予以修整或更换
32		主轴驱动带	按机床说明书要求调整带的松紧程度
33		各轴导轨上的镶条、压紧滚轮	按机床说明书要求调整松紧状态
34	每年	电动机电刷	检查换向器表面，去除毛刺、吹净碳粉，及时更换磨损过短的电刷
35		液压油路	清洗溢流阀、减压阀、过滤器、油箱；过滤或更换液压油
36		主轴润滑恒温油箱	清洗过滤器、油箱，更换润滑油
37		润滑泵、过滤器	清洗润滑油池，更换过滤器
38		滚珠丝杠	清洗滚珠丝杠上旧的润滑脂，涂上新油脂

【任务实施】

步骤1 零件分析

图 3-2-1 所示零件结构包括一个内螺纹和一个外螺纹，零件毛坯尺寸为 160mm×80mm×30mm，需要加工的部位为深 15mm 圆柱凸台和深 30mm 的通孔，内、外轮廓较简单，并在内、外轮廓基础上加工长度为 12mm 的内、外螺纹。表面粗糙度要求达到 $Ra3.2\mu m$，故采用螺纹铣削的加工方法来加工。

步骤2 工艺制订

1. 确定定位基准和装夹方案

零件毛坯采用机用虎钳装夹，用指示表找正机用虎钳。铅垂面定位基准为零件的底面，另一定位基准为零件与固定钳口接触的侧面。由于外形铣削深度有 15mm，故工件装夹后露出钳口的高度一定要高于 15mm。内、外螺纹件装夹示意图如图 3-2-11 所示。

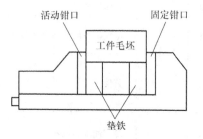

图 3-2-11 内、外螺纹零件装夹示意图

2. 选择刀具与切削用量

选择刀具时需要根据零件结构特征确定刀具类型。本任务中，内、外螺纹均为长度为 12mm 的 M30×1 螺纹，属于长度短而螺距小的普通螺纹，所选择的铣刀为 M30×1 的梳形螺纹铣刀。外螺纹的外形为台阶圆柱，精度要求不高，可用 φ20mm 的立铣刀加工外形后，再铣外螺纹。内螺纹为一通孔，可以用加工螺纹底孔的方法。零件材料为 45 钢，立铣刀选择普通的高速工具钢刀具即可。根据零件的精度要求和工序安排确定刀具几何参数及切削用量，见表 3-2-3。

表 3-2-3 刀具几何参数及切削用量表

序号	工作内容	刀具号	刀具规格	主轴转速/(r/min)	进给量/(mm/min)	切削深度/mm
1	铣右侧外螺纹的圆柱	T01	φ20mm 立铣刀	350	35	15
2	铣左侧内螺纹的底孔	T01	φ20mm 立铣刀	350	35	1
3	铣外螺纹	T02	M30×1 的梳形螺纹铣刀	1200	80	0.541
4	铣内螺纹	T02	M30×1 的梳形螺纹铣刀	1200	80	0.541

3. 确定加工顺序

用立铣刀加工右侧外轮廓的深度为15mm，而左侧底孔的加工采用螺旋下刀的方式加工。内、外螺纹零件的数控加工工序卡见表3-2-4。

表3-2-4 内、外螺纹零件的数控加工工序卡

内、外螺纹零件数控加工工序卡		零件图号	零件名称		材料		使用设备		
			内、外螺纹		45钢		加工中心		
工步号	工步内容	刀具号	刀具名称	刀具规格/mm	主轴转速/(r/min)	进给量/(mm/min)	刀尖半径补偿号	刀具长度补偿号	备注
1	铣右侧外螺纹的圆柱	T01	立铣刀	φ20	350	35	D01	H01	
2	铣左侧内螺纹的底孔	T01	立铣刀	φ20	350	35	D01	H01	
3	铣外螺纹	T02	螺纹铣刀	φ18	1200	80	D02	H02	
4	铣内螺纹	T02	螺纹铣刀	φ18	1200	80	D02	H02	

步骤3 程序编写

1. 建立工件坐标系

为方便编程，此工件设定两个工件坐标系，程序零点分别设置在内螺纹和外螺纹轴线与上表面的交点位置，如图3-2-12所示。

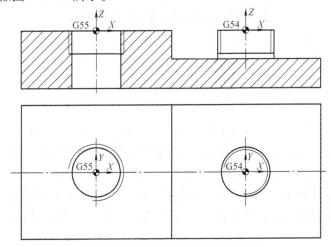

图3-2-12 建立工件坐标系

2. 确定刀具路径

本任务中，右侧外螺纹圆柱刀具路径图如图3-2-13所示，图中1→2→3→4→5为去余料，6→7为建立刀补，7→8为加工圆柱，8→9为取消刀具半径补偿。内、外螺纹比较简单，可以采取法向切入法完成加工，右侧外螺纹铣削刀具路径图如图3-2-14所示，图中1→2为法向进给切入，2→3为整圆进给插补一周，轴向移动一个螺距，3→4为退出。

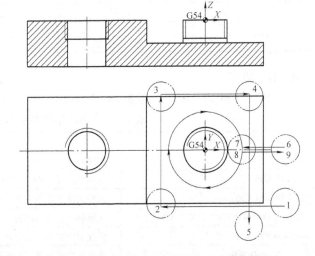

图3-2-13 右侧外螺纹圆柱刀具路径图

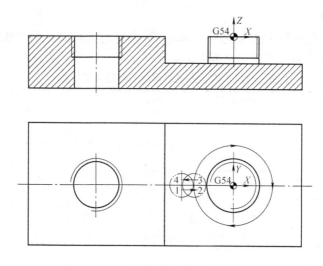

图 3-2-14 右侧外螺纹铣削刀具路径图

3. 计算节点坐标

结合图 3-2-13,右侧外螺纹圆柱编程节点坐标见表 3-2-5。

表 3-2-5 右侧外螺纹圆柱编程节点坐标

坐标点	坐标值	坐标点	坐标值	坐标点	坐标值
1	X55,Y-35	4	X30,Y35	7	X25,Y0
2	X-30,Y-35	5	X30,Y-50	8	X25,Y0
3	X-30,Y35	6	X55,Y0	9	X55,Y0

螺纹铣刀先移动到右侧外螺纹左侧 30mm 安全位置下刀至一定深度(根据螺纹铣刀的有效加工长度决定),然后刀具慢慢移动至右侧外螺纹左侧与右侧外螺纹贴合,记下此值 24mm(刀具半径 9mm 和外螺纹半径 15mm 之和)。再将刀具向右侧外螺纹切入一个牙型高度 0.541mm,此时坐标为 24mm - 0.541mm = 23.459mm,此时以螺旋线旋转一周加工螺纹成形,成形后向相反方向退刀再抬刀,完成加工。结合图 3-2-14,右侧外螺纹铣削编程节点坐标见表 3-2-6。

表 3-2-6 右侧外螺纹铣削编程节点坐标

坐标点	坐标值	坐标点	坐标值
1	X-30,Y0	3	X-23.459,Y0
2	X-23.459,Y0	4	X-30,Y0

4. 编写程序

手工编写零件加工程序,图 3-2-1 所示内、外螺纹零件的加工程序见表 3-2-7。

表 3-2-7 内、外螺纹零件的加工程序

程序内容	程序说明
O3211	程序号
N10 T01 M06;	换 1 号刀(φ20mm 立铣刀)
N20 G54 G17 G90;	选择工件坐标系、加工平面和绝对值编程方式
N30 G43 H01 G00 Z100.0 M03 S350;	快速移动到安全高度,同时建立刀具长度补偿,启动主轴
N40 G00 X55.0 Y-35.0;	快速定位到下刀点上方
N50 G00 Z5.0 M08;	下刀到参考高度,同时开切削液

项目3 箱体类零件数控编程与加工

(续)

程序内容	程序说明
N60 G01 Z-15.0 F35;	下刀
N70 X-30.0;	1→2
N80 Y35.0;	2→3
N90 X30.0;	3→4
N100 Y-50.0;	4→5
N110 X55.0 Y0.0;	5→6
N120 X25.0;	6→7
N130 G02 I-25.0;	7→8
N140 G01 X55.0;	8→9
N150 G00 Z10.0;	抬刀
N160 G55 G40 G00 X5.0 Y0.0;	移动到下刀点位置
N170 G01 Z0.0;	下刀到工件上表面
N180 M98 P313200;	调用31次子程序 O3200（铣螺纹底孔）
N190 G00 G90 G40 X0.0 Y0.0;	离开工件轮廓面
N200 G00 G49 Z200.0;	抬刀到安全高度，取消长度补偿
N210 T02 M06;	换2号刀（φ18mm螺纹铣刀）
N220 G54 G17 G90;	选择工件坐标系、加工平面和绝对值编程方式
N230 G43 H02 G00 Z100.0 M03 S1200;	快速移动到安全高度，同时建立刀具长度补偿，启动主轴
N240 G00 X-30.0 Y0.0;	快速定位到下刀点上方
N250 Z-1.0;	定位到参考高度
N260 G01 X-23.459 Y0.0 F80;	1→2
N270 M98 P113201;	调用11次子程序 O3201（铣外螺纹）
N280 G90 G01 X-30.0 Y0.0;	3→4
N290 G00 Z10.0;	抬刀
N300 G55 X0.0 Y0.0;	定位
N310 Z-1.0;	
N320 X6.541 Y0.0 F80;	进刀
N330 M98 P113202;	调用11次子程序 O3202（铣内螺纹）
N340 G90 G00 X0.0 Y0.0;	退刀
N350 G00 G49 Z200.0 M09;	抬刀，关切削液
N360 M30;	程序结束
O3200	铣螺纹底孔子程序
N100 G91 G02 Z-1.0 I-5.0;	螺旋下刀，每层1mm
N200 M99;	子程序结束
O3201	铣外螺纹子程序
N300 G91 G02 Z-1.0 I23.459;	螺旋下刀，螺距1mm
N400 M99;	子程序结束
O3202	铣内螺纹子程序
N500 G91 G02 Z-1.0 I-6.541;	螺旋下刀，螺距1mm
N600 M99;	子程序结束

步骤4 工具材料领用

完成本任务零件加工所需的工、刃、量、辅具清单见表3-2-8。

表 3-2-8 工、刃、量、辅具清单

序号	名 称	规 格	数 量	备 注
1	机用虎钳	QH160	1台	
2	扳手		1把	
3	垫铁		1副	
4	木锤子		1把	
5	游标卡尺	0~150mm/0.02mm	1把	
6	游标深度卡尺	0~200mm/0.02mm	1把	
7	指示表及磁性表座	0~8mm/0.01mm	1套	
8	螺纹环规	M30×1	1套	
9	螺纹塞规	M30×1	1套	
10	表面粗糙度样板	N0~N1 12级	1副	
11	立铣刀	ϕ20mm	1把	
12	螺纹铣刀	ϕ18mm	1把	
13	毛坯材料	160mm×80mm×30mm	1块	
14	其他辅具	铜棒、铜皮、毛刷等；计算器、相关指导书等	1套	选用

步骤5 零件加工

1) 按照工、刃、量、辅具清单领取相应的工、刃、量、辅具。
2) 开机上电。
3) 复位。
4) 返回机床参考点。
5) 装夹工件毛坯。
6) 装夹刀具并找正。
7) 对刀，建立工件坐标系。
8) 程序的输入。
9) 程序校验。
10) 零件加工。
11) 零件测量。
12) 校正刀具磨损值。
13) 加工合格后对机床进行相应的保养。
14) 按照工、刃、量、辅具清单归还相应的工、刃、量、辅具。
15) 填写工作日志并关闭机床电源。

注意事项：

1) 程序编好后，待教师检查无误方可运行。
2) 运行时要用单段方式进行，且注意将机床的防护罩关闭。
3) 出现紧急情况马上按急停按钮。
4) 注意进给倍率的控制。

【检查评价】

加工完成后对零件进行去毛刺和尺寸的检测，内、外螺纹零件检测的评分表见表3-2-9。

表 3-2-9 内、外螺纹零件检测的评分表

项目	序号	技术要求	配分	评分标准	得分
程序与工艺（15%）	1	程序正确完整	5	不规范每处扣1分	
	2	切削用量合理	5	不合理每处扣1分	
	3	工艺过程规范合理	5	不合理每处扣1分	
机床操作（20%）	4	刀具选择安装正确	5	不正确每次扣1分	
	5	对刀及工件坐标系设定正确	5	不规范每处扣1分	
	6	机床操作规范	5	不正确每次扣1分	
	7	工件加工正确	5	不正确每次扣1分	
工件质量（40%）	8	尺寸精度符合要求	30	不合格每处扣3分	
	9	表面粗糙度符合要求	8	不合格每处扣1分	
	10	无毛刺	2	不合格不得分	
文明生产（15%）	11	安全操作	5	出错全扣	
	12	机床维护与保养	5	不合格全扣	
	13	工作场所整理	5	不合格全扣	
相关知识及职业能力（10%）	14	数控加工基础知识	2	视情况酌情给分	
	15	自学能力	2		
	16	表达沟通能力	2		
	17	合作能力	2		
	18	创新能力	2		

【拓展训练】

在加工中心上完成图 3-2-15 所示内、外螺纹零件的加工。毛坯材料为 45 钢，尺寸为 $\phi60$ mm。注意螺纹铣削工艺。

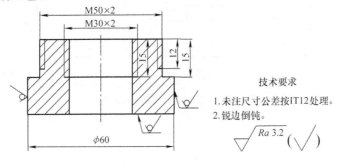

图 3-2-15　拓展训练图

项目 4 曲面类零件数控编程与加工

任务 4.1 回转体方程曲面数控车削加工

【任务导入】

本任务要求在数控车床上,采用自定心卡盘对零件进行定位装夹,用外圆车刀、切槽刀和外螺纹车刀加工图 4-1-1 所示的回转体方程曲面零件,对回转体方程曲面零件工艺编制、程序编写及数控车削加工全过程进行详细分析。

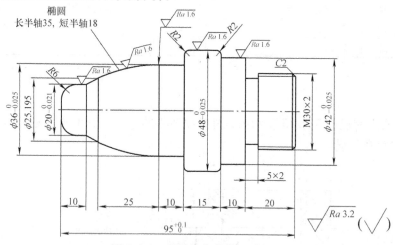

图 4-1-1 回转体方程曲面零件图

【任务目标】

1. 了解宏程序的基本知识。
2. 熟练掌握非圆曲面的加工方法。
3. 熟练掌握宏程序编程注意事项。
4. 熟练掌握数控车削零件尺寸精度的影响因素。
5. 熟练掌握回转体方程曲面加工工艺。
6. 熟练掌握西门子数控系统数控车床的操作方法。
7. 遵守安全文明生产的要求,操作数控车床加工回转体方程曲面零件。

【知识准备】

知识点 1 用户宏程序基础知识

1. 宏程序概述

在程序中使用变量,通过对变量进行赋值及处理的方法实现程序功能,这种含有变量的程序称为宏程序。

宏程序具有灵活性、通用性和智能性等特点,对应规则曲面的编程来说,使用 CAD/CAM 软件编程一般都有工作量大、程序庞大、加工参数不易修改等缺点,只要任何一项加工参数发生变化,再智能的软件也要根据变化后的加工参数重新计算刀具路径。尽管软件计算刀具路径的速度非常快,但始终是个比较麻烦的过程。而宏程序则注重把机床功能参数与编程语言结合,而且灵活的参数设置也使机床具有最佳的工作性能,同时也给予操作工人极大的自由调整空间。使用宏程序编写程序可以将有规律的形状或尺寸用最简短的程序表达出来,且编制的程序具有极好的易读性和易修改性,编写出来的程序非常简洁、逻辑严密。

用户宏程序(Custom Macro)由于可以使用变量、算术逻辑运算及条件转移,使得编制形状相同的通用加工程序(例如型腔加工宏程序和用户固定循环)更简便。宏程序一般分为 A 类宏程序和 B 类宏程序。A 类宏程序是以 G65 Hxx P#xx Q#xx R#xx 的格式输入的,而 B 类宏程序则是以直接的公式和语言输入的用户宏程序和 C 语言很相似,在 FANUC 0i 系统中应用比较广,使用时,加工程序还可用一条简单指令调出用户宏程序,和调用子程序完全一样。

2. 宏程序的功能组成

目前,一般的数控系统提供的 B 类宏程序,其功能由变量、变量赋值符、算术运算符、逻辑运算符、条件判断语句、循环控制语句等组成。用户宏程序功能组成见表4-1-1。

表 4-1-1 用户宏程序功能组成

序号	功能	主要内容
1	变量	空变量、局部变量、公共变量、系统变量
2	变量赋值符	=
3	算术运算符	+、-、*、/、SIN、ASIN、COS、ACOS、TAN、ATAN、SQRT、ABS、ROUND、FIX、FUP、LN、EXP
4	逻辑运算符	OR、XOR、AND
5	条件判断语句	EQ、NE、GT、GE、LT、LE
6	循环控制语句	GOTOn、IF [ ] GOTOm、IF [ ] THEN…、WHILE [ ] Dom … ENDm

(1)变量 一般编程方法允许对变量进行命名,但用户宏程序不行。变量用变量符号(#)和后面的变量号或表达式指定,如#1、#[#2+#3-10]。在程序地址后指定变量号即可引用其变量值,当用表达式指定变量时,要把表达式放在括号中,如 G01 X#2 F#3、G01 Y [#2+#8-8] F#2。改变引用变量的值的符号,要把符号(-)放在#的前面,如 G00 X-#11。

变量根据变量号可以分为四种类型,变量的基本类型及功能见表4-1-2。

表 4-1-2 变量的基本类型及功能

变量号	变量类型	功能
#0	空变量	该变量总是空,没有值能赋给该变量
#1 ~ #33	局部变量	只能用在宏程序中存储数据,如运算结果,当断电时,局部变量被初始化为空,调用宏程序时,自变量对局部变量赋值
#100 ~ #199 #500 ~ #999	公共变量	在不同的宏程序中的意义相同。当断电时,变量#100 ~ #199 被初始化为空,变量#500 ~ #999 的数据保存,即使断电也不丢失
#1000 ~	系统变量	用于读和写数控系统的各种数据,如刀具的当前位置和补偿值

(2)算术和逻辑运算 表 4-1-3 中列出的 FANUC 0i 算术和逻辑运算可以在变量中运行。等式右边的表达式可包含常量或由函数或运算符组成的变量。表达式中的变量#j 和#k 可以用

常量赋值。等式左边的变量也可以用表达式赋值。其中算术运算主要是指加、减、乘、除、函数等，逻辑运算可以理解为比较运算。

表 4-1-3　FANUC 0i 算术和逻辑运算一览表

功能		格式	备注
	定义、置换	#i = #j	
算术运算	加法	#i = #j + #k	
	减法	#i = #j − #k	
	乘法	#i = #j * #k	
	除法	#i = #j/#k	
	正弦	#i = SIN [#j]	三角函数及反三角函数的数值均以度为单位（°）指定，如 90°30′ 应表示为 90.5°
	反正弦	#i = ASIN [#j]	
	余弦	#i = COS [#j]	
	反余弦	#i = ACOS [#j]	
	正切	#i = TAN [#j]	
	反正切	#i = ATAN [#j] / [#k]	
	平方根	#i = SQRT [#j]	
	绝对值	#i = ABS [#j]	
	舍入	#i = ROUND [#j]	
	指数函数	#i = EXP [#j]	
	（自然）对数	#i = LN [#j]	
	上取数	#i = FIX [#j]	
	下取数	#i = FUP [#j]	
逻辑运算	与	#i = #j AND #k	
	或	#i = #j OR #k	
	异或	#i = #j XOR #k	
从 BCD 转为 BIN		#i = BIN [#j]	用于与 PMC 的信号交换
从 BIN 转为 BCD		#i = BCD [#j]	

以下是对部分算术运算和逻辑运算指令的详细说明。

1）上取数 #i = FIX [#j] 和下取数 #i = FUP [#j]。数控系统处理数值运算时，无条件地舍去小数部分称为上取数；小数部分进位到整数称为下取数（注意与数学上的四舍五入对照）。对于负数的处理要特别小心。例如：设 #1 = 1.2，#2 = −1.2。

① 当执行 #3 = FUP [#1] 时，2.0 赋予 #3。

② 当执行 #3 = FIX [#1] 时，1.0 赋予 #3。

③ 当执行 #3 = FUP [#2] 时，−2.0 赋予 #3。

④ 当执行 #3 = FIX [#2] 时，−1.0 赋予 #3。

2）混合运算时的运算顺序。上述运算和函数可以混合运算，即涉及运算的优先级，其运算顺序与一般数学上的定义基本一致，优先级顺序从高到低依次为"函数运算"→"乘法和除法运算（*、/）"→"加法和减法运算（+、−）"。

3）括号嵌套。用"[ ]"可以改变运算顺序，最里层的 [ ] 优先运算。括号 [ ] 最多可以嵌套 5 级（包括函数内部使用的括号）。当超出 5 级时，触发程序错误 P/S 报警 No.118。

例：#6 = COS [[[#5 + #4] * #3 + #2] * #1]；（三重嵌套）

4）逻辑运算说明。逻辑运算相对于算术运算来说，更为特殊和费解，FANUC 0i 逻辑运算说明见表 4-1-4。

表 4-1-4　FANUC 0i 逻辑运算说明

运算符	功能	逻辑名	运算特点	运算实例
AND	与	逻辑乘	（相当于串联）有 0 得 0	$1\times1=1$，$1\times0=0$，$0\times0=0$
OR	或	逻辑加	（相当于并联）有 1 得 1	$1+1=1$，$1+0=1$，$0+0=0$
XOR	异或	逻辑减	相同得 0、不同得 1	$1-1=0$，$1-0=1$，$0-0=0$，$0-1=1$

（3）赋值与变量　赋值是指将一个数据赋予一个变量。例如：#1 = 0，则表示#1 的值是 0。其中#1 代表变量，"#"是变量符号（注意：根据数控系统的不同，它的表示方法可能有差别），0 就是给变量#1 赋的值。这里的" = "是赋值符号，起语句定义作用。在赋值运算中，表达式可以是变量自身与其他数据的运算结果，若#1 = #1 + 1，则表示#1 的值为#1 + 1，这一点与数学运算是有所不同的。

（4）转移和循环　宏程序控制语句可改变控制的流，包括转移语句和循环语句（WHILE 语句），转移语句又包括无条件转移语句（GOTO 语句）和条件转移语句（IF 语句），转移和循环语句具体格式见表 4-1-5。

表 4-1-5　转移和循环语句具体格式

类型	功能	格式
无条件转移语句	转移到标有顺序号 n 的程序段	GOTOn；（n：顺序号）
条件转移语句	如果指定的条件表达式满足时，转移到标有顺序号 n 的程序段；如果不满足时，执行下个程序段	IF [ ] GOTOn；
	如果指定的条件表达式满足时，执行预先决定的宏程序语句，只执行一个宏程序语句	IF [ ] THEN…
循环语句	如果指定的条件表达式满足时，执行从 DO 到 END 之间的程序，否则转到 END 后的程序	WHILE [ ] Dom … ENDm；

关于转移和循环的说明如下。

1）条件表达式：条件表达式必须包括运算符。运算符插在两个变量中间或变量和常量中间，并且用"[　]"封闭。表达式可以替代变量。

2）运算符：运算符由 2 个字母组成（表 4-1-6），用于两个值的比较，以决定它们是相等还是一个值小于或大于另一个值。注意：不能使用不等号。

表 4-1-6　运算符

运算符	含义	英文注释
EQ	等于（=）	Equal
NE	不等于（≠）	Not Equal
GT	大于（>）	Great than
GE	大于或等于（≥）	Great than or Equal
LT	小于（<）	Less than
LE	小于或等于（≤）	Less than or Equal

3. 宏程序编制注意事项

宏指令编程虽然属于手工编程的范畴，但它不是直接算出轮廓各个节点的具体坐标数据，而是给出数学公式和算法，由数控系统来即时计算节点坐标，将计算复杂数据的任务交由数控系统来完成。对于加工方法和加工方式、零件的加工步骤、刀具路径及对刀点起刀点的位置，以及切入、切出方式的设计还是遵循一般手工编程的规则。编制宏程序时，首先应从零件的结构特点出发，分析零件上各加工表面之间的几何关系，据此推导出各参数之间的数量关系，建立准确的数学模型。为此，必须注意正确选择变量参数并列出正确的参数方程或标准方程，同时设定合理有效的循环变量。若采用子程序调用的编程模式，还应注意局部变量和全部变量的设定，了解变量传值关系。特别值得注意的是，为提高程序的通用性，尺寸参数应尽可能地用宏变量表示，运行程序前先进行赋值。

知识点2　非圆曲面的加工方法及表面粗糙度的控制

1. 非圆曲面的加工方法

现代数控系统都只有直线和圆弧插补加工指令。对于非圆曲线，通常都采用逼近法来加工，非圆轮廓曲线的拟合无非就是直线拟合、圆弧拟合两种方法，在这两种方法中都是把非圆曲线分成若干段直线或曲线，直线或圆弧分得越细，被加工轮廓就越逼近该曲线。在非圆曲面数控加工过程中，只要确定非圆轮廓曲线的数学模型，就可以利用数控系统所提供的用户宏程序编制出零件的加工程序。

2. 椭圆轮廓曲面表面粗糙度的控制

椭圆轮廓曲面表面粗糙度主要和加工时拟合直线的段数有关，而拟合直线的段数又与椭圆角度变化增量有关，角度变化增量越小、拟合直线段数越多，曲面的表面粗糙度值越小，实际加工前，需要通过数学计算来调节椭圆角度变量值，以保证调节椭圆的拟合精度满足加工精度要求。

知识点3　车削零件尺寸精度的影响因素

数控车削过程中导致零件尺寸精度降低的原因是多方面的，数控车削零件尺寸精度降低的原因分析见表4-1-7。

造成尺寸精度下降的原因中，由于工艺系统产生的尺寸精度降低可通过对机床和夹具的调整来解决，而由于装夹、刀具、加工过程中操作者的原因造成的尺寸精度降低则可以通过操作者进行更正、细致的操作来解决。

表4-1-7　数控车削零件尺寸精度降低的原因分析

序号	影响因素	产生原因
1	装夹与找正	工件找正不正确
2		工件装夹不牢固，加工过程中产生振动与松动
3	刀具	对刀不正确
4		刀具在使用过程中产生磨损
5		刀具刚性差，刀具加工过程中产生振动
6	加工	背吃刀量过大，导致刀具发生弹性变形
7		刀具长度补偿参数设置不正确
8		精加工余量选择过大或过小
9		切削用量选择不当，从而产生热变形和内应力
10	工艺系统	机床原理误差
11		机床几何误差
12		工件定位不正确或夹具与定位元件制造误差

在加工过程中进行精确的测量也是保证加工精度的重要因素。测量时应做到量具选择正确、测量方法合理、测量过程规范细致。

知识点 4　FANUC 系统与西门子系统宏程序编程指令的区别

（1）变量的表示方法　FANUC 数控系统的变量都是用#和数字来表示的，如#1、#100 等；而西门子数控系统中变量是用 R 和数字来表示的，如 R1、R100 等。

（2）变量赋值到坐标字的写法　FANUC 数控系统变量赋值到坐标字的写法为坐标字后面变量用中括号括起来，如 X［#1］、Y［#100］等；西门子数控系统变量赋值到坐标字的写法为坐标字后面加等号再加变量，如 X = R1、Y = R100 等。

（3）条件判断表示方法　FANUC 数控系统条件判断格式等于用"EQ"表示、大于用"GT"表示、大于或等于用"GE"表示、小于用"LT"表示、小于或等于用"LE"表示；在西门子数控系统中等于用"＝＝"表示、大于用"＞"、大于或等于用"＞＝"、小于用"＜"、小于或等于用"＜＝"表示。

（4）跳转语句　FANUC 数控系统跳转语句用"GOTOn"表示（n 为跳转目的地的顺序号），而西门子数控系统跳转语句用"GOTOB xx 或 GOTOF xx"表示（xx 为跳转目的地标记，前者为向上（后）跳转，后者为向下（前）跳转）。

（5）循环控制语句

1）FANUC 数控系统循环控制语句格式如下。

WHILE［］Dom；（m 为 1、2 或 3）

…（循环程序段）

ENDm；

2）西门子数控系统循环控制语句格式如下。

WHILE［］；

…（循环程序段）

ENDWHILE；

【技能准备】

技能点 1　西门子系统数控车床操作面板

SINUMERIK 802S 系统数控车床操作面板上的按键功能含义见表 4-1-8。

表 4-1-8　SINUMERIK 802S 系统数控车床操作面板上的按键功能含义

系统控制面板				机床控制面板			
	软菜单键		选择/转换键		复位		主轴正转
	加工操作区域键		回车/输入键		数控停止		主轴反转
	返回键		上档键		数控启动		主轴停
	菜单扩展键		光标向下键 上档：向下翻页键		增量选择		快速运行叠加
	区域转换键		光标向右键		点动	+X －X	X 轴点动
	光标向上键 上档：向上翻页键		空格键（插入键）		参考点	+Z －Z	Z 轴点动
	光标向左键		字母键		自动方式		单段运行
	删除键		垂直菜单键		手动		
	数字键		报警应答键				进给速度修调

技能点 2　西门子系统数控车床基本操作方法

按【▭】（区域转换键），选择【程序】，系统进入图 4-1-2 所示的程序目录窗口。图中的各软键功能说明如下。

（1）循环　按循环键可以显示标准循环目录。只有具备相应的存储权限才可以实现此软键功能。

（2）选择　操作此键可以选择用光标定位的、待执行的程序，然后按数控系统启动键启动该程序。

（3）打开　可以打开光标定位的待执行文件。

（4）新程序　操作此键可以输入新的程序。按此键后出现一窗口，要求输入程序号和程序类型。

（5）拷贝　操作此键可以把所选择的程序复制到另一个程序中。

（6）删除　用此键可以删除光标定位的程序。按【确认】键执行清除功能，按【返回】键取消并返回。

（7）改名　操作此键出现一窗口，在此可以更改光标所定位的程序号。输入新的程序号后按【确认】键，完成名称更改，按【返回】键取消此功能。按【程序】键可以切换到程序目录菜单。

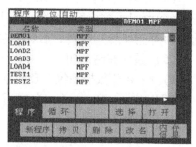

（8）内存信息　操作此键，显示所有可以使用的数控系统内存。

图 4-1-2　程序目录窗口

1. 西门子数控系统程序的输入与编辑

（1）输入新程序的操作步骤　按【▭】（区域转换键），选择【程序】，选择【>】（扩展键）选择【新程序】，出现新程序输入窗口，如图 4-1-3 所示。在此输入新的主程序或子程序号，主程序扩展名 MPF 可以自动输入，而子程序扩展名 SPF 必须与文件名一起输入。输入完后按【确认】键，生成新程序文件，就可以对新程序进行编辑。按【^】（返回键）可以中断程序的编制，并关闭此窗口。

图 4-1-3　新程序输入窗口

（2）编辑零件程序的操作步骤

1）零件程序不处于执行状态时，可进行编辑。程序中所进行的任何修改均会立即保存起来。

2）在主功能菜单下选择【程序】键，出现程序目录窗口，用上、下光标键选择待修改的程序，按【选择】→【打开】键，屏幕上出现所要修改程序的编辑窗口，如图 4-1-4 所示，程序的修改操作如同在计算机上一样操作进行。

2. 西门子数控系统零件自动加工

在【自动方式】下零件程序可以完全自动加工，这也是零件加工中正常使用的方式。进行零件加工的前提条件：已经回参考点；待加工的零件程序已经装入；已经输入必要的补偿值，如零点偏移或刀具补偿；必要的安全锁定装置已经启动。

图 4-1-4　程序编辑窗口

(1) 选择和启动零件程序的操作步骤

1) 按【▣】(自动方式)键,系统显示出所有的程序。

2) 把光标移动到指定的程序上。

3) 按【选择】→【打开】键选择并打开待加工的程序。

4) 按【◇】(数控启动)键执行零件程序,进入图 4-1-5 所示的自动方式窗口。

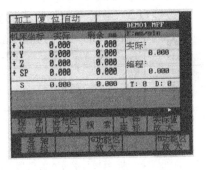

图 4-1-5 自动方式窗口

(2) 自动方式中各参数与软键说明

在自动方式中,许多参数与手动方式中的相同,下面仅对不同的参数和软键进行介绍。

1) 剩余:显示工件坐标系或机床坐标系中待运行的剩余行程。

2) 程序控制:在【自动方式】下按【程序控制】键,显示程序控制窗口。

3) 语句区放大:在此窗口下显示完整的程序段(当前及其前后的程序段)。另外还显示当前程序或子程序的名称。

4) G 功能区放大:打开 G 功能窗口,显示所有有效的 G 功能。G 功能窗口下显示所有有效的 G 功能,每一个 G 功能分配在一个功能组下并在窗口中占有固定位置。通过操作光标键可以显示其他 G 功能。

5) M 功能区放大:打开 M 功能窗口,显示所有有效的 M 功能。

(3) 程序段搜索的操作步骤 在【自动方式】下按【搜索】键,可以进入程序段搜索窗口,如图 4-1-6 所示。各软键功能说明如下。

1) 搜索:一直进行程序段搜索,直到找到所需要的程序段。查询目标可以通过光标直接定位到程序段上。

2) 搜索断点:光标移动到中断点所在的主程序段,目标符自动找到子程序。

3) 继续搜索:可以查找到所需要的行、文本、程序段号。

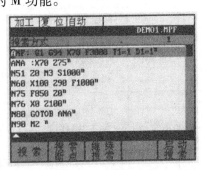

图 4-1-6 程序段搜索窗口

4) 启动搜索:程序段开始搜索。如同程序正常运行一样,所有的计算照常进行,但坐标轴不移动。按【复位】键可以中断程序段搜索。

(4) 停止、中断零件程序 在加工中零件程序运行可以被停止和中断。停止、中断的方式有多种。

1) ✎:按【复位】键中断加工的零件程序,当按【数控启动】键时将重新启动,程序从头开始运行。

2) ⊘:按【数控停止】键停止加工的零件程序,可以通过按【数控启动】键恢复程序运行。

3) ◉:按【急停】键可中断加工的零件程序,当按【数控启动】键时将重新启动,程序从头开始运行。

(5) 中断之后的再定位 在程序中断后(如按【数控停止】键、系统断电等),可以用手动方式从加工轮廓退出刀具,控制器将中断点坐标保存,并能显示离开轮廓的坐标值。中断之后的再定位的操作如下。

按【自动方式】→【搜索】→【搜索断点】→【启动搜索】→【数控启动】键。

技能点 3　数控车床的日常维护与保养

数控车床的日常维护与保养见表 4-1-9。

表 4-1-9　数控车床的日常维护与保养

序号	检查周期	检查部位	检查要求
1	每天	导轨润滑油箱	检查油标、油量,及时添加润滑油,润滑泵能定时启动打油及停止
2		X、Z 轴导轨面	清除切屑及污物,检查润滑油是否充分,导轨面有无划伤损坏
3		压缩空气气源压力	检查气动控制系统压力,应在正常范围
4		气源自动分水滤气器、自动空气干燥器	及时处理分水器中滤出的水分,保证自动空气干燥器正常工作
5		气液转换器和增压器油面	发现油面不够时及时补足油
6		主轴润滑恒温油箱	工作正常、油量充足并调节温度范围
7		机床液压系统	油箱、液压泵无异常噪声,压力表指示正常,管路及各接头无泄漏,工作油面高度正常
8		液压平衡系统	平衡压力指示正常,快速移动时平衡阀工作正常
9		数控系统的输入/输出单元	光电编码器清洁,机械结构润滑良好
10		各种电气柜散热通风装置	各电气柜冷却风扇工作正常,风道过滤网无堵塞
11		各种防护装置	导轨、机床防护罩等应无松动、漏水
12		各电气柜过滤网	各电气柜过滤网清洁、干净
13	每半年	滚珠丝杠	清洗滚珠丝杠上旧的润滑脂、涂上新油脂
14		液压油路	清洗溢流阀、减压阀、过滤器,清洗油箱箱底,更换或过滤液压油
15		主轴润滑恒温油箱	清洗过滤器、更换润滑油
16	每年	直流伺服电动机电刷	检查换向器表面,吹净碳粉,去除毛刺,更换长度过短的电刷,并应磨合后才能使用
17		润滑泵	清理润滑油池底,更换过滤器
18	不定期	各轴导轨上的镶条、压紧滚轮	按机床说明书调整
19		冷却水箱	检查液面高度,太脏时需要更换并清理水箱底部,经常清理过滤器
20		排屑器	经常清理切屑,检查有无卡住等
21		废油池	及时取走废油池中的废油,以免外溢
22		主轴驱动带	按机床说明书调整

【任务实施】

步骤 1　零件分析

图 4-1-1 所示回转体方程曲面零件结构包含外圆弧面、外圆柱面、圆锥面、椭圆曲面、退刀槽及外螺纹,结构相对复杂,尺寸精度要求和表面粗糙度要求都比较高,属于比较典型的中等难度的轴类零件,很适合在数控车床上加工。毛坯定为 $\phi50\text{mm} \times 100\text{mm}$ 45 钢。

步骤 2　工艺制订

1. 确定定位基准和装夹方案

毛坯为 $\phi50\text{mm} \times 100\text{mm}$ 45 钢,采用自定心卡盘定位夹紧,能自动定心,初次装夹时(先加工左端）工件伸出自定心卡盘70mm，能够保证65mm车削长度，调头装夹时夹持左端 $\phi 36mm$ 的外圆定位。回转体方程曲面零件定位装夹示意图如图4-1-7所示。

2. 选择刀具与切削用量

本任务零件在加工过程中选用的刀具：T01为90°（主偏角）外圆粗车刀，刀尖圆弧半径为$R0.4mm$；T02为93°（主偏角）外圆精车刀，刀尖圆弧半径为$R0.2mm$；T03切槽刀，刀

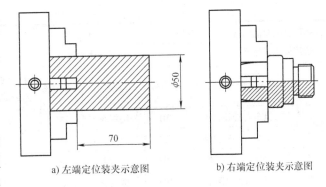

a) 左端定位装夹示意图　　　b) 右端定位装夹示意图

图4-1-7　回转体方程曲面零件定位装夹示意图

宽为3mm；T04为60°（三角形）外螺纹车刀。根据零件的精度要求和工序安排确定刀具几何参数及切削用量，见表4-1-10。外圆粗车刀背吃刀量选择2mm，精加工余量0.2mm。

表4-1-10　刀具几何参数及切削用量表

序号	加工内容	刀具号	刀具类型	主轴转速/(r/min)	进给量/(mm/min)
1	粗车外圆	T01	外圆粗车刀	800	160
2	精车外圆	T02	外圆精车刀	1200	80
3	切退刀槽	T03	3mm切槽刀	400	40
4	车外螺纹	T04	外螺纹车刀	400	

3. 确定加工顺序

本零件的加工步骤如下。

1）采用外圆粗、精车循环指令加工左端外形轮廓，保证尺寸 $\phi 20_{-0.021}^{0}mm$、$\phi 36_{-0.025}^{0}mm$，应采用刀尖圆弧半径补偿，以保证锥面的尺寸精度；$\phi 48_{-0.025}^{0}mm$ 外圆长度方向加工至 $Z-66$ 处。

2）调头装夹找正，手工车端面，保证总长 $95_{0}^{+0.1}mm$。

3）采用外圆粗、精车指令加工右端外形轮廓，螺纹大径处尺寸为30mm。

4）加工退刀槽。

5）加工右端外螺纹，用止、通规检查螺纹精度。

6）拆卸工件，并对工件进行去毛倒棱。

回转体方程曲面零件数控加工工序卡见表4-1-11。

表4-1-11　回转体方程曲面零件数控加工工序卡

回转体方程曲面零件数控加工工序卡		零件图号		零件名称		材料		使用设备		
				回转体方程曲面		45钢		数控车床		
工步号	工步内容	刀具号	刀具名称	刀具规格	主轴转速/(r/min)	进给量/(mm/min)	刀尖半径补偿号	刀具长度补偿号	备注
1	车左端面	T01	外圆粗车刀	93°	1200	80	D01	H01	手动
2	粗车左端外轮廓	T01	外圆粗车刀	93°	800	160	D01	H01	
3	精车左端外轮廓	T02	外圆精车刀	93°	1200	80	D02	H02	
4	车右端面	T01	外圆粗车刀	93°	1200	80	D01	H01	手动

(续)

回转体方程曲面零件数控加工工序卡	零件图号	零件名称		材料	使用设备	
		回转体方程曲面		45 钢	数控车床	
工步号	工步内容	刀具号	刀具名称	刀具规格	主轴转速/(r/min)	进给量/(mm/min)	刀尖半径补偿号	刀具长度补偿号	备注
5	粗车右端外轮廓	T01	外圆粗车刀	93°	800	160	D01	H01	
6	精车右端外轮廓	T02	外圆精车刀	93°	1200	80	D02	H02	
7	车右端退刀槽	T03	切槽刀	3mm	400	40	D03	H03	
8	车右端外螺纹	T04	外螺纹车刀	60°	400		D04	H04	

步骤 3　程序编写

1. 建立工件坐标系

该零件端面为设计基准，也是长度方向上的测量基准，故本任务中工件坐标系分别选择在工件左、右端面中心处，如图 4-1-8 所示。

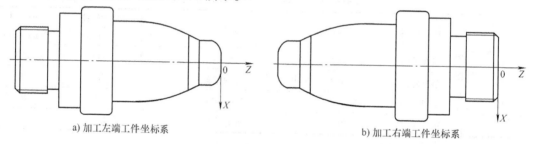

a) 加工左端工件坐标系　　　　b) 加工右端工件坐标系

图 4-1-8　建立工件坐标系

2. 确定刀具路径

该零件采用两次装夹后完成粗、精加工的加工方案，先加工工件左端外轮廓，完成粗、精加工后，调头加工右端外轮廓、退刀槽与外螺纹。由于数控车削加工粗、精车均使用固定循环指令编程，粗车的刀具路径由系统自动计算生成，所以编程时只要编写精加工的刀具路径即可，回转体方程曲面零件外轮廓的刀具路径图如图 4-1-9 所示。

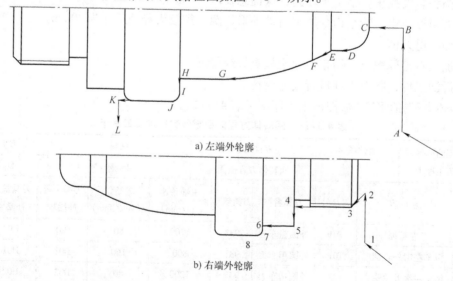

a) 左端外轮廓

b) 右端外轮廓

图 4-1-9　回转体方程曲面零件外轮廓的刀具路径图

3. 计算节点坐标

结合图 4-1-9，回转体方程曲面零件手工编程节点坐标见表 4-1-12。

表 4-1-12 回转体方程曲面零件手工编程节点坐标

坐标点	坐标值	坐标点	坐标值	坐标点	坐标值
A	X52, Z2	I	X44, Z−50	1	X52, Z3
B	X8, Z2	J	X48, Z−52	2	X19.85, Z3
C	X8, Z0	K	X48, Z−66	3	X30, Z−2
D	X20, Z−6	L	X55, Z−66	4	X30, Z−20
E	X20, Z−10			5	X42, Z−20
F	X25.195, Z−15			6	X42, Z−30
G	X36, Z−40			7	X44, Z−30
H	X36, Z−50			8	X48, Z−32

4. 编写程序

手工编写零件加工程序，图 4-1-1 所示回转体方程曲面零件左端和右端的加工程序分别见表 4-1-13 和表 4-1-14。

表 4-1-13 回转体方程曲面零件左端的加工程序

程序内容	程序说明
O0731	程序号
N10 T0101;	换 1 号刀，1 号补偿
N20 M03 S800;	主轴正转 800r/min
N30 G00 X55.0 Z2.0;	快速定位到循环起点位置
N40 G71 U2 R1.0;	粗车外轮廓
N50 G71 P60 Q230 U0.2 W0.2 F160;	
N60 G01 G42 X8.0;	X 向进刀
N70 G01 Z0.0 F80;	Z 向进刀
N80 G03 X20.0 Z−6.0 R6.0;	车 R6mm 的圆弧
N90 G01 X20.0 Z−10.0;	车 φ20mm 的外圆
N100 X25.195 Z−15.0;	车圆锥
N110 #100 = ASIN [25.195/36];	计算椭圆起始角度
N120 #106 = FUP [#100];	椭圆角度下取数
N130 WHILE [#106LE90] Do1;	当椭圆角度小于或等于 90°时执行，否则跳出
N140 #101 = 18 * SIN [#106] *2;	拟合直线 X 轴坐标值
N150 #102 = 35 * COS [#106] −40;	拟合直线 Z 轴坐标值
N160 G01 X [#101] Z [#102];	车拟合直线轮廓
N170 #106 = #106 + 0.2;	椭圆角度增加 0.2°
N180 END1;	返回判断语句
N190 G01 X36.0 Z−50.0;	车 φ36mm 的外圆
N200 X44.0;	车台阶
N210 G03 X48.0 Z−52.0 R2.0;	车 R2mm 圆弧
N220 G01 Z−66.0;	车 φ38mm 的外圆
N230 G00 G40 X55.0;	取消刀补
N240 G00 X100.0 Z150.0;	退回安全位置

（续）

程序内容	程序说明
N250 T0202;	换2号刀，2号补偿
N260 M03 S1200;	主轴正转1200r/min
N270 G00 X55.0 Z2.0;	快速定位到循环起点
N280 G70 P60 Q230 F80;	精车外轮廓
N290 G00 X100.0 Z150.0;	退回安全位置
N300 M30;	程序结束

表 4-1-14　回转体方程曲面零件右端的加工程序

程序内容	程序说明
O0732	程序号
N10 T0101;	换1号刀，1号补偿
N20 M03 S800;	主轴正转800r/min
N30 G00 X55.0 Z3.0;	快速定位到循环起点位置
N40 G71 U2 R1.0;	粗车外轮廓
N50 G71 P60 Q120 U0.2 W0.2 F160;	
N60 G01 G42 X19.85;	X向进刀
N70 G01 X30.0 Z-2.0;	车倒角
N80 G01 Z-20.0;	车ϕ30mm的外圆
N90 X42.0;	车台阶
N100 Z-30.0;	车ϕ42mm的外圆
N110 X44.0;	车台阶
N120 G03 X48.0 Z-32.0 R2.0;	车R2mm圆弧
N130 G00 X100.0 Z150.0;	退回安全位置
N140 T0202;	换2号刀，2号补偿
N150 M03 S1200;	主轴正转1200r/min
N160 G00 X55.0 Z2.0;	快速定位到循环起点
N170 G70 P5 Q10 F80;	精车外轮廓
N180 G00 X100.0 Z150.0;	退回安全位置
N190 T0303;	换3号刀，3号补偿
N200 M03 S400;	主轴正转400r/min
N210 G00 X45.0 Z-18.0;	快速定位到切槽位置
N220 G01 X26.0 F40;	切退刀槽
N230 G00 X45.0;	径向退刀
N240 Z-20.0;	快速定位到切槽位置
N250 G01 X26.0 F40;	切退刀槽
N260 G00 X45.0;	径向退刀
N270 G00 X100.0 Z150.0;	退回安全位置
N280 T0404;	换4号刀，4号补偿
N290 M03 S400;	主轴正转400r/min
N300 G00 X32.0 Z2.0;	快速定位到循环起点位置
N310 G92 X28.95 Z-17.5 F2;	螺纹切削循环第一刀
N320 X28.35;	螺纹切削循环第二刀
N330 X27.75;	螺纹切削循环第三刀
N340 X27.35;	螺纹切削循环第四刀
N350 X27.25;	螺纹切削循环第五刀
N360 G00 X100.0 Z150.0;	退回安全位置
N370 M30;	程序结束

步骤4 工具材料领用

完成本任务零件加工所需的工、刃、量、辅具清单见表4-1-15。

表 4-1-15 工、刃、量、辅具清单

序号	名称	规格	数量	备注
1	游标卡尺	0～150mm/0.02mm	1把	
2	外径千分尺	0～25mm/0.01mm，25～50mm/0.01mm	各1	
3	钢直尺	0～200mm/1mm	1把	
4	外圆车刀	93°	2把	
5	切槽刀	刀宽3mm	1把	
6	外螺纹车刀	60°	1把	
7	螺纹环规	M30×2	1副	
8	材料	φ50mm×100mm 的 45 钢	1段	
9	其他辅具	铜棒、铜皮、毛刷等；计算器、相关指导书等	1套	选用

步骤5 零件加工

1) 按照工、刃、量、辅具清单领取相应的工、刃、量、辅具。
2) 开机上电。
3) 复位。
4) 返回机床参考点。
5) 装夹工件毛坯。
6) 装夹刀具并找正。
7) 对刀，建立工件坐标系。
8) 程序的输入。
9) 程序校验。
10) 零件加工。
11) 零件测量。
12) 校正刀具磨损值。
13) 加工合格后对机床进行相应的保养。
14) 按照工、刃、量、辅具清单归还相应的工、刃、量、辅具。
15) 填写工作日志并关闭机床电源。

注意事项：

1) 程序编好后，待教师检查无误方可运行。
2) 运行时要用单段方式进行，且注意将机床的防护罩关闭。
3) 出现紧急情况马上按急停按钮。
4) 注意进给倍率的控制。

【检查评价】

加工完成后对零件进行去毛刺和尺寸的检测，回转体方程曲面零件检测的评分表见表4-1-16。

表 4-1-16 回转体方程曲面零件检测的评分表

项目	序号	技术要求	配分	评分标准	得分
程序与工艺（15%）	1	程序正确完整	5	不规范每处扣1分	
	2	切削用量合理	5	不合理每处扣1分	
	3	工艺过程规范合理	5	不合理每处扣1分	
机床操作（20%）	4	刀具选择安装正确	5	不正确每次扣1分	
	5	对刀及工件坐标系设定正确	5	不规范每处扣1分	
	6	机床操作规范	5	不正确每次扣1分	
	7	工件加工正确	5	不正确每次扣1分	
工件质量（40%）	8	尺寸精度符合要求	30	不合格每处扣3分	
	9	表面粗糙度符合要求	8	不合格每处扣1分	
	10	无毛刺	2	不合格不得分	
文明生产（15%）	11	安全操作	5	出错全扣	
	12	机床维护与保养	5	不合格全扣	
	13	工作场所整理	5	不合格全扣	
相关知识及职业能力（10%）	14	数控加工基础知识	2	视情况酌情给分	
	15	自学能力	2		
	16	表达沟通能力	2		
	17	合作能力	2		
	18	创新能力	2		

【拓展训练】

拓展训练 1

在数控车床上完成图 4-1-10 所示零件的加工。毛坯材料为 45 钢，尺寸为 $\phi50mm \times 56mm$。注意宏程序的基本编程格式及回转体方程曲面表面粗糙度的控制，同时注意宏程序编制过程中坐标系的处理。

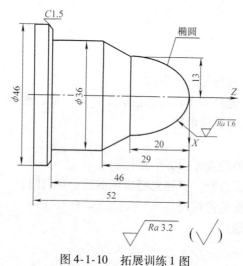

图 4-1-10 拓展训练 1 图

拓展训练 2

在数控车床上完成图 4-1-11 所示零件的加工。毛坯材料为 45 钢，尺寸为 $\phi60mm \times 100mm$。注意车削零件加工工序的安排，同时注意宏程序在车削加工过程中的运用。

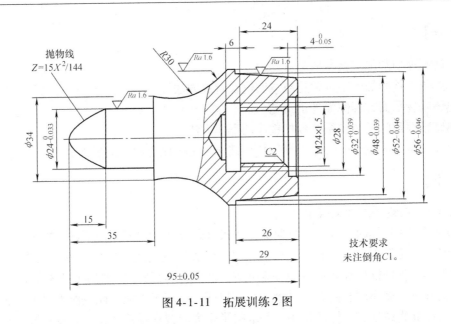

图 4-1-11 拓展训练 2 图

任务 4.2　平面方程曲面数控铣削加工

【任务导入】

本任务要求在数控铣床上，采用机用虎钳对零件进行定位装夹，用立铣刀加工图 4-2-1 所示的平面方程曲面零件。对平面方程曲面零件工艺编制、程序编写及数控铣削加工全过程进行详细分析。

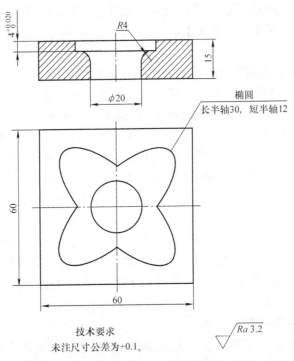

图 4-2-1　平面方程曲面零件图

【任务目标】

1. 了解高速切削加工技术的基本知识。
2. 了解数控铣削加工零件常见质量问题及解决方法。
3. 熟练掌握平面方程曲面加工工艺。
4. 熟练掌握西门子数控系统数控铣床的操作方法。
5. 遵守安全文明生产的要求,操作数控铣床加工平面方程曲面零件。

【知识准备】

知识点1 高速切削加工技术

自20世纪60年代起,人们对高速加工的机理研究和应用方面做了许多探索。高速切削加工技术历经了理论探索、应用探索、初步应用和较成熟应用四个阶段。随着高强度、高熔点、高耐磨性刀具材料的推出和超高速电主轴的成功应用,为高速切削加工技术的推广创造了条件。它以高效率、高精度和高表面质量为基本特征,在汽车工业、航空航天、模具制造和仪器仪表等行业中获得越来越广泛的使用,并取得了重大的技术经济效益。有资料统计,高速切削加工与常规切削加工相比:加工时间可减少约60%,切削速度是常规切削速度的5~10倍,材料去除率提高3~5倍,刀具寿命提高70%。

1. 高速切削加工的优势

高速切削加工之所以得到越来越广泛的应用,是因为它相对于传统加工方式具有显著的优越性,具体有以下特点。

(1)提高生产率 高速切削加工中主轴转速和进给速度的提高,可以提高材料的去除率。与传统加工技术相比,高速切削加工主轴转速高、进给速度高、切削量小,但在单位时间内的材料切除量却增加了数倍。同时,高速切削加工可加工淬硬零件,许多零件一次装夹可完成粗、半精和精加工等全部工序,对复杂型面加工也可以直接达到零件表面质量要求,进而大大提高生产率。

(2)改善加工精度和表面质量 高速切削加工的精度很高。高速切削加工机床必须具备高刚性和高精度等性能,同时由于切削力低、工件热变形小、吃刀量小,而进给速度较快,加工表面粗糙度很小,切削铝合金时可达 $Ra0.4 \sim 0.6 \mu m$,切削钢件时可达 $Ra0.2 \sim 0.4 \mu m$。

(3)减少切削产生的热量 在高速切削加工中,切削过程产生的热量大部分被切屑带走,而未传到工件中去,因此,工件温升低,热变形、热膨胀小,可以有效减少工件的热变形。

(4)减小切削力 由于高速切削采用较浅的切削深度和较窄的切削宽度,因此与常规切削相比切削力可减小30%以上。这对于加工刚性较差的零件来说可减少加工变形,使一些薄壁类精细零件的切削加工成为可能。

(5)部分代替某些工艺 常规切削加工不能加工淬火后的材料,淬火变形必须进行人工修整或通过放电加工解决。高速切削加工则可以直接加工淬火后的材料,在很多情况下可完全省去电火花加工、手工磨削等工序,消除了放电加工所带来的表面硬化问题,减少或免除了人工光整加工,缩短工艺路线。

2. 高速切削加工实现的要求

高速切削加工主要有两个特点:一是主轴转速较高,一般情况下主轴转速在 10000~60000r/min;二是高速进给,进给速度一般在每分钟几米甚至几十米以上。由于进给速度很大,机床主轴的惯性就成为高速加工时不能忽视的要素,在机床和控制系统的选配过程中都要予以充分考虑,否则,使用不当不仅会缩短设备的使用寿命,而且会影响加工质量。因此,高速切削加工技术对机床、刀具、控制系统、编程、工艺流程、设计系统等都提出了更高的要求。

(1) 高速加工对机床的要求　由于高速加工的特点,高速加工机床必须满足以下几个条件:首先,机床的功率必须足够大,以满足在加工时对机床功率速度变化的需求;其次,必须配给结构紧凑的高速主轴、高速进给丝杠;再次,机床必须配备实心的台架、刚性的龙门框架且基体材料应对机床的结构振动衰减作用较大,这种结构对机床的结构振动衰减作用可有效消除加工中的振动,提高机床的稳定性;最后,采用直线电动机可提高加工质量并极大简化了结构,而且很容易达到高的线速度并能提供恒定的速率,使速度的变化不超过 0.01%,从而使工件获得最佳的表面质量和更长的刀具寿命。

(2) 高速加工对数控系统的要求　对于高速切削加工的数控系统,必须有高速、高精度的插补系统、快速响应数控系统和高精度的伺服系统;必须具备程序预读、转角自动减速、优化插补、适用于通用计算机平台等功能。

(3) 高速加工对主轴的要求　由于主轴的转速较高,为减少主轴的轴向窜动和径向圆跳动,对主轴的结构和轴承提出了较高的要求,整体制造法可以极大地减少主轴在高速回转时产生的误差。通过选用高精度的轴承,可有效提高主轴的动平衡,从而减少工件的加工误差。超高速电主轴制造技术的突破,对高速切削加工的应用起到了重要的作用。

(4) 高速加工对刀具的要求　高速切削加工中刀具的选择非常重要,选择刀具主要从两个方面考虑,一是高速旋转状态下的刀具动平衡状态,另一个是如何确保刀具寿命。为保证高速旋转状态下刀具能够绕轴线稳定旋转,目前采用两种办法:一是采用带有动平衡装置的刀具,此类刀具在刀套里面安装了机械滑块或采用流体动平衡设计;另一种就是采用整体刀具,刀套与刀体合为一体,以确保刀体与刀套安装过程中间隙最小。从整体使用性能来看,整体刀具在这一方面是最理想的。但是,由于刀套与刀体是一体的,一旦刀体报废,刀套也就一起报废,因此费用较高。

高速加工对刀具的总体要求是平衡、材料先进、制造精度高、安全、易排屑和多用途。

(5) 高速加工对切削用量的要求　高速切削加工中,在主轴转速一定的情况下,首先要注意对吃刀量的控制,包括背吃刀量和侧吃刀量。吃刀量的控制对于能否加工出一个合格零件以及延长刀具寿命起到非常关键的作用,因此应保持稳定的背吃刀量和比较小波动范围的侧吃刀量。一般情况下,高速加工的切削用量宜采用更高的切削速度,精加工时更少的加工余量,更密的刀具路径及更小的吃刀量,以求得到高精度和降低零件表面的表面粗糙度值。

(6) 高速加工对加工编程的要求　为了避免高速加工过程中机床惯性的影响,理论上只要在切削过程中不改变进给方向即可,但是实际上这是不可能实现的,改变进给方向不可避免地经常使用,这就给编写加工程序出了一个难题。因此,需要选择合适的走刀方法来解决这一问题,以生成安全、有效和精确的刀具路径和得到理想的曲面精度(一般是尽量在空走刀的时候换向,在改变进给方向之前降低进给速度)。另外,尽量保持切削条件的恒定性也是非常重要的。因为不同刀具载荷能够引起刀具产生偏差,这会降低工件精度、曲面精度和刀具寿命。

(7) 高速加工对 CAM 软件的要求　在高速加工中,加工程序的编制往往需要借助于 CAM 软件来实现。高速加工的一些理念也许容易被人们接受,但是如何在 CAM 软件环境下,把这些理念落实到编程过程中,不仅需要掌握 CAM 软件常用的功能,同时需要注意软件中的一些特殊参数的设置。当前流行的很多 CAM 软件并不是专门为高速切削加工定制的,在实现某些工艺要求时，需要了解所用的 CAM 软件的功能。一般认为，CAM 系统除应当具有对高速切削加工过程的分析功能外，还应有：

1）自动特征识别功能。
2）很高的计算编程速度。
3）能够对刀具干涉进行检验。
4）具有进给速率优化处理功能。
5）具有符合加工要求的丰富的加工策略。
6）应能保持刀具路径的平稳。
7）具有自动识别粗加工剩余材料的功能和具有高速、精确的模拟加工等功能。

3. 高速切削加工工艺原则

安全、高效和高质量是高速切削的主要目标。高速加工按目的分为两种情况：以实现单位时间最大去除量为目的的高速加工和以实现单位时间最大加工表面为目的的高速加工。前者用于粗加工，后者用于精加工。以铣削加工为例，对于一个高速铣削加工任务来说，要把粗加工、半精加工和精加工作为一个整体考虑，设计出一个合理的加工方案。从总体上达到高效率和高质量的要求，充分发挥高速铣削的优势，这就是高速铣削工艺设计的原则。

（1）粗加工

1）粗加工的目标是追求单位时间的最大切除量，表面质量和轮廓精度要求不高，重要的是让机床平稳工作，避免切削方向和载荷急剧变化。

2）为了防止切削时速度矢量方向的突然改变，在刀具路径拐角处需要增加圆弧过渡，避免出现尖角。所有进刀、退刀、步距和非切削运动的过渡也都尽可能圆滑。例如在平面铣削时，可采用螺旋或倾斜方式的垂直进退刀运动、圆弧方式的水平进退刀运动；而在曲面轮廓铣削中，使用切圆弧的进退刀运动等。

（2）半精加工　半精加工的目的是把前道工序加工后的残留加工面变平滑，同时去除拐角处的多余材料，在工件加工表面上留下一层比较均匀的余量，为精加工的高速切削做准备。半精加工应沿着粗加工后的棱状轮廓进行铣削，以便切入过程稳定，并减少切削力波动对刀具的不利影响。另外，半精加工时刀具的切削应尽量连续，避免频繁进退刀。

（3）精加工　精加工的目的是按照零件的设计要求，达到较好的表面质量和轮廓精度。精加工的刀具路径紧贴零件表面，要求平稳、圆滑，没有剧烈的方向改变。同时，精加工中需要对工艺参数进行优化。

知识点 2　数控铣削加工零件常见的质量问题及解决方法

1. 常见的质量问题

在数控铣床（加工中心）上加工的零件，在机床本身精度较高的前提下，其加工精度主要体现在尺寸精度、几何精度和表面质量等三个方面。

（1）与尺寸精度相关的质量问题　零件加工后与尺寸精度相关的质量问题见表 4-2-1。

表 4-2-1　零件加工后与尺寸精度相关的质量问题

序号	质量问题	原因
1	外轮廓尺寸明显偏小（大），内轮廓尺寸明显偏大（小）	与刀具半径补偿设置有关 1）没有输入刀具半径补偿值 2）输入了错误的补偿值

(续)

序号	质量问题	原因
2	加工深度出现偏差	与刀具长度补偿设置有关 1) 在确定长度补偿值时，读数错误，即读错了坐标类型（机床坐标、相对坐标、绝对坐标） 2) 长度补偿值计算错误 3) 长度补偿值输入错误
3	加工深度沿进给方向越来越深	1) 工件或刀具未夹紧，在切削轴向分力的作用下出现工件向上移动或刀具向下拉出的现象（即所谓的"拉刀"现象） 2) 刀具刚性较差
4	在粗（或半精）加工结束后测量工件，然后输入刀具磨损量再精加工，外轮廓尺寸偏小、内轮廓尺寸偏大	1) 在粗（或半精）加工后没有去除干净毛刺就进行测量，造成测量有误差 2) 刀具刚性太差，造成了让刀现象严重，设置磨损量时没有考虑到
5	在测量某一线性尺寸时，测量部位稍有不同，测量尺寸就不同，即尺寸波动较大	1) 刀具质量问题，几条切削刃与刀具轴线不等距 2) 装刀问题，在刀具装入弹簧夹头、弹簧夹头装入刀柄、刀柄装入主轴等环节中有杂物（切屑等），引起刀具轴线与主轴轴线同轴度公差超差

（2）与几何精度相关的质量问题　零件加工后与几何精度相关的质量问题见表4-2-2。

表4-2-2　零件加工后与几何精度相关的质量问题

序号	质量问题	原因
1	整个形状沿 X 向或 Y 向偏移	与工件坐标系的设置有关 1) 在确定工件坐标系时，读数错误，即读错了坐标类型（机床坐标、相对坐标、绝对坐标） 2) 工件坐标系值计算错误（没有考虑刀具或寻边器半径影响） 3) 工件坐标系值输入错误
2	整个加工形状与毛坯相对歪斜	工件或夹具没有找正（和机床坐标轴不平行）
3	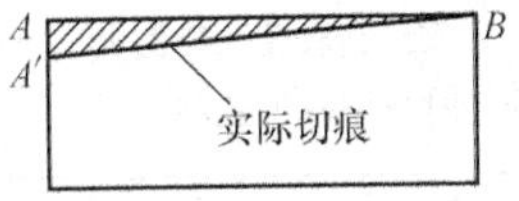 图中要求沿 AB 切削，但实际刀具路径沿 $A'B$ 进行（图中阴影部分被过切）	与零件加工程序有关 1) 没有在轮廓加工前建立刀具半径补偿，而直接在轮廓加工过程中建立刀具半径补偿（即到 B 点才完全建立刀具半径补偿） 2) 在 AB 段程序前有三段以上（含三段）的程序段刀具路径没有做 XY 向的移动，刀具半径补偿自动取消、导致过切
4	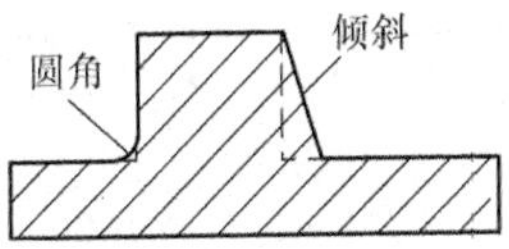 在侧面加工时不垂直，出现倾斜现象，轮廓根部出现圆角和倾斜	与切削刀具有关 1) 刀具刚性较差，制造时刀尖圆角较大 2) 切削刀具长期工作后底齿端发生了较严重的磨损
5	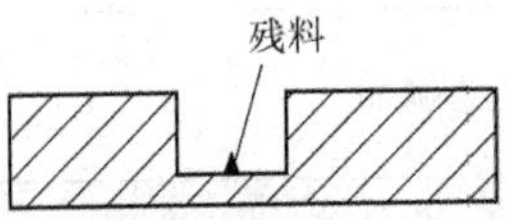 铣型腔时中心留有残料	与刀具路径或零件加工程序有关 1) 零件刀具路径安排不合理（未考虑到刀尖圆弧半径） 2) 在中心处没有暂停进给，导致中心点处未断屑

(续)

序号	质量问题	原因
6	在有旋转的轮廓加工中,出现位置错误	与零件加工程序有关 1) 旋转中心选择错误 2) 坐标系旋转中心为非工件坐标系原点时,编程没有采用增量的方式,而采用了绝对坐标编程
7	铰孔与加工平面不垂直	工艺安排不当:没有预钻中心孔,而直接使用麻花钻钻完底孔后进行铰孔,铰刀不能修正孔的位置偏差
8	上平面与下平面出现平行度超差	与工件装夹有关 1) 夹具没有找正好(垫铁不平行、不等高) 2) 在换面装夹中,工件与垫铁间有杂质或间隙

(3) 与表面质量相关的质量问题 零件加工后与表面质量相关的质量问题见表4-2-3。

表4-2-3 零件加工后与表面质量相关的质量问题

序号	质量问题	原因
1	大平面切削纹理不均匀	在面铣刀加工大平面时采用了手摇的加工方式
2	大平面表面质量左右不一致	切削进给方向不一致(采用了顺逆交替的刀具路径)
3	加工轮廓侧面非常粗糙	1) 切削刀具钝 2) 切削用量不合理,导致残留高度大
4	加工轮廓在进刀和退刀位置不平滑	没有采用切向切入和切向切出的刀具路径
5	分层铣削时出现明显的接刀痕	精加工采用了分层铣削,且分层深度和粗加工一致
6	铰孔后,孔壁表面粗糙度很差	1) 没有钻中心孔,钻孔时钻头晃动导致底孔孔径偏大 2) 钻头尺寸选择过大,导致预钻底孔孔径偏大 3) 钻头角度不正确(偏心),导致预钻底孔孔径偏大 4) 钻削时没有使用断屑方式,导致预钻底孔孔径偏大 5) 钻头尺寸选择过小,导致铰孔时切屑刮毛孔壁
7	轮廓加工完毕后,圆弧段侧面(特别是凹圆弧)的表面粗糙度明显比直线段的表面粗糙度大	直线切削与圆弧切削时使用了同一编程进给速度,导致切削凹圆弧进给速度变大,造成圆弧表面粗糙度超差

(4) 其他问题

零件加工后其他质量问题见表4-2-4。

表4-2-4 零件加工后其他质量问题

序号	质量问题	原因
1	用游标卡尺测量孔径时尺寸不一致,相差较大	卡尺的测量接触面为平面,不是圆弧面
2	切削过程中,机床振动大、噪声大	切削用量不合理、刀具磨损严重、刀具或工件未夹紧

(续)

序号	质量问题	原 因
3	长度补偿值和 Z 轴工件坐标系设置均正确,而自动运行时 Z 向撞刀	1) 程序校验后、自动加工前没有进行回零操作,导致工件坐标系偏移 2) 零件加工程序中长度补偿值调用错误 3) 设置工件坐标系时基本偏置与工件坐标系重复设置
4	工件表面留有刀痕	采用试切对刀时没有选择在要切除的部位进行
5	刀具在做 X、Y 向移动时出现崩刀现象	1) 程序问题:G01 指令后忘记设定进给速度 F 或 G01 指令输入时"1"没有输入,变成了 G0 指令,导致撞刀 2) 刀具路径问题:区域过渡时刀具没有抬刀到安全高度
6	在切削圆弧的过程中经常出现过切报警	1) 所选择使用的刀具半径比工件轮廓凹圆弧半径大 2) 在切入或切出的过程中,过渡圆弧的半径小于刀具半径

2. 精度控制的方法

由于在加工过程中有很多因素影响加工精度,所以用同一种方法在不同的工作条件下所能达到的加工精度是不同的。但是任何一种加工方法,只要选择合适的加工工艺、精心准备,用心操作、细心调整,都能使零件的加工精度控制在要求范围内。下面简单介绍一些常用的精度控制方法。

(1) 尺寸精度的控制方法

1) 合理选用加工刀具与切削用量,增加工艺系统刚性。

2) 首件试切,细心调整加工尺寸,通过工件粗加工或半精加工后的测量,合理确定精加工余量。

3) 根据工件尺寸精度的不同,正确选用精度不同的量具,并且正确使用量具。

4) 避免工件较热(手感较热)时做精加工测量。

(2) 几何精度的控制方法

1) 工件、刀具与夹具应具有足够的刚度,刚度不足会引起零件的变形,影响平行度、垂直度等要求。

2) 确保工件坐标系设置正确,必要时粗加工(或半精加工)后再根据测量结构加以调整。

3) 合理安排加工工艺,尽量减少零件装夹次数。

4) 定位夹具设计准确合理,安装前必须进行找正。

(3) 表面粗糙度的控制方法

1) 选择合理的加工工艺。根据零件表面质量的具体要求,合理安排粗加工、半精加工和精加工。

2) 正确选用刀具。精加工时可依据轮廓选择小直径刀具,要求刀具切削刃锋利,可尽量选用新刀。

3) 选择合理的切削用量。精加工时,主轴转速要高些,进给量要小些,加工余量要合适。

4) 合理使用切削液。

【技能准备】

技能点1 熟悉西门子系统数控铣床操作面板

SINUMERIK 802D 的操作页面包括系统控制面板区域和操作面板区域两部分。

1. SINUMERIK 802D 的系统控制面板

SINUMERIK 802D 的系统控制面板如图4-2-2所示，主要包括LCD显示区和数控键盘区两大部分。SINUMERIK 802D 系统控制面板各按键的主要功能见表4-2-5。

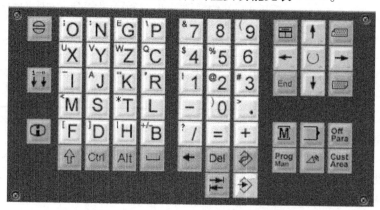

图 4-2-2　SINUMERIK 802D 的系统控制面板

表 4-2-5　SINUMERIK 802D 系统控制面板各按键的主要功能

按键图符	按键名称	功能说明
⊖	报警应答键	报警出现时，按此键可以消除部分报警（取决于报警级别）
⇅	通道转换键	如果几个通道正在使用中，可以在它们之间转换
ⓘ	帮助键	帮助功能键
⇧	上档键	按数字键或者字符键时，同时按此键可以使该数字/字符的左上角字符生效
Ctrl	控制键	控制功能键
Alt	Alt 键	Alt 功能键
␣	空格键	在编辑程序时，按此键插入空格
←	删除/退格键	在程序编辑页面时，按此键删除（退格）光标前一字符

(续)

按键图符	按键名称	功能说明
 Del	删除键	按此键删除光标后一字符
 (插入图标)	插入键	在程序段进行指令插入
 (制表图标)	制表键	制表功能
 (回车图标)	回车/输入键	按此键确认所输入的参数或者换行
 M	加工操作区域键	进入加工操作区
 (程序图标)	程序操作区域键	进入之前编辑的程序中
 Off Para	参数操作区域键	进入参数设置区（如坐标系设置、补偿设置、机床参数设置等）
 Prog Man	程序管理操作区域键	进入程序目录区
 (报警图标)	报警/系统操作区域键	显示当前报警原因
 (未使用图标)	未使用	
 (翻页图标)	翻页键	向上/下翻页
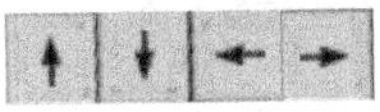 ↑ ↓ ← →	光标移动键	上下左右移动光标
 U	选择/转换键	在设定参数时，按此键可以选择或转换参数
 End	程序最后键	在编辑程序时，可以直接显示程序尾部
 ^J ^W Z	字符键	用于字符输入，按上档键可转换对应字符
 ^0 ^9	数字键	用于数字输入，按上档键可转换对应字符

2. SINUMERIK 802D 的操作面板

SINUMERIK 802D 的操作面板主要用于控制机床的运动和选择机床的工作方式，如图

4-2-3所示。SINUMERIK 802D 的操作面板中各按键功能分别见表4-2-6~表4-2-9。

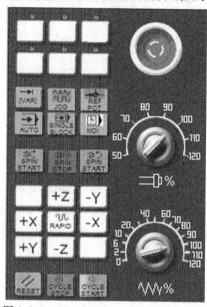

图4-2-3 SINUMERIK 802D 的操作面板

表4-2-6 SINUMERIK 802D 的操作面板中工作方式选择键按键功能

按键图符	按键名称	功能说明
	用户自定义键	用户自定设计的功能
	增量选择键	脉冲移动量的确定
	手动方式键	进入手动操作控制功能
	回参考点	机床回参考点功能
	自动方式键	在此操作状态下,运行数控系统中的程序来实现对机床的控制
	单段执行键	逐段运行加工程序,每按一次该键执行一个程序段
	手动数据输入	在MDI运行方式下可以编制、执行一个零件程序段

表4-2-7 SINUMERIK 802D 的操作面板中主轴控制键按键功能

按键图符	按键名称	功能说明
	主轴正转	按下此键、主轴正转
	主轴反转	按下此键、主轴反转
	主轴停止键	按下此键、主轴停止

项目 4　曲面类零件数控编程与加工

表 4-2-8　手动操作键按键功能

按键图符	按键名称	功能说明
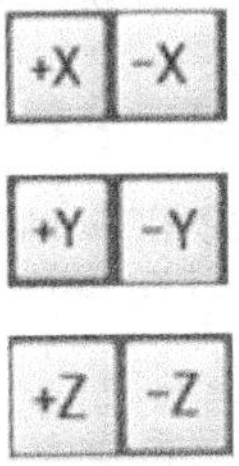 +X -X +Y -Y +Z -Z	X、Y、Z 轴点动控制键	X、Y、Z 轴手动进给正负方向的控制
 RAPID	快进键	加快 X、Y、Z 轴的手动移动速度

表 4-2-9　其他功能键按键功能

按键图符	按键名称	功能说明
 RESET	复位键	系统复位,包括取消报警和中断程序加工
 CYCLE START	循环启动键	按此键,系统执行输入的指令或程序
 CYCLE STOP	循环停止键	按此键,指令或程序执行停止
 ○	急停键	运转中遇到危险的情况时使用,或者机床停机断电前使用
 旋钮	主轴转速修调旋钮	转动该按钮可以减少或增加已编程的主轴转速值（相对于100%而言）
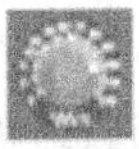 旋钮	进给速度修调旋钮	转动该按钮可以减少或增加已编程的进给速度值（相对于100%而言）

技能点 2　西门子系统数控铣床基本操作
1. 开机操作

1）打开外部电源,启动空压机。

2）检查气压是否达到规定值，打开机床电源开关。

3）检查急停按钮 是否在松开状态，若未松开，按急停按钮将其松开。然后按操作面板的电源开关，系统进行自检后进入"JOG REF"回参考点方式的操作状态。开机屏幕页面如图4-2-4所示。

2. 手动返回参考点操作

1）按机床控制面板上的手动方式键，再按参考点键，这时显示屏上 X、Y、Z 坐标轴后出现空心圆，如图4-2-4所示。

2）通过手动逐一回参考点。先调整进给修调旋钮到100%的位置，然后按控制面板上的"+Z"键，再分别按"+X""+Y"键，机床则自行回参考点，直到参考点窗口显示屏上各坐标轴后的空心圆变为 ，且参考点的坐标值变为0，则表示各轴的回参考点已经完成，如图4-2-5所示。

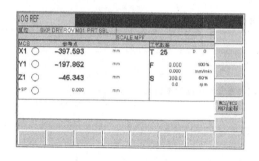

图4-2-4　开机屏幕页面

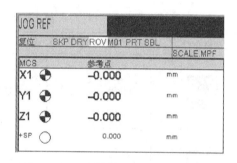

图4-2-5　机床回参考点结果

3. 工件坐标系设定（对刀）操作

准备好对刀工具：直径为 $\phi 14mm$ 的检验棒，规格为 $1mm$ 的塞尺。

（1）XY 平面的对刀操作及坐标轴设定

1）将检验棒安装到主轴上。

2）按机床控制面板上的手动方式键，机床在手动方式状态下运行。通过控制面板上的方向键将刀具移动到工件附近，如图4-2-6所示。各轴移动速度可通过快速键和进给速度修调旋钮进行调节。

3）当刀具靠近工件后，改用手轮控制器（图4-2-7）调节检验棒和工件之间的间隙，由手轮控制器上的坐标轴和增量倍率选择旋钮来实现某坐标轴的移动及移动增量大小的调节。通过手轮控制器将检验棒调整到图4-2-8a所示位置，以实现 X 向的对刀（本例中，检验棒位于工件的右侧）。当检验棒到达图示位置后，将手轮坐标轴旋钮置于 X 档，继续调整 X 向上检验棒和工件之间的间隙，当两者间隙较小时，调整手轮控制器的增量倍率选择旋钮，以减小移动增量。此时，左手持规格为 $1mm$ 的塞尺插入检验棒和工件的侧隙之间，并不断来回移动塞尺；与此同时，右手继续操作手轮调节检验棒和工件之间的间隙，如图4-2-8b所示。当感觉左手移动塞尺稍费力时，右手停止调节检验棒和工件之间 X 向的间隙。拔出塞尺，保持 X 轴静止，然后将检验棒沿 Z 轴方向抬起到工件上表面以上。

项目 4 曲面类零件数控编程与加工

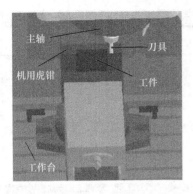

图 4-2-6 将刀具移动到工件附近

图 4-2-7 手轮控制器

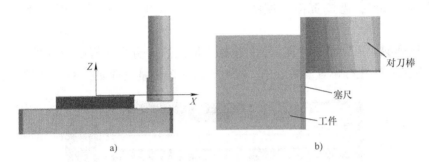

图 4-2-8 X 向对刀操作

4）将工件坐标系原点到 X 向基准边的距离记为 X2（本例中 X2 = "35"）；将塞尺厚度记为 X3（本例中 X3 = "1"）；将基准工具直径记为 X4（本例中 X4 = "14"），将(X2 + X3 + X4)/2 记为 DX。

5）在手动状态下，按"加工操作"键显示加工操作页面，如图 4-2-9 所示。

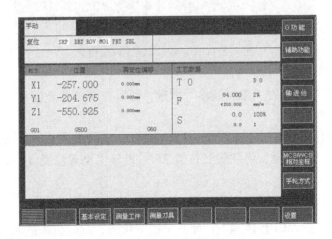

图 4-2-9 加工操作页面

6）按页面下方软键 测量工件，进入工件测量页面，如图 4-2-10 所示。

① 按光标键 ↑ 或 ↓，使光标停留在"存储在"栏中，在系统面板上按 ○ 按钮，选择 G54 用来保存工件坐标系原点。

② 按 ↓ 按钮将光标移动到"方向"栏中，并通过按 ○ 按钮，选择方向为"−"。注：若对刀时，检验棒位于工件的左侧，选择方向为"+"。

③ 按 ↓ 按钮将光标移至"设置位置 X0"栏中，并在"设置位置 X0"文本框中输入 DX 的值为"43"，即 X0 = DX = "43"并按 ◇ 按钮。注：若"设置位置"不为"X0"，需按页面右侧的"X"软键。

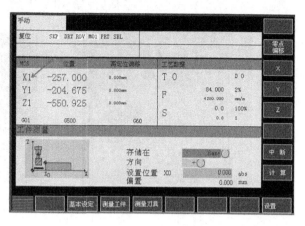

图 4-2-10　工件测量页面

④ 按软键 [计算]，系统将会计算出工件坐标系原点的 X 分量在机床坐标系中的坐标值，并将此数据保存到 G54 坐标偏置参数表中。G54 坐标系 X 分量设置如图 4-2-11 所示。

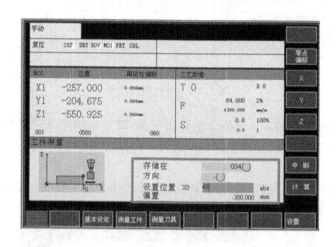

图 4-2-11　G54 坐标系 X 分量设置

7）按图 4-2-11 中右侧的"零点偏移"软键，可以查看工件坐标系（G54～G59）设定状态，如图 4-2-12 所示。

8）Y 向对刀同样可采用上述的 2）～7）步执行，不同的是在执行第 2）步时，需按图 4-2-11 所示右侧的"Y"软键，将"设置位置 X0"变为"设置位置 Y0"，并向对应文本框中输入数值。

（2）Z 平面的对刀操作　Z 向对刀可采用试切对刀，其方法如下。

1）按操作面板上的 MDI 按钮 ，使其呈按下状态，此时机床进入 MDI 状态，通过控制面板上的字母键和数字键，MDI 输入指令"T1 M06"。

2）按主轴正转键 开启主轴正转。通过控制面板上的坐标轴移动键和手轮控制器，将刀具移动到工件待加工表面需切除部位的上方，如图 4-2-13a 所示。然后选择手轮控制器控制轴为 Z 轴，增量倍率为"×100"，将刀具向下移动。待刀具比较接近工件表面时，将增量倍

项目 4　曲面类零件数控编程与加工

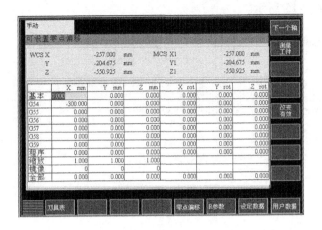

图 4-2-12　工件坐标系设定状态

率调到"×10"或"×1",然后一格一格地转动手摇脉冲器,当刀具在工件表面有轻微划痕后即停止刀具移动,如图 4-2-13b 所示。

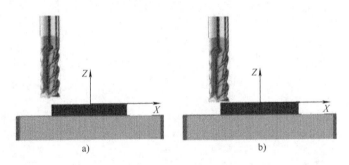

图 4-2-13　Z 向对刀

3) 按"加工操作"键 [M POSITION] 显示加工操作页面。按窗口下方的水平软菜单"测量工件"键进入对刀状态,按测量工件窗口右侧的"Z"轴键,选择 Z 轴对刀,如图 4-2-14 所示。确认图中的"存储在"为"G54",将"设置位置 Z0"文本框中值改为"0",按软键 [计算],系统将计算出工件坐标原点的 Z 分量在机床坐标系中的坐标值,并将此数据保存到 G54 坐标偏置参数表中。

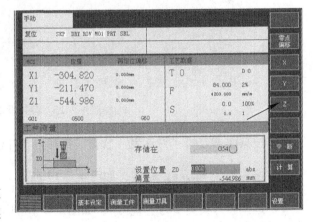

图 4-2-14　G54 坐标系 Z 分量设置

(3) 对刀检查　在手动方式下,通过控制面板上的"+Z"键抬刀并停止主轴转动。选择 MDI 方式,输入一个程序段,按操作面板上的"运行开始"按钮 [CYCLE START],执行 MDI 程序。观察刀具与工件间的实际距离是否与程序段的数值相符,如图 4-2-15 所示。

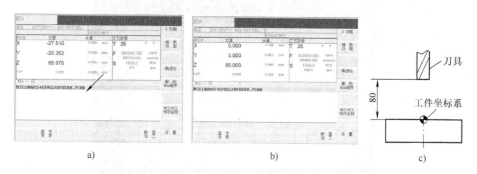

图 4-2-15 对刀检查

4. 设置刀具参数及刀补参数

1)按控制面板上的参数操作区域键,显示屏显示参数设定窗口,如图 4-2-16 所示。

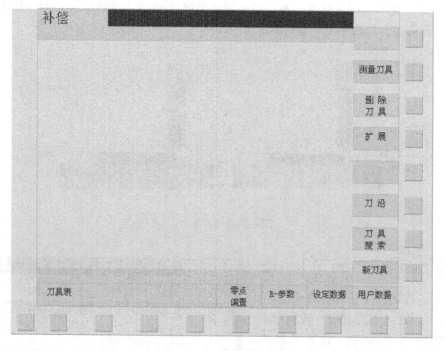

图 4-2-16 参数设定窗口

2)按页面下方的"刀具表"软键,打开刀具补偿设置窗口,如图 4-2-17 所示。

3)按右侧 新刀具 软键,如图 4-2-17 所示。

4)选择新刀具类型为"铣刀",如图 4-2-18 所示。

5)输入新刀具号,并按右侧的"确认"软键,如图 4-2-19 所示。

6)在图 4-2-20 所示的窗口输入刀补参数。半径补偿参数为"6",长度补偿参数为"0"。
必须注意:本例中用来在 Z 平面对刀的刀具和实际加工的刀具必须是同一把刀具,否则这里的长度补偿参数不能为"0"。

项目 4　曲面类零件数控编程与加工

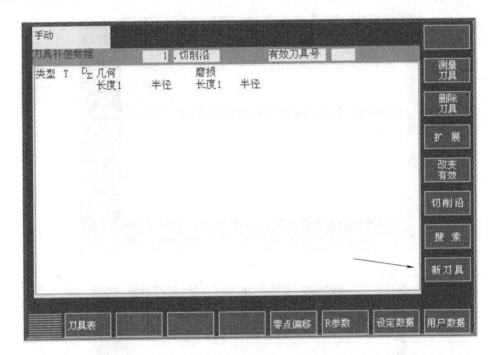

图 4-2-17　刀具补偿设置窗口

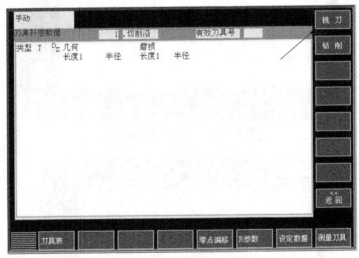

图 4-2-18　选择新刀具类型

5. 程序输入操作

当编程人员要将已编制好的数控程序传送到数控机床时，通常有：采用通过控制面板上的键盘手工输入的方法，这种方法只适用于输入比较简短的小程序；当程序较长时，首先需要将程序存储在外部计算机上，然后采用 SIEMENS PCIN 传输软件通过 RS232 接口把外设的程序输入到控制系统；如果程序特别长、需要占用的空间大于系统本身的硬盘空间，则需要采用 DNC 的程序传送方式，具体内容可参考 SIEMENS PCIN 传输软件使用说明。

采用手工输入程序的步骤如下。

1) 按 [PROGRAM MANAGER] →"程序"下方的软键 [程序]，进入程序目录窗口，再按"新程序"软键，如图 4-2-21 所示。

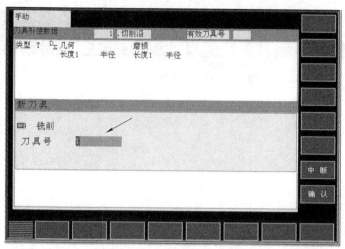

图 4-2-19 输入新刀具号

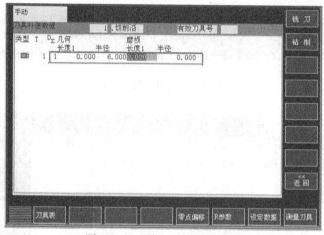

图 4-2-20 输入刀补参数页面

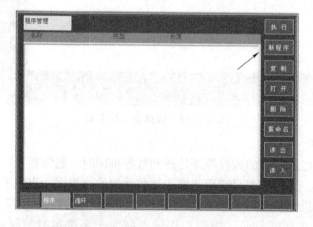

图 4-2-21 程序目录窗口

2) 在随后出现的窗口中输入程序名,再按"确认"软键完成程序名的新建,如图 4-2-22 所示。

3) 在随后出现的程序编写窗口,将数控加工程序输入即可,如图 4-2-23 所示。

项目 4　曲面类零件数控编程与加工

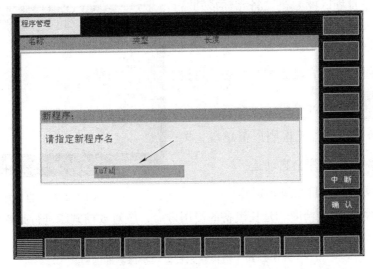

图 4-2-22　程序名输入窗口

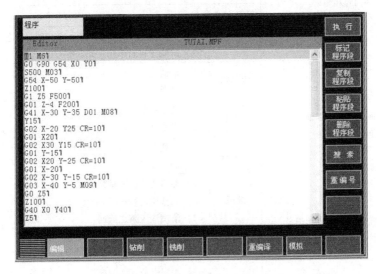

图 4-2-23　新程序编写窗口

当完成程序的输入后按"程序管理区域"键退出，机床会自动保存程序，同时可以在程序目录窗口看到该程序，新程序保存后结果如图 4-2-24 所示。

6. 自动加工

自动加工是将程序预先存储在机床的存储器中，通过在"自动方式"下选择这些程序，按"程序启动"键后，自动运行选定程序内容的方式。操作步骤如下。

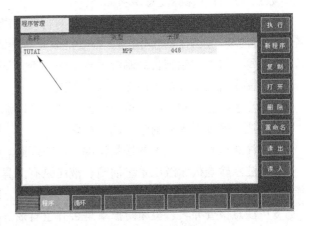

图 4-2-24　新程序保存后结果

1）按"程序管理区域"键，将光标移到需要运行的程序，再按"执行"软键选择准备加工的程序，如图 4-2-25 所示。

2）按 [AUTO] 键进入"自动方式"状态，再按"单段执行"键 [SINGLE BLOCK]，通过单段运行检查程序和工件坐标系是否正确。若无误则取消单段，按"程序启动"键 [CYCLE START]，程序会自动运行。

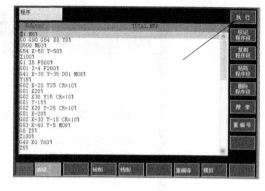

图 4-2-25　自动加工

技能点 3　数控铣床日常维护保养

为了保证数控铣床的精度和延长设备的使用寿命，应对数控铣床进行必要的日常保养与维护，数控铣床日常维护保养的内容见表 4-2-10。

表 4-2-10　数控铣床日常维护保养的内容

日常保养的内容和要求	定期保养的内容和要求	
	保养部位	内容和要求
一、班前 1）对重要部位进行检查 2）擦拭外露导轨面并按规定加油 3）空运转，检查润滑系统是否正常 二、班后 1）清扫切屑 2）擦拭机床 3）各部归位 4）认真填写好交接班记录及其他记录	表面	1）清洗机床床身表面死角，做到漆见本色、铁见光 2）清除导轨面毛刺，无研伤
	主轴箱	1）清洁 2）润滑良好
	工作台	1）调整夹紧间隙 2）润滑良好
	升降台	1）调整夹紧间隙 2）润滑良好
	液压	1）油箱清洁、油量充足 2）调整压力表 3）清洗液压泵、滤网
	电气	1）擦拭电动机，箱外无灰尘、油垢 2）各接触点良好、不漏电 3）箱内整洁、无杂物

数控铣床日常保养注意事项如下。

1）每天做好各导轨面的清洁润滑，有自动润滑系统的机床要定期检查、清洗自动润滑系统，检查油量，及时添加润滑油，检查油泵是否定时启动打油及停止。

2）每天检查主轴箱自动润滑系统工作是否正常，定期更换主轴箱润滑油。

3）注意检查电气柜中冷却风扇是否工作正常，风道过滤网有无堵塞，清洗黏附的尘土。

4）注意检查冷却系统，检查液面高度，及时添加油或水，油、水脏时要更换清洗。

5）注意检查主轴驱动带，调整松紧程度。

6）注意检查导轨镶条的松紧程度，调节间隙。

7）注意检查机床液压系统油箱、液压泵有无异常噪声，工作油面高度是否合适，压力表指示是否正常，管路及各接头有无泄漏。

8）注意检查导轨、机床防护罩是否齐全有效。

9）注意检查各运动部件的机械精度，减少几何偏差。

10）每天做好机床清扫卫生，清扫切屑，擦净导轨部位的切削液，防止导轨生锈。

项目4 曲面类零件数控编程与加工

【任务实施】

步骤1 零件分析

图 4-2-1 所示零件主要由椭圆面、圆柱孔及圆弧面组成,毛坯尺寸为 60mm × 60mm × 15mm,加工内容包括:$\phi 20$mm 的通孔;旋转角分别为 45°和 135°的椭圆(长半轴 30mm,短半轴 12mm);$R4$mm 圆角。

零件的技术要求:未注尺寸公差为 ±0.1mm。

步骤2 工艺制订

1. 确定定位基准和装夹方案

由于零件毛坯为方形,零件加工内容为通孔和内轮廓,不需要加工外轮廓,所以采用机用虎钳来定位装夹。铅垂面定位基准为零件的底面,另一定位基准为零件与固定钳口接触的侧面。装夹时注意选用合适规格的垫铁,确保 $\phi 20$mm 孔的位置没有垫铁,同时注意工件露出钳口的高度,以方便对刀。定位装夹示意图如图 4-2-26 所示。

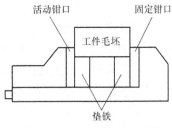

图 4-2-26 定位装夹示意图

2. 选择刀具与切削用量

本任务中,考虑到减少辅助换刀、对刀时间和加工效率等因素,可使用一把 $\phi 10$mm 立铣刀(材料为硬质合金)完成所有加工内容,根据零件的精度要求和工序安排确定刀具几何参数及切削用量,见表 4-2-11。

表 4-2-11 刀具几何参数及切削用量表

序号	工作内容	刀具号	刀具规格	主轴转速 /(r/min)	进给量 /(mm/min)	背吃刀量 /mm
1	粗铣 $\phi 20$mm 通孔	T01	$\phi 10$mm 立铣刀	2000	1000	
2	精铣 $\phi 20$mm 通孔			3500	350	0.2
3	粗铣椭圆型腔			2000	1000	
4	精铣椭圆型腔			3500	350	0.2
5	铣 $R4$mm 圆角			3500	300	

3. 确定加工顺序

采用螺旋下刀方式,运用立铣刀粗加工 $\phi 20$mm 的内孔,再精铣内孔,紧接着粗铣椭圆型腔,然后精铣椭圆型腔,最后铣 $R4$mm 圆角。平面方程曲面零件数控加工工序卡见表 4-2-12。

表 4-2-12 平面方程曲面零件数控加工工序卡

平面方程曲面零件数控加工工序卡		零件图号		零件名称		材料		使用设备	
				平面方程曲面		45 钢		数控铣床	
工步号	工步内容	刀具号	刀具名称	刀具规格 /mm	转速 /(r/min)	进给量 /(mm/min)	刀尖半径补偿号	刀具长度补偿号	备注
1	粗铣 $\phi 20$mm 通孔	T01	立铣刀	$\phi 10$	2000	1000	D01	H01	
2	精铣 $\phi 20$mm 通孔	T01	立铣刀	$\phi 10$	3500	350	D01	H01	
3	粗铣椭圆型腔	T01	立铣刀	$\phi 10$	2000	1000	D01	H01	
4	精铣椭圆型腔	T01	立铣刀	$\phi 10$	3500	350	D01	H01	
5	铣 $R4$mm 圆角	T01	立铣刀	$\phi 10$	350	300	D01	H01	

步骤3　程序编写

1. 建立工件坐标系

该零件形状为对称图形，尺寸标注采用对称标注，中心线为设计基准，所以程序零点取在工件上表面中心位置，如图 4-2-27 所示。

2. 确定刀具路径

ϕ20mm 的通孔使用螺旋下刀的方式粗铣，其刀具路径图如图 4-2-28 所示。由于椭圆型腔的轮廓线为曲线，所以不使用刀具半径补偿编程，直接使用刀具中心刀具路径编程，其刀具路径图如图 4-2-29 所示。R4mm 的圆弧曲面采用环形走刀的方式加工，其刀具路径图如图 4-2-30 所示。考虑刀具寿命和工件的表面质量，安排为顺铣，型腔加工采用分层高速加工（小切深、大进给）。

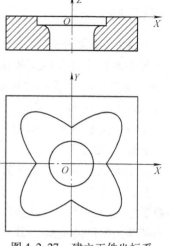

图 4-2-27　建立工件坐标系

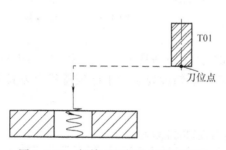

图 4-2-28　螺旋下刀铣孔刀具路径图

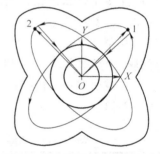

图 4-2-29　椭圆型腔刀具路径图

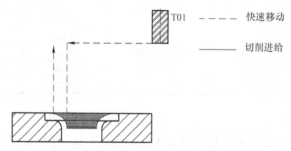

图 4-2-30　R4mm 圆弧刀具路径图

3. 计算节点坐标

本任务零件主要是宏程序的运用，因涉及加工坐标系的旋转和分层加工等多种加工形式，所以坐标点直接参考程序。

4. 编写程序

手工编写零件加工程序，图 4-2-1 所示平面方程曲面零件的加工程序见表 4-2-13。

表 4-2-13　平面方程曲面零件的加工程序

程序内容	程序说明
O4211	程序号
N10 G54 G17 G90;	选择工件坐标系、加工平面和绝对值编程方式
N20 G43 H01 G00 Z100.0 M03 S2000;	快速抬刀到安全高度，同时建立刀具长度补偿，启动主轴
N30 G40 X0.0 Y-4.8;	快速定位到下刀点位置

(续)

程序内容	程序说明
N40 Z5.0 M08;	快速定位到参考高度，同时开切削液
N50 G01 Z0.0 F1000;	进给下刀到工件上表面
N60 #100 = -0.5;	定义螺旋下刀Z终点值
N70 WHILE [#100GE-21] Do1;	当Z值大于"-21"时，执行螺旋下刀
N80 G03 X0.0 Y-4.8 Z [#100] J4.8 F1000;	螺旋下刀，每层0.5mm
N90 #100 = #100 - 0.5;	Z值下降0.5mm
N100 END1;	循环结束
N110 G00 X0.0 Y0.0;	定位到中心点位置
N120 M03 S3500;	精加工转速
N130 G41D01 X-8.0 Y-2.0;	建立刀具半径补偿
N140 G03 X0.0 Y-10.0 R8.0 F350;	圆弧切向切入
N150 G03 J10.0;	精加工 ϕ20mm 的通孔
N160 G03 X8.0 Y-2 R8.0;	圆弧切向切出
N170 G40 G00 X0.0 Y0.0;	取消刀具半径补偿
N180 M03 S2000;	粗加工转速
N190 #101 = -0.5;	定义型腔背吃刀量，第一层0.5mm
N200 #119 = 5.2;	定义粗铣椭圆型腔时的刀具半径值（刀偏值）
N210 G00 Z [#101];	下刀到加工深度
N220 G68 X0.0 Y0.0 R45.0;	坐标系旋转45°
N230 M98 P4200;	调用椭圆加工子程序O4200，粗铣45°椭圆型腔
N240 G68 X0.0 Y0.0 R135.0;	坐标系旋转135°
N250 M98 P4200;	调用椭圆加工子程序O4200，粗铣135°椭圆型腔
N260 #101 = #101 - 0.5;	加工深度下降0.5mm
N270 IF [#101GE-4] GOTO210;	当深度大于"-4"时，跳转到N210
N280 M03 S3500;	精加工转速
N290 #119 = 5;	定义精铣椭圆型腔时的刀具半径值（刀偏值）
N300 M98 P4200;	调用椭圆加工子程序O4200，精铣135°椭圆型腔
N310 G68 X0.0 Y0.0 R45.0;	坐标系旋转45°
N320 M98 P4200;	调用椭圆加工子程序O4200，精铣45°椭圆型腔
N330 G69;	取消坐标系旋转
N340 #119 = 5;	定义刀具半径
N350 #120 = 0;	定义角度，初始角度为0°
N360 WHILE [#120LE90] Do1;	当角度小于90°时，执行倒圆角循环
N370 #121 = 4 * SIN[#120] - 8;	计算Z坐标
N380 #122 = 4 * COS[#120] - 14 + #119;	计算X坐标（圆半径）
N390 G01 Z [#121] F300;	下刀到Z高度
N400 G01 X [#122];	X定位
N410 G03 I [-#122];	加工Z高度上的圆
N420 #120 = #120 + 1;	角度增加1°
N430 END1;	循环结束
N440 G00 Z100.0 M09;	抬刀到安全高度，关切削液
N450 M30;	程序结束
O4200	椭圆加工子程序

(续)

程序内容	程序说明
N10 #110 = 0;	定义初始角度0°
N20 WHILE [#110LE360] Do1;	当角度小于360°时，执行循环
N30 #111 = [30 - #119] * COS [#110];	计算X坐标值
N40 #112 = [12 - #119] * SIN [#110];	计算Y坐标值
N50 G01 X [#111] Y [#112];	直线插补、拟合椭圆
N60 #110 = #110 + 1;	角度增加1°
N70 END1;	椭圆加工循环结束
N80 G00 X0.0 Y0.0;	返回到中心点
N90 M99;	子程序结束

步骤4　工具材料领用

完成本任务零件加工所需的工、刃、量、辅具清单见表4-2-14。

表4-2-14　工、刃、量、辅具清单

序号	名称	规格	数量	备注
1	机用虎钳	QH160	1台	
2	扳手		1把	
3	垫铁		1副	
4	木锤子		1把	
5	游标卡尺	0~150mm/0.02mm	1把	
6	深度卡尺	0~200mm/0.02mm	1把	
7	指示表及表座	0~8mm/0.01mm	1套	
8	表面粗糙度样板	N0~N1 12级	1副	
9	立铣刀	φ10mm	1把	
10	材料	60mm×60mm×15mm（45钢）	1块	
11	其他辅具	铜棒、铜皮、毛刷等；计算器、相关指导书等	1套	选用

步骤5　零件加工

1）按照工、刃、量、辅具清单领取相应的工、刃、量、辅具。

2）开机上电。

3）复位。

4）返回机床参考点。

5）装夹工件毛坯。

6）装夹刀具并找正。

7）对刀，建立工件坐标系。

8）程序的输入。

9）程序校验。

10）零件加工。

11）零件测量。

12）校正刀具磨损值。

13）加工合格后对机床进行相应的保养。

14）按照工、刃、量、辅具清单归还相应的工、刃、量、辅具。
15）填写工作日志并关闭机床电源。

注意事项：

1）程序编好后，待教师检查无误方可运行。
2）运行时要用单段方式进行，且注意将机床的防护罩关闭。
3）出现紧急情况马上按急停按钮。
4）注意进给倍率的控制。

【检查评价】

加工完成后对零件进行去毛刺和尺寸的检测，平面方程曲面零件检测的评分表见表4-2-15。

表 4-2-15 平面方程曲面零件检测的评分表

项目	序号	技术要求	配分	评分标准	得分
程序与工艺（15%）	1	程序正确完整	5	不规范每处扣1分	
	2	切削用量合理	5	不合理每处扣1分	
	3	工艺过程规范合理	5	不合理每处扣1分	
机床操作（20%）	4	刀具选择安装正确	5	不正确每次扣1分	
	5	对刀及工件坐标系设定正确	5	不规范每处扣1分	
	6	机床操作规范	5	不正确每次扣1分	
	7	工件加工正确	5	不正确每次扣1分	
工件质量（40%）	8	尺寸精度符合要求	30	不合格每处扣3分	
	9	表面粗糙度符合要求	8	不合格每处扣1分	
	10	无毛刺	2	不合格不得分	
文明生产（15%）	11	安全操作	5	出错全扣	
	12	机床维护与保养	5	不合格全扣	
	13	工作场所整理	5	不合格全扣	
相关知识及职业能力（10%）	14	数控加工基础知识	2	视情况酌情给分	
	15	自学能力	2		
	16	表达沟通能力	2		
	17	合作能力	2		
	18	创新能力	2		

【拓展训练】

在数控铣床上完成图4-2-31所示零件的加工。毛坯材料为2A11，尺寸为160mm×120mm×28mm。注意宏程序的格式及其在数控铣削编程过程中的运用。

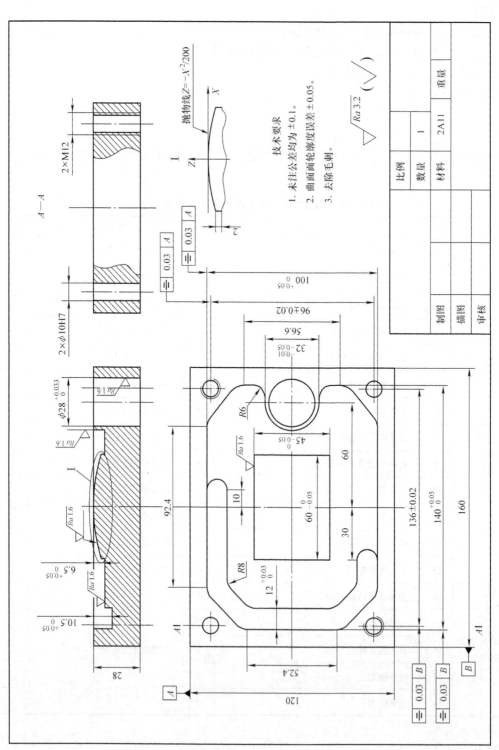

图 4-2-31 拓展训练图

任务 4.3　车铣复合零件数控加工

【任务导入】

在企业的实际生产加工过程中，经常会碰到一些具有复杂曲面的零件（如叶轮、叶片等），由于不同数控机床的加工范围不同，这类零件很难仅在一种类型设备上就能加工完成，对于复杂车铣复合工艺类零件，一般情况下需要先在数控车床上加工好曲面所在的基体和曲面的毛坯外形，然后在四轴联动甚至五轴联动加工中心上加工曲面，由于曲面结构本身比较复杂，大多情况下，像叶轮、叶片这类含曲面加工的零件都需要借助软件来辅助编程，将软件辅助生成的程序导入相关设备或者直接使用在线加工功能，才能够完成零件全部结构的加工。

叶轮轴属于复杂车铣复合工艺类零件，是使用数控车床和四轴联动加工中心等设备加工的典型零件。已知毛坯材料为 2A12，毛坯尺寸为 $\phi 85mm \times 92mm$ 的棒料。叶轮轴加工效果图如图 4-3-1 所示。

图 4-3-1　叶轮轴加工效果图

本任务要求使用数控车床和加工中心等设备，采用自定心卡盘对零件进行装夹定位，加工图 4-3-2 所示的叶轮轴零件。对叶轮轴零件工艺编制、程序编写及数控车铣复合加工全过程进行详解。

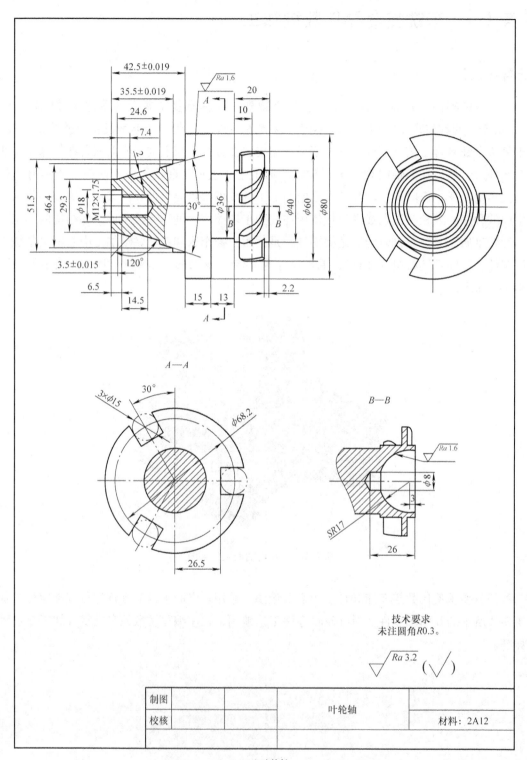

a) 叶轮轴

图 4-3-2 叶轮轴零件图

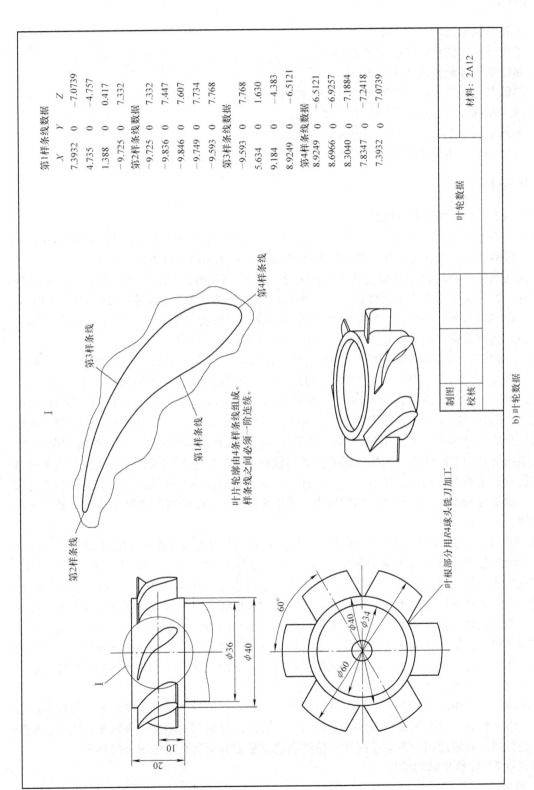

b) 叶轮数据

图 4-3-2 叶轮轴零件图（续）

【任务目标】

1. 了解多轴加工的相关知识。
2. 了解计算机辅助编程的相关知识。
3. 熟练掌握叶轮轴的加工工艺。
4. 熟练掌握加工中心回转轴夹持圆柱工件的对刀方法。
5. 熟练掌握加工中心在线加工的操作方法。
6. 熟练掌握加工中心程序传输的操作方法。
7. 遵守安全文明生产的要求,操作数控机床加工叶轮轴零件。

【知识准备】

知识点 1　多轴加工相关知识

加工中心一般分为立式加工中心和卧式加工中心,立式加工中心(三轴)最有效的加工面仅为工件的顶面,卧式加工中心借助回转工作台,也只能完成工件的四面加工。

高档的加工中心已朝着五轴控制的方向发展,五轴联动加工中心有高效率、高精度的特点,工件一次装夹就可完成五面体的加工。例如配置五轴联动的高档数控系统(如 SIEMENS 840D、FANUC 15i 等),还可以对复杂的空间曲面进行高精度加工,更适合于加工汽车零部件、飞机结构件等现代模具。立式五轴加工中心的回转轴有两种方式:

1) 一种是工作台回转轴。设置在床身上的工作台可以绕 X 轴回转,定义为 A 轴,A 轴一般工作范围在 $+30°\sim-120°$。工作台的中间还设有一个回转台,绕 Z 轴回转,定义为 C 轴,C 轴都是 360°回转的。这样通过 A 轴与 C 轴的组合,固定在工作台上的工件除了底面之外,其余的五个面都可以由立式主轴进行加工。A 轴和 C 轴最小分度值一般为 0.001°,这样又可以把工件细分成任意角度,加工出倾斜面、倾斜孔等。A 轴和 C 轴如与 X、Y、Z 轴实现联动,就可加工出复杂的空间曲面,当然这需要高档的数控系统、伺服系统及软件的支持。这种设置方式的优点是主轴的结构比较简单、主轴刚性非常好、制造成本比较低。但一般工作台不能设计太大、承重也较小,特别是当 A 轴回转大于等于 90°时,工件切削时会对工作台带来很大的承载力矩。

2) 另一种是依靠立式主轴头的回转。主轴前端是一个回转头,能自行绕 Z 轴 360°,称为 C 轴,回转头上还有带可绕 X 轴旋转的 A 轴(一般可达 ±90°以上),实现上述同样的功能。这种设置方式的优点是主轴加工非常灵活,工作台也可以设计得非常大,如客机庞大的机身、巨大的发动机壳都可以在这类加工中心上加工。这种设计还有一大优点:在使用球面铣刀加工曲面时,当刀具轴线垂直于加工面时,由于球面铣刀的切削刃线速度为零,切削刃切出的工件表面质量会很差,采用主轴回转的设计,令主轴相对工件转过一个角度,使球面铣刀避开切削刃切削,保证一定的线速度,可提高表面加工质量。这种结构非常受模具高精度曲面加工的欢迎,这是回转工作台式加工中心难以做到的。

五轴联动加工中心功能强大,但是价格也较高,如果在三轴立式加工中心的工作台上配备一数控回转工作台,并开通系统的四轴联动功能,同样具有极大的功能,被汽车、航天、船舶部门广泛使用,特别适用于具有较高尺寸精度和位置精度的交叉孔系的零件的加工。

知识点 2　计算机辅助编程

1. 概述

采用计算机代替手工编制数控加工程序的过程称为"计算机自动编程",也称为计算机辅助编程,简称"自动编程"。它是利用计算机和相应前置、后置处理软件,对工件源程序或

CAD 图形进行处理,以得到加工程序的一种方法。自动编程是计算机技术在机械制造业中的一个主要应用领域。根据编程信息的输入与计算机对信息的处理方式不同,分为以自动编程语言为基础的自动编程方法和以计算机绘图为基础的自动编程方法。

目前 CAD/CAM 系统集成技术已经很成熟,一体化集成形式的 CAD/CAM 系统已成为数控加工自动编程的主流,大大减少了编程出错率,提高了编程效率和编程可靠性。通常对于简单的加工零件可一次调试成功。

自动编程所用的零件图,是由设计者根据使用要求而设计的。在 CAD/CAM 集成系统中,它可由 CAD 软件产生,可以采用人机交互方式对零件的几何模型进行绘制、编辑和修改,从而得到零件的几何模型,不需要数控编程者再次进行几何造型。然后对机床和刀具进行定义和选择,确定刀具相对于零件表面的运动方式、切削加工参数,便能生成刀具路径。CAD/CAM 系统的自动编程还具有刀具路径的仿真功能,以用于验证刀具路径和加工程序的正确性。使用这类软件对加工程序的生成和修改都非常方便,大大提高了编程效率。对于大型的较为复杂的零件的编程时间,大约为 APT 编程的几分之一,经济效益十分明显。现在的自动编程方法一般是指 CAD/CAM 系统的自动编程。狭义的 CAM 就是指这种自动编程。

自动编程技术优于手工编程,这是不容置疑的。但是,并不等于凡是数控加工编程必选自动编程。数控编程方法的选择,必须考虑被加工零件形状的复杂程度、数值计算的难度和工作量的大小、现有设备条件(计算机、编程系统等)以及时间和费用等。一般说来,加工形状简单的零件,如点位加工或直线切削零件,用手工编程所需的时间和费用与计算机自动编程所需的时间和费用相差不大,这时采用手工编程比较合适。否则,不妨考虑选择自动编程。

2. 计算机辅助编程的优点

与手工编程相比,自动编程具有以下主要特点。

(1) 数学处理能力强 对轮廓形状不是由简单的直线、圆弧组成的复杂零件,特别是空间曲面零件,以及几何要素虽不复杂但程序量很大的零件,计算工作相当烦琐,采用手工编制程序的方法是难以完成的。例如,对一般二次曲线,手工编程必须采取直线或圆弧逼近的方法,算出各节点的坐标值,其中列算式、解方程,虽说能借助计算器进行计算,但工作量之大是难以想象的。而自动编程借助于系统软件强大的数学处理能力,计算机能自动计算出加工该曲线的刀具路径,快速、准确。自动编程系统还能处理手工编程难以胜任的二次曲面和特殊曲面。

(2) 快速、自动生成数控程序 对非圆曲线的轮廓加工,手工编程即使解决了节点坐标的计算,也往往因为节点数过多、程序段很大而使编程工作又慢又容易出错。自动编程的优点之一,就是在完成计算刀具路径之后,后置处理程序能在极短的时间内自动生成数控加工程序,且该数控加工程序不会出现语法错误。当然,自动生成数控加工程序的速度还取决于计算机硬件的性能,性能越高、速度越快。

(3) 后置处理程序灵活多变 由于数控系统的指令形式不尽相同,机床的辅助功能也不一样,伺服系统的特性也有差别。因此,同一个零件在不同的数控机床上加工,数控加工程序也应该是不一样的。但在前置处理过程中,大量的数学处理、刀具路径计算却是一致的。这就是说,前置处理可以通用化,只要稍微改变一下后置处理程序,就能自动生成适用于不同数控机床的数控程序。后置处理相比前置处理工作量要小得多、程序简单得多,因而它灵活多变。对于不同的数控机床,取用不同的后置处理程序,等于完成了一个新的自动编程系统,极大地扩展了自动编程系统的使用范围。

(4) 程序自检、纠错能力强 复杂零件的数控加工程序往往很长,可以预见,要一次编程成功，很难不出一点错误。手工编程时，可能出现书写有错误、算式问题，也可能程序格式出错，靠人工一个个地检查错误困难，费时又费力。采用自动编程，程序有错主要是原始数据不正确而导致刀具路径有误，或刀具与工件干涉，或刀具与机床相撞等。自动编程能够通过系统先进的、完善的诊断功能，在计算机屏幕上对数控加工程序进行动态模拟，连续、逼真地显示刀具路径和零件加工轮廓，发现问题能及时对数控加工程序中产生错误的位置及类型进行修改，快速又方便。现在，往往在前置处理阶段计算出刀具路径以后立即进行动态模拟检查，确定无误以后再进入后置处理阶段，生成正确的数控加工程序。

(5) 便于实现与数控系统的通信　自动编程系统可以利用计算机和数控系统的通信接口，实现自动编程系统和数控系统间的通信。自动编程系统生成的数控加工程序，可直接输入数控系统，控制数控机床进行加工。如果数控程序很长，而数控系统的程序存储器容量有限，不足以一次容纳整个数控加工程序，编程系统可以做到边输入、边加工。自动编程系统的通信功能进一步提高了编程效率、缩短了生产周期。

3. 计算机辅助编程软件

计算机辅助编程软件是实现数控自动编程必不可少的应用软件，目前，在国内市场上销售比较成熟的这类软件有十几种，既有国外的也有国内自主开发的，这些软件在功能、价格、适用范围等方面有很大差别。下面列举一些典型的计算机辅助编程软件。

(1) UG　UG系统是美国UGS（Unigraphics Solutions）公司推出的软件。它最早由美国麦道航空公司研制开发，从二维绘图、数控加工编程、曲面造型等功能发展起来。经过多年发展，该系统本身以复杂曲面造型和数控加工功能见长，还具有管理复杂产品装配，进行多种设计方案的对比分析和优化等功能。其庞大的模块群为企业提供了从产品设计、产品分析、加工装配、检验，到过程管理、虚拟运作等全系列的技术支持。目前，该软件在国际CAD/CAM/CAE市场上占有较大的份额，是目前市场上数控加工编程能力最强的CAD/CAM集成系统之一。

(2) Pro/Engineer　Pro/Engineer是美国PTC公司研制和开发的软件，它开创了三维CAD/CAM参数化的先河。该软件具有基于特征、全参数、全相关和单一数据库的特点，可用于设计和加工复杂零件。另外，它还具有零件装配、机构仿真、有限元分析、逆向工程、同步工程等功能。Pro/Engineer广泛应用于模具、工业设计、汽车、航天、玩具等行业，并在国际CAD/CAM/CAE市场上占有较大的份额。

(3) CATIA　CATIA系统是IBM公司推出的产品，是最早实现曲面造型的软件，它开创了三维设计的新时代。它的出现，首次实现了计算机完整描述产品零件的主要信息，使CAM技术的开发有了现实的基础。目前，CATIA系统已发展成从产品设计、产品分析、加工、装配和检验，到过程管理、虚拟运作等众多功能的大型CAD/CAM/CAE软件。该系统的主要编程功能与APT – IV/SS相同，并在很多方面突破了APT – IV/SS的限制，有了较大改进。

(4) CIMATRON　CIMATRON系统是以色列Cimatron公司提供的CAD/CAM软件，是较早在个人计算机平台上实现三维CAD/CAM的全功能系统。它具有三维造型、生成工程图、数控加工等功能，具有各种通用和专用的数据接口及产品数据管理（PDM）功能。该软件较早在我国得到全面汉化，已积累了一定的应用经验。

(5) Master CAM　Master CAM是由美国CNC software公司推出的基于计算机平台上的CAD/CAM软件，它具有很强的加工功能，尤其在对复杂曲面自动生成加工代码方面，具有独到的优势。由于Master CAM主要针对数控加工，零件设计造型功能不强，但对计算机硬件的要求不高，且操作灵活、易学易用、价格较低，受到中小企业的欢迎。

(6) CAXA制造工程师　CAXA制造工程师是由我国北航海尔软件有限公司自主研制开发

的基于个人计算机平台,面向机械制造业的全中文三维 CAD/CAM 软件。它采用原创 Windows 菜单和交互方式,全中文页面,便于轻松学习和操作。它既具有线框造型、曲面造型和实体造型的设计功能,较强的三维曲面拟合能力,又具有生成 2~5 轴的加工代码的数控加工功能,可用于加工具有复杂三维曲面的零件。其特点是易学易用、价格较低,已在国内众多企业和大专院校得到广泛应用。

【技能准备】

技能点1 回转轴夹持圆柱工件的对刀方法

使用四轴联动加工中心时,往往会碰到在数控转台上装夹圆柱状毛坯,假设工件坐标系原点设置在毛坯端面与轴线的交点处,具体的对刀操作步骤如下。

1)选择 JOG(手动)工作方式→选择适当的进给倍率→通过操作面板中坐标轴移动按键或者手摇脉冲发生器将光电寻边器移动到工件的程序零点(工件坐标系原点)附近。

2)选择 HND(手摇)工作方式,将光电寻边器移动到工件后侧外面,再将 Z 轴移动到一个合适的高度,然后缓慢移动 Y 轴(负向移动)使寻边器探测球轻触工件后侧外圆表面(图 4-3-3 中位置1),指示灯亮,记住此时 Z 的机械坐标。

3)按"OFS/SET"→按"坐标系"→利用光标移动键将光标移动到对应的坐标系→在缓存区中输入 Y0→按"测量"。

4)Z 向抬刀。

5)选择 HND(手摇)工作方式,将光电寻边器移动到工件的前侧,再将 Z 轴移动到前面记住的 Z 坐标,再缓慢移动 Y 轴(正向移动)使光电寻边器探测球轻触工件前侧外圆表面,指示灯亮(图 4-3-3 中位置2)。注意:位置1、位置2 的 Z 坐标一定要相同。

6)Z 向抬刀。

7)查看当前工件坐标系 Y 的值 Y_1→在缓存区中输入 Y_(Y_ 为当前数值除以2)→按"测量"所对应的功能软键。

8)利用手摇轮将机床坐标轴移动到工件坐标系 Y0 的位置,再缓慢移动 Z 轴使光电寻边器探测球轻触工件顶面外圆表面(图 4-3-4),指示灯亮。

9)在缓存区中输入 Z_(Z_ 为当前位置刀具中心在工件坐标系中 Z 的坐标值)→按"测量"对应的软键→Z 向抬刀。

10)将光电寻边器移动到工件左侧外面,再将 Z 轴移动到一个合适的高度,然后缓慢移动 X 轴(正向移动)使寻边器探测球轻触工件端面(图 4-3-5),指示灯亮→Z 向抬刀。

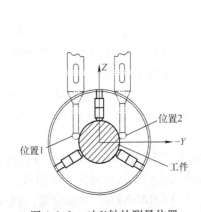
图 4-3-3 对 Y 轴的测量位置

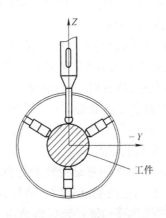
图 4-3-4 对 Z 轴的测量位置

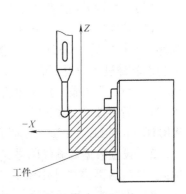
图 4-3-5 对 X 轴的测量位置

11) 在缓存区中输入 X_（X_为当前位置刀具中心在工件坐标系中 X 的坐标值）→按"测量"（X_ = r + 10、Y_ = Y_1/2、Z_ = R + r，其中 r 为刀具的半径，R 为工件的毛坯半径）。

12) 检验坐标系的正确性。选择"程序"（PROG）功能页面，选择"手动数据输入"（MDI）工作方式，输入"G54 G00 X0.0 Y0.0;"，按"插入"（INSERT）键，按"循环启动"执行 MDI 程序，检查 X、Y 的正确性，输入"G01 Z35.0 F3000;"按"插入"（INSERT）键，按"循环启动"执行 MDI 程序，检查 Z 的正确性。

注意：操作时要根据刀具与工件的相对距离来调节进给倍率，以免出现安全事故。

技能点 2　程序传输操作方法

当使用计算机软件辅助编程时，因为程序内容量大，程序的输入与编辑根本不可能采用手工输入的方式，这时就要用到程序传输来完成程序的输入，这里主要介绍用 RS232 串口传输程序和 CF 卡传输程序的方法。

1. 用 RS232 串口传输程序

（1）设置 PCIN 软件端的参数　使用键盘中的光标移动键设置 PCIN 软件端的参数，如图 4-3-6 所示。修改完后按"Enter"键，软件端弹出"Save input?（y/n）"，按"Y"即可。此时在软件上端文框中出现"COM1：2400，EVEN，7，2 RTS"字样，软件参数设置完毕。

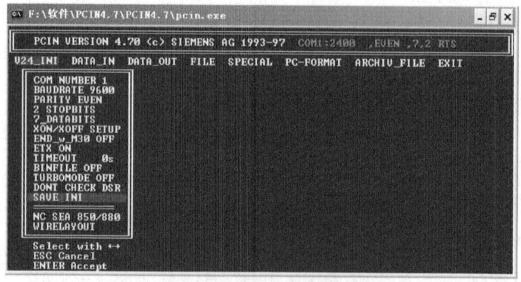

图 4-3-6　PCIN 软件端的参数设置值

（2）设置与通信接口有关的机床参数

1）设置参数可写。按机床操作面板中的"MDI"键选择手动数据输入的工作方式，按系统操作面板中的"OFS/SET"按键选择偏置/设置页面，按"SETTING"（设置）菜单所对应的功能软键进入设置页面，利用光标移动键将光标移动到"PARAMETER WRITE"对应位置，按"[OPRT]"（操作）菜单所对应的功能软键，按"[NO：1]"所对应的功能软键（或者输入"1"后再按"[INPUT]"所对应的功能软键），此时系统页面出现"100 PARAMETER WRITE ENABLE"报警，说明允许参数写入。

2）设置数据传输代码格式。利用光标移动键将光标移动到"PUNCH CODE"对应位置，输入"1"后再按"[INPUT]"所对应的功能软键，将数据传输代码格式设置为 ISO 格式。

3）设置输入输出通道。利用光标移动键将光标移动到"I/O CHANNEL"对应位置，输入"0"后再按"[INPUT]"所对应的功能软键，将输入输出通道设置为 1 通道。

项目4　曲面类零件数控编程与加工

4）设置输入输出通道参数。按系统操作面板中的"SYSTEM"按键选择系统页面，按"[PARAM]"（参数）菜单所对应的功能软键，在缓存区中输入"0101"后按"[SEARCH]"（搜索）所对应的功能软键，将光标移动到#0位置，在缓存区中输入"1"后按"[INPUT]"（输入）所对应的功能软键，将输入输出通道参数中的停止位设置为"2"；将光标移动到"NO.0102"对应位置，在缓存区中输入"0"后按"[INPUT]"（输入）所对应的功能软键，将输入输出设备设置为RS232C（使用控制代码DC1~DC4）；将光标移动到"NO.0103"对应位置，在缓存区中输入"11"后按"[INPUT]"（输入）所对应的功能软键，将输入输出设备通道参数中的波特率设置为"9600"。

5）设置参数不可写。按机床操作面板中的"MDI"键选择手动数据输入的工作方式，按系统操作面板中的"OFS/SET"按键选择偏置/设置页面，按"SETTING"（设置）菜单所对应的功能软键进入设置页面，利用光标移动键将光标移动到"PARAMETER WRITE"对应位置，按"[OPRT]"（操作）菜单所对应的功能软键，按"[NO:0]"所对应的功能软键（或者输入"0"后再按"[INPUT]"所对应的功能软键），按系统操作面板中的"RESET"（复位）按键，100号报警消失，设置参数不可写。

（3）从计算机向机床中传程序

1）计算机侧准备。启动PCIN通信软件，设置好通信参数，利用光标移动键将光标移动到"DATE_OUT"处，按"ENTER"键，输入文件存储路径和文件名，按"ENTER"键，等待机床侧准备好。

2）机床侧准备。按机床操作面板中的"EDIT"键选择编辑的工作方式，按系统操作面板中的"PROG"按键选择程序页面，按"[OPRT]"（操作）菜单所对应的功能软键，按"[READ]"（读入）菜单所对应的功能软键，输入保存在机床侧的程序号"Oxxxx"，按"[EXEC]"（执行）菜单所对应的功能软键，在显示屏的右下角有"LSK"闪烁，程序开始传输。

3）退出PCIN软件。利用光标移动键将光标移动到"EXIT"处，按"ENTER"键退出软件。

2. 用CF卡接口传输程序

（1）设置与通信接口有关的机床参数　利用光标移动键将光标移动到"I/O CHANNEL"对应位置，输入"4"后再按"[INPUT]"所对应的功能软键，将输入输出通道设置为4通道。

（2）从计算机向机床中传程序　按机床操作面板中的"EDIT"键选择编辑的工作方式，按系统操作面板中的"PROG"按键选择程序页面，按"+"（下一页）菜单所对应的功能软键，按"[OPRT]"（操作）菜单所对应的功能软键，按"[FILE READ]"（文件读入）菜单所对应的功能软键，输入要读入的卡中的文件号（序号）和保存在机床侧的程序号"Oxxxx"，按"[EXEC]"（执行）菜单所对应的功能软键，程序开始传输。程序传输完毕后，系统显示屏显示程序内容。

技能点3　在线加工操作方法

当CAD/CAM软件自动生成的加工程序大到一定的程度后，机床本身自带的内存将无法容纳下一个完整的加工程序。这时就必须使用在线加工技术，即加工程序存储在计算机内，通过在线加工软件传输，使得机床直接执行计算机中的程序，而加工程序无须存储到加工机床内。使用CIMCO CNC-EDIT软件在线加工的具体操作步骤如下。

1）设置输入输出通道。利用光标移动键将光标移动到"I/O CHANNEL"对应位置，输入"0"后再按"[INPUT]"所对应的功能软键，将输入输出通道设置为1通道。

2）双击计算机桌面上"CNC EDIT"图标，打开软件，CIMCO CNC – EDIT 软件页面如图 4-3-7 所示。

图 4-3-7　CIMCO CNC – EDIT 软件页面

3）单击软件页面左上角的"打开"，如图 4-3-8 所示。打开后的页面如图 4-3-9 所示。

图 4-3-8　"打开"图标

4）打开相应的程序文件名，打开程序后的页面如图 4-3-10 所示。
5）单击页面左上角"传输"图标（图 4-3-11），进入程序传输页面，如图 4-3-12 所示。
6）在机床操作面板侧选择"在线加工"（DNC）工作方式，"在线加工"方式选择键如图 4-3-13 所示。

项目 4　曲面类零件数控编程与加工

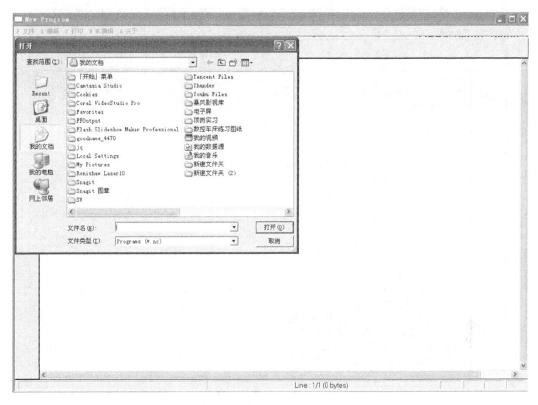

图 4-3-9　单击"打开"后的页面

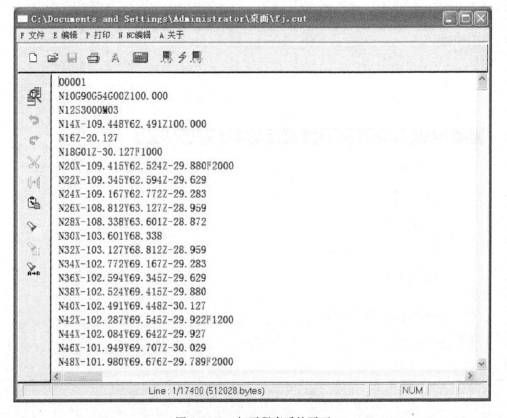

图 4-3-10　打开程序后的页面

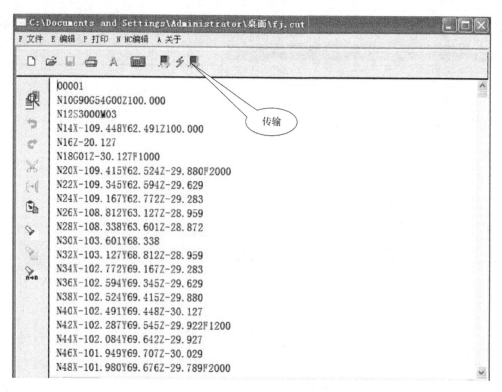

图 4-3-11 "传输"图标

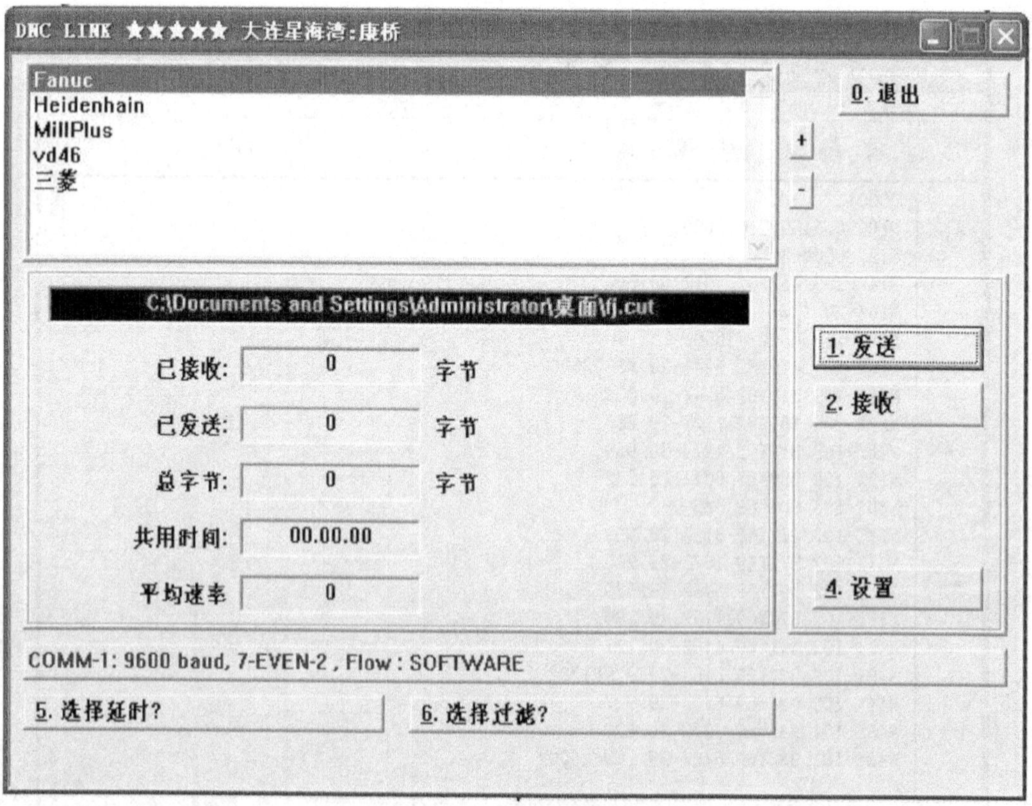

图 4-3-12 程序传输页面

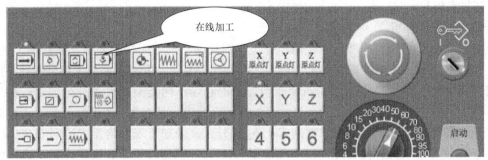

图 4-3-13 "在线加工"方式选择键

7）在机床操作面板侧按"循环启动"方式选择键，如图 4-3-14 所示。

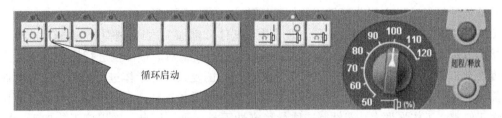

图 4-3-14 "循环启动"方式选择键

8）在传输软件页面中单击"发送"开始在线加工，"发送"图标如图 4-3-15 所示。

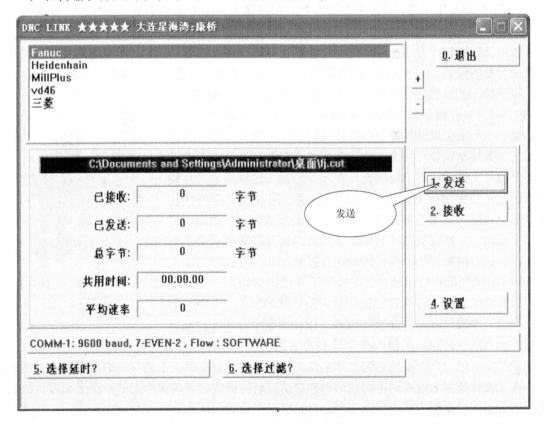

图 4-3-15 "发送"图标

【任务实施】
步骤1 零件分析

分析图4-3-2可知，本项目叶轮轴零件包含圆柱面、圆锥面、圆锥槽、圆柱槽、圆柱孔、螺孔、直槽、凹弧面和叶片曲面等加工内容，结构比较复杂，既有车削加工部分内容，又有铣削加工部分内容，需要使用车床和四轴联动加工中心等不同类型的设备进行加工；在尺寸方面，零件径向尺寸要求不高，但轴向尺寸多处有较高要求，基本在IT8公差范围之内；表面粗糙度方面，除圆锥面和凹弧面要求达到 $Ra1.6\mu m$ 外，其余加工表面均要求达到 $Ra3.2\mu m$，整体表面粗糙度要求较高；材料方面该零件使用2A12，无热处理要求；该零件属于典型的复杂车铣复合工艺零件。

步骤2 工艺制订

目前像叶轮轴这种空间曲面加工的加工工艺主要有以下几种。

第一种工艺是分体制造焊接成形，即叶片与基体分别加工达到公称尺寸要求后，再采用高频焊接的方法将多个叶片与基体对接而成，最后再通过钳工对焊接部位进行修整以保证产品达到精度要求，简称焊接工艺。由于这种工艺将难加工的复杂叶片形体进行分解加工，因而工艺方法简单、生产效率高，但是由于叶片位置精度和焊接质量往往比较难控制，且焊接部位需要依靠钳工修整，工作强度大，零件制造质量稳定性不易保证。因此，采用该工艺加工，加工精度是个难题。

第二种工艺是在专用仿形车床上采用车削加工，即先在车床上加工基体（不包括叶片部位），再在仿形车床上进行叶片的仿形车削，在基体上直接车削加工出多个叶片，最后再去毛刺，简称仿形车削工艺。这种工艺是在低速切削条件下完成的，刀具磨损也十分严重，因而需要主轴可低速回转的专用仿形车床和高强度、刀具寿命长的车刀，同时车刀还需要在加工叶片时改变自身的位置，以得到合适的切削角度。因此，采用该工艺加工，加工效率是个难题。

第三种工艺是数控车铣加工工艺，即在数控车床中完成基体（不包括叶片）外表面和其他表面的加工，再在四轴联动或五轴联动加工中心上完成叶片部分的数控铣削加工，简称车铣复合加工工艺。数控车铣复合加工工艺示意图如图4-3-16所示，刀具的回转轴线与工件的回转轴线垂直，在叶片的加工过程中，工件绕自身的回转轴线做角速度为 ω_a 的旋转运动，刀具绕自身的回转轴线做角速度为 ω_t 的旋转运动进行铣削，并按数控程序指定的刀具路径运动，从而完成零件的加工。刀具的自身回转运动为主切削运动，铣刀按数控指令执行的运动为进给运动。刀具相对于工件的运动，除圆周相对运动外，还有沿工件径向的切入、切出运动，以完成横截面上圆柱表面和叶片两侧形状的加工。此外，加上刀具沿工件轴线方向的进给运动 F_f，以完成整个叶轮叶片部分

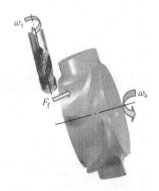

图4-3-16 数控车铣复合加工工艺示意图

所有的成形加工过程。采用数控车铣复合加工工艺，叶片部分的工艺过程变得简单有效。首先，数控加工可以高效率地达到尺寸和几何精度要求，解决焊接工艺存在的最大质量难题，另外，车铣复合技术通过协调主切削运动和进给运动的参数，可实现加工的高精度和刀具的低磨损，解决了仿形车削工艺中切削力大、刀具磨损严重的问题。

第四种工艺是采用具有功能强大的车铣复合加工中心来加工，工件毛坯一次装夹完成全部的车削部分和铣削部分的加工内容。这种工艺方法最简单、效率最高、加工精度最好，但是设备的一次性投入成本较大，同时对设备操作者要求也更高。

1. 确定定位基准和装夹方案

由零件的结构分析可知，零件毛坯是 $\phi 85mm \times 92mm$ 的铝棒。而棒料零件一般都是采用工件的外圆表面作为定位基准。为了保证零件左右两端的同轴度，需要先选择表面质量较好的一端作为粗基准，在数控车床上采用自定心卡盘夹紧，加工出一个 $\phi 53mm \times 41mm$ 的外圆柱面作为右端加工的定位基准（精基准），同时也是为右端直槽和叶轮曲面的铣削加工做工艺准备。然后在数控车床上以加工好的 $\phi 53mm \times 41mm$ 的外圆表面为定位基准，采用自定心卡盘夹紧，加工右端 $\phi 60mm \times 20mm$ 的圆柱面和 $\phi 36mm \times 13mm$ 的圆柱槽。右端外圆加工好后，再在加工中心上以 $\phi 53mm \times 41mm$ 的圆柱面为定位基准，采用自定心卡盘夹紧，加工右端直槽和叶轮曲面。最后在数控车床上再以右端 $\phi 80mm$ 外圆表面为定位基准，采用自定心卡盘夹紧，加工零件左端的外圆和圆锥表面等结构。工件定位装夹图分别如图 4-3-17 ~ 图 4-3-20 所示。

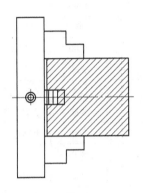

图 4-3-17　工件定位装夹图（一）

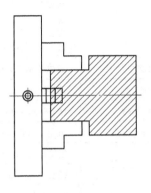

图 4-3-18　工件定位装夹图（二）

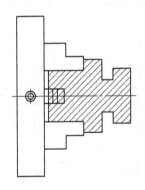

图 4-3-19　工件定位装夹图（三）

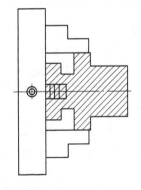

图 4-3-20　工件定位装夹图（四）

2. 选择刀具与切削用量

选择刀具时需要根据被加工零件的结构特征来确定刀具类型，如外圆需要外圆车刀，柱面上的槽需要切断（槽）刀，内孔需要钻头或镗孔刀、内螺纹需要丝锥或内螺纹车刀、直槽需要键槽铣刀或立铣刀、叶轮曲面需要球头铣刀。同时需要根据被加工零件材料的切削性能、加工余量、表面质量要求和热处理状态等因素来确定刀具的材料和角度。

叶轮轴零件结构复杂，加工内容较多，需要采用车——铣——车的加工步骤。根据零件的精度要求和工序安排确定刀具几何参数及切削用量，见表 4-3-1。

表 4-3-1　刀具几何参数及切削用量表

序号	刀具号	刀具类型	加工内容	主轴转速 /(r/min)	进给量 /(mm/min)	背吃刀量 /mm
1	T01	93°外圆车刀	车两端面，粗车左端φ53mm×41mm工艺外圆，右端φ60mm×20mm、φ80mm×15mm外圆，左端φ46.4mm、φ51.5mm外圆及圆锥	800	320	2
			精车左端φ53mm×41mm工艺外圆，右端φ60mm×20mm、φ80mm×15mm外圆，左端φ46.4mm、φ51.5mm外圆及圆锥	1500	150	0.3
2	T02	3mm切槽刀	切φ36mm×13mm外槽	400	40	3
3	T03	细杆内孔车刀	粗车右端SR17mm凹球面	800	240	2
			精车右端SR17mm凹球面	1500	75	0.15
			粗车左端φ18mm×6.5mm孔	800	240	2
			精车左端φ18mm×6.5mm孔	1500	75	0.15
4	T04	内螺纹车刀	车左端M12×1.75内螺纹	300		
5	T05	A3中心钻	钻φ8mm、φ10mm孔中心孔	1200	手动进给	
6	T06	φ8mm钻头	钻φ8mm×26mm孔	800	手动进给	
7	T07	φ10.3mm钻头	钻左端M12×1.75螺孔底孔	700	手动进给	
8	T08	φ10mm立铣刀	粗铣右端15mm×15mm键槽	800	240	
			精铣右端15mm×15mm键槽	1500	150	
9	T09	φ8mm球头铣刀	粗铣右端叶轮曲面	1800	900	
			精铣右端叶轮曲面	3000	900	

3. 确定加工顺序

叶轮轴数控加工工序卡见表 4-3-2。

表 4-3-2　叶轮轴数控加工工序卡

叶轮轴数控加工工序卡片			零件图号		零件名称		材料		使用设备	
					叶轮轴		2A12		数控车床、四轴联动加工中心	
工步号	工步内容		刀具号	刀具名称	刀具规格	主轴转速 /(r/min)	进给量 /(mm/min)	刀尖半径补偿号	刀具长度补偿号	备注
1	粗车左端φ53mm×41mm工艺外圆		T01	外圆车刀	93°	800	320	D01	H01	
2	精车左端φ53mm×41mm工艺外圆		T01	外圆车刀	93°	1500	150	D01	H01	
3	车右端面		T01	外圆车刀	93°	800		D01	H01	手动
4	钻右端中心孔		T05	中心钻	A3	1200				手动
5	钻右端φ8mm×26mm孔		T06	钻头	φ8mm	800				手动
6	粗车φ60mm×20mm、φ80mm×15mm外圆		T01	外圆车刀	93°	800	320	D01	H01	
7	精车φ60mm×20mm、φ80mm×15mm外圆		T01	外圆车刀	93°	1500	150	D01	H01	
8	切φ36mm×13mm外槽		T02	切槽刀	3mm	400	40	D02	H02	

(续)

工步号	工步内容	刀具号	刀具名称	刀具规格	转速/(r/min)	进给量/(mm/min)	刀尖半径补偿号	刀具长度补偿号	备注
9	粗车右端 $SR17$mm 凹球面	T03	内孔车刀	细杆	800	240	D03	H03	
10	精车右端 $SR17$mm 凹球面	T03	内孔车刀	细杆	1500	75	D03	H03	
11	粗铣右端 15mm×15mm 键槽	T08	立铣刀	ϕ10mm	800	240	D08	H08	
12	精铣右端 15mm×15mm 键槽	T08	立铣刀	ϕ10mm	1500	150	D08	H08	
13	粗铣右端叶轮曲面	T09	球头铣刀	ϕ8mm	1800	900	D09	H09	
14	精铣右端叶轮曲面	T09	球头铣刀	ϕ8mm	3000	900	D09	H09	
15	车左端面	T01	外圆车刀	93°	800		D01	H01	手动
16	钻左端中心孔	T05	中心钻	A3	1200				手动
17	钻左端 ϕ10.3mm 孔	T07	钻头	ϕ10.3mm	700				手动
18	粗车左端 ϕ46.4mm、ϕ51.5mm 外圆及圆锥	T01	外圆车刀	93°	800	320	D01	H01	
19	精车左端 ϕ46.4mm、ϕ51.5mm 外圆及圆锥	T01	外圆车刀	93°	1500	150	D01	H01	
20	粗车左端 ϕ18mm×6.5mm 孔	T03	内孔车刀	细杆	800	240	D03	H03	
21	精车左端 ϕ18mm×6.5mm 孔	T03	内孔车刀	细杆	1500	75	D03	H03	
22	车左端 M12×1.75 内螺纹	T04	内螺纹车刀	60°	300				

步骤 3 程序编写

1. 建立工件坐标系

该零件车削编程时工件坐标系分别设在轴线与工件左、右端面的交点处，铣削时工件坐标系设在叶轮中心上，如图 4-3-21 所示。

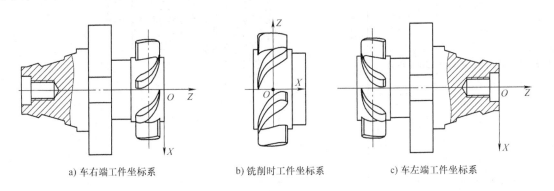

a) 车右端工件坐标系   b) 铣削时工件坐标系   c) 车左端工件坐标系

图 4-3-21 建立工件坐标系

2. 确定刀具路径

零件刀具路径主要根据数控车削循环切除余量的原则和数控铣削最短路线安排，并保证零件加工表面质量的原则来确定。该零件为单件生产，端面加工可以在对刀的时候直接手动安排刀具路径，钻孔加工也可以手动安排刀具路径，轮廓粗加工路线可以采用数控系统的粗车循环功能指令自动生成刀具路径，无须人为安排。叶轮轴刀具路径见表 4-3-3。

表 4-3-3　叶轮轴刀具路径

序号	加工内容	刀具路径
1	车左端 φ53mm × 41mm 工艺外圆	
2	车右端 φ60mm × 20mm 和 φ80mm × 15mm 外圆面	
3	切右端 φ36mm × 13mm 外槽	
4	车右端 SR17mm 凹球面	

项目4　曲面类零件数控编程与加工

（续）

序号	加工内容	刀具路径
5	铣右端15mm×15mm键槽	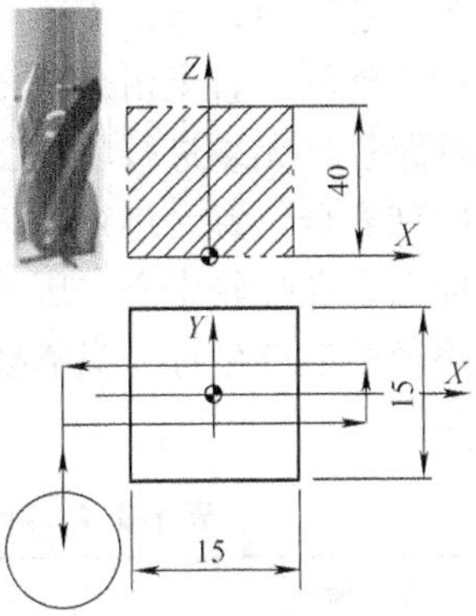
6	铣右端叶轮所在轴曲面	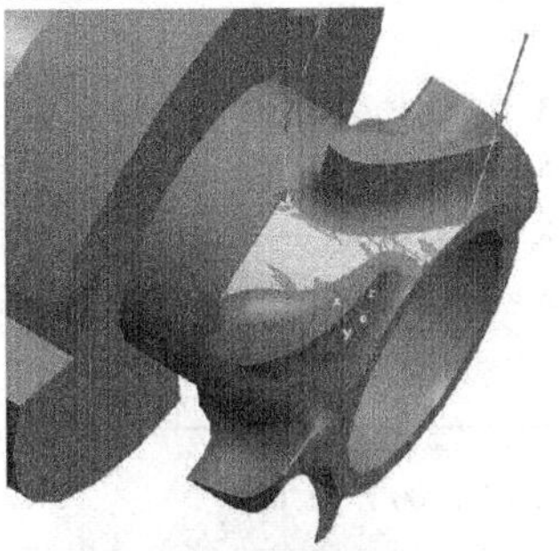
7	铣右端叶轮曲面	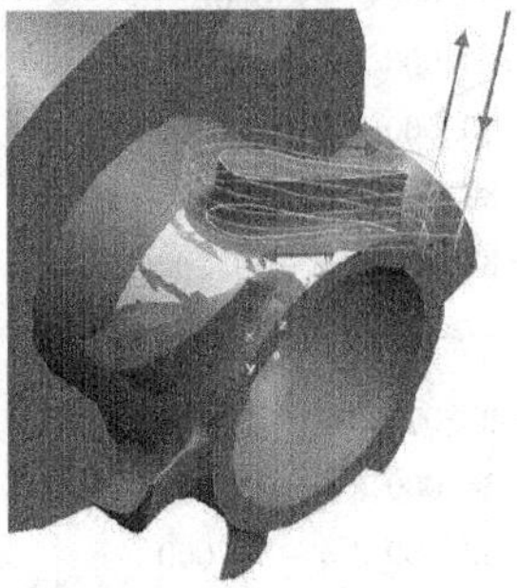
8	车左端 ϕ46.4mm 外圆、ϕ51.5mm 外圆及圆锥	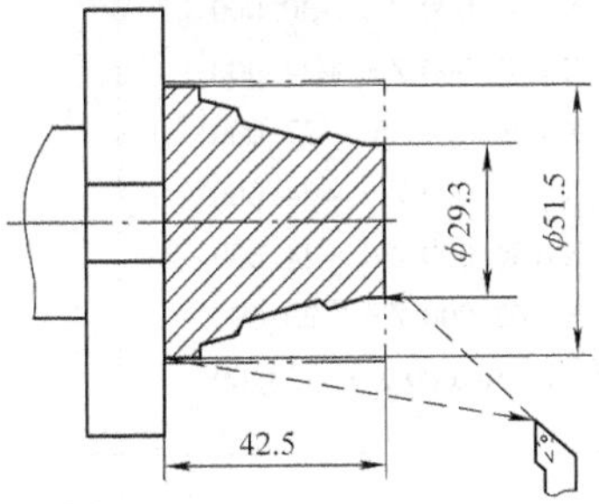
9	车左端ϕ18mm×6.5mm孔	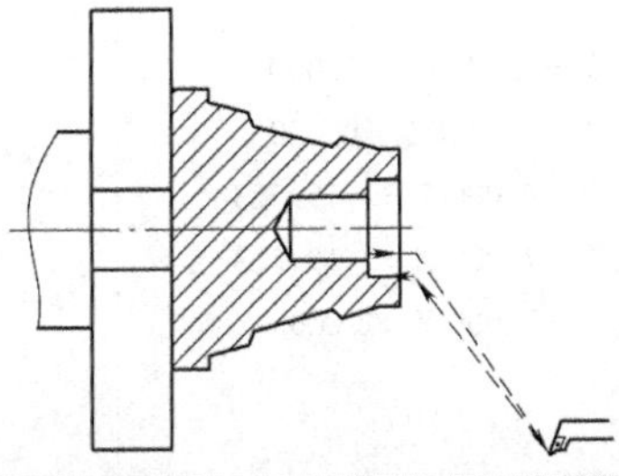

3. 计算节点坐标

该零件为单件生产，车削时以端面为设计基准，也是长度方向上的测量基准，车削时在数控车床上选用外圆车刀进行粗、精加工工件轮廓，工件坐标系原点分别设在工件端面圆心处。加工时应该分层粗加工外圆，直至留余量给精加工，可以采用数控系统的粗车循环功能指令自动生成粗加工的刀具路径，无须进行粗加工节点坐标计算，只需要计算精加工节点坐标，轮廓加工完毕后，刀架回到安全位置后进行换刀。铣削时在四轴联动加工中心上采用立铣刀和球头铣刀加工，工件坐标系设在叶轮中心，因叶轮曲面的加工采用软件辅助生成程序，所以不需要计算叶轮曲面刀具路径的节点坐标，只需要计算直槽铣削刀具路径的节点坐标。叶轮轴手工编程节点坐标见表4-3-4。

表4-3-4 叶轮轴手工编程节点坐标

序号	节点坐标	坐标说明
1	第1点坐标：X = 88.000 Z = 1.000 第2点坐标：X = 53.000 Z = 1.000 第3点坐标：X = 53.000 Z = −41.000 第4点坐标：X = 88.000 Z = −41.000	
2	第1点坐标：X = 88.000 Z = 1.000 第2点坐标：X = 60.000 Z = 1.000 第3点坐标：X = 60.000 Z = −33.000 第4点坐标：X = 80.000 Z = −33.000 第5点坐标：X = 80.000 Z = −50.000 第6点坐标：X = 88.000 Z = −50.000	
3	第1点坐标：X = 82.000 Z = −33.000 第2点坐标：X = 36.000 Z = −33.000 第3点坐标：X = 82.000 Z = −30.000 第4点坐标：X = 36.000 Z = −30.000 第5点坐标：X = 62.000 Z = −27.000 第6点坐标：X = 36.000 Z = −27.000 第7点坐标：X = 62.000 Z = −24.000 第8点坐标：X = 36.000 Z = −24.000 第9点坐标：X = 62.000 Z = −23.000 第10点坐标：X = 36.000 Z = −23.000	
4	第1点坐标：X = 33.466 Z = 1.000 第2点坐标：X = 33.466 Z = 0.000 第3点坐标：X = 8.000 Z = −19.523 第4点坐标：X = 7.000 Z = −19.523 第5点坐标：X = 7.000 Z = 1.000	

项目4　曲面类零件数控编程与加工

(续)

序号	节点坐标	坐标说明
5	第1点坐标：X = -13.500　Y = -13.500 第2点坐标：X = -13.500　Y = -7.500 第3点坐标：X = 13.500　Y = -7.500 第4点坐标：X = 13.500　Y = 7.500 第5点坐标：X = -13.500　Y = 7.500 （注：所有节点Z坐标均为26.500）	
6	第1点坐标：X = 29.300　Z = 1.000 第2点坐标：X = 29.300　Z = -3.500 第3点坐标：X = 33.254　Z = -10.900 第4点坐标：X = 29.986　Z = -12.532 第5点坐标：X = 37.986　Z = -27.501 第6点坐标：X = 42.446　Z = -28.100 第7点坐标：X = 46.400　Z = -35.500 第8点坐标：X = 51.500　Z = -35.500 第9点坐标：X = 51.500　Z = -42.500	
7	第1点坐标：X = 18.000　Z = 1.000 第2点坐标：X = 18.000　Z = -6.500 第3点坐标：X = 10.000　Z = -6.500 第4点坐标：X = 10.000　Z = 1.000	

4. 编写程序

(1) 手工编制数控车削部分加工程序

1) 车削左端 φ53mm × 41mm 工艺外圆的加工程序见表 4-3-5。

表 4-3-5　车削左端 φ53mm × 41mm 工艺外圆的加工程序

程序内容	程序说明
O4311	程序号
N10 T0101;	换1号刀（外圆车刀）
N20 M03 S800;	主轴正转
N30 G00 X88.0 Z1.0;	定位到循环起始点
N40 G71 U2 R1.0;	外圆粗车循环车削 φ53mm × 41mm 的外圆
N50 G71 P60 Q80 U0.6 W0.1 F320;	

(续)

程序内容	程序说明
N60 G00 X53.0;	φ53mm×41mm 工艺外圆轮廓精加工程序
N70 G01 Z-41.0 F150;	
N80 X88.0;	
N90 M03 S1500;	精加工主轴转速
N100 G70 P60 Q80;	精车 φ53mm×41mm 的外圆
N110 G00 X100.0 Z100.0	退回到安全位置
N120 M30;	程序结束

2) 车削右端轮廓加工程序见表 4-3-6。

表 4-3-6 车削右端轮廓加工程序

程序内容	程序说明
O4312	程序号
N10 T0101;	换 1 号刀
N20 M03 S800;	主轴正转
N30 G00 X88.0 Z1.0;	定位到循环起始点
N40 G71 U2 R1.0;	外圆粗车循环车削右端外圆
N50 G71 P60 Q100 U0.6 W0.1 F320;	
N60 G00 X60.0;	φ60mm×20mm、φ80mm×15mm 外圆轮廓精加工程序
N70 G01 Z-33.0 F150;	
N80 X80.0;	
N90 Z-50.0;	
N100 X88.0;	
N110 M01;	选择暂停、测量尺寸
N120 T0101;	修改刀具磨损量后重新建立刀具偏置值
N130 M03 S1500;	精加工主轴转速
N140 G70 P60 Q100;	精车 φ60mm×20mm、φ80mm×15mm 外圆轮廓
N150 G00 X100.0 Z100.0;	退回到安全位置
N160 T0202;	换 2 号刀（切槽刀）
N170 M03 S400;	主轴正转
N180 G00 X82.0 Z-33.0;	切 φ36mm×13mm 外槽
N190 G01 X36.0 F40;	
N200 X82.0;	
N210 W3;	
N220 X36.0;	
N230 X62.0;	
N240 W3;	
N250 X36.0;	

(续)

程序内容	程序说明
N260 X62.0;	切 φ36mm×13mm 外槽
N270 W3;	
N280 X36.0;	
N290 X62.0;	
N300 W3;	
N310 X36.0;	
N320 X62.0;	
N330 G00 X100.0 Z100.0;	退回到安全位置
N340 T0303;	换 3 号刀（内孔车刀）
N350 M03 S800;	主轴正转
N360 G00 X7.0 Z1.0;	定位到循环起始点
N370 G71 U2 R1.0;	内径粗车循环车削右端 $SR17mm$ 球面
N380 G71 P390 Q420 U0.3 W0.1 F240;	
N390 G00 X33.466;	$SR17mm$ 球面精加工程序
N400 G01 Z0.0 F75;	
N410 G03 X8.0 Z-19.523;	
N420 G01 X7.0;	
N430 M01;	选择暂停、测量尺寸
N440 T0303;	修改刀具磨损量后重新建立刀具偏置值
N450 M03 S1500;	精加工主轴转速
N460 G70 P5 Q10;	精车 $SR17mm$ 球面
N470 G00 Z100.0;	轴向退刀，返回到安全位置
N480 X100.0;	径向退刀，返回到安全位置
N490 M30;	程序结束

3) 车削左端轮廓加工程序见表 4-3-7。

表 4-3-7 车削左端轮廓加工程序

程序内容	程序说明
O4313	程序号
N10 T0101;	换 1 号刀
N20 M03 S800;	主轴正转
N30 G00 X55.0 Z1.0;	定位到循环起始点
N40 G71 U2 R1.0;	外圆粗车循环车削左端外圆
N50 G71 P60 Q150 U0.6 W0.1 F320;	
N60 G42 G00 X29.3;	φ46.4mm 外圆、φ51.5mm 外圆和圆锥面轮廓精加工程序
N70 G01 Z-3.5 F150;	
N80 X33.254 Z-10.9;	

(续)

程序内容	程序说明
N90 X29.986 Z-12.532;	ϕ46.4mm 外圆、ϕ51.5mm 外圆和圆锥面轮廓精加工程序
N100 X37.986 Z-27.501;	
N110 X42.446 Z-28.1;	
N120 X46.4 Z-35.5;	
N130 X51.5;	
N140 Z-42.5;	
N150 X55.0;	
N160 M01;	选择暂停、测量尺寸
N170 T0101;	修改刀具磨损量后重新建立刀具偏置值
N180 M03 S1500;	精加工主轴转速
N190 G70 P60 Q150 F150;	精车 ϕ46.4mm 外圆、ϕ51.5mm 外圆和圆锥面轮廓
N200 G00 X100.0 Z100.0;	退回到安全位置
N210 T0303;	换3号刀
N220 M03 S800;	主轴正转 800r/min
N230 G00 X10.0 Z1.0;	定位到循环起始点
N240 G71 U2 R1.0;	
N250 G71 P260 Q280 U0.3 W0.1 F240;	内径粗车循环车削左端孔
N260 G00 X18.0;	ϕ18mm×6.5mm 孔精加工程序
N270 G01 Z-6.5 F75;	
N280 X10.0;	
N290 M01;	选择暂停、测量尺寸
N300 M03 S1500;	精加工主轴转速
N310 T0303;	修改刀具磨损量后重新建立刀具偏置值
N320 G70 P260 Q280 F75;	精车 ϕ18mm×6mm 孔
N330 G00 Z100.0;	轴向退刀，返回到安全位置
N340 X100.0;	径向退刀，返回到安全位置
N350 T0404;	换4号刀（内螺纹车刀）
N360 M03 S300;	主轴正转 300r/min
N370 G00 X9.0 Z1.0;	定位到循环起始点
N380 G92 X10.4 Z-22 F1.75;	内螺纹车削循环车削左端 M12×1.75 螺孔
N390 X10.9	
N400 X11.3	
N410 X11.6	
N420 X11.85	
N430 X12.0;	
N440 G00 Z100.0;	轴向退刀，返回到安全位置
N450 X100.0;	径向退刀，返回到安全位置
N460 M30;	程序结束

项目 4　曲面类零件数控编程与加工

（2）手工编制数控铣削部分加工程序　右端键槽加工程序见表 4-3-8。

表 4-3-8　右端键槽加工程序

程序内容	程序说明	
O4321	主程序号	
N10 T08 M06；	换 8 号刀（立铣刀）	
N20 G54 G17 G80 G90；		
N30 G00 G43 Z100.0 H01 M03 S1500；	主轴正转，精加工转速 1500r/min（粗加工时转速 800r/min）	
N40 G00 X-13.5 Y-13.5；	定位到下刀点位置	
N50 G00 Z45.0；	快速下刀到安全高度	
N60 G01 Z31.0 F150；	进给下刀到切削起始层高度	铣削第一个键槽
N70 M98 P4320；	调用子程序铣削第一层轮廓	
N80 G01 Z26.5；	进给下刀到切削层高度	
N90 M98 P4320；	调用子程序铣削第二层轮廓	
N100 G68 X0.0 Y0.0 R120.0；	工件旋转 120°	铣削第二个键槽
N110 M98 P4320；	调用子程序铣削第一层轮廓	
N120 G01 Z26.5；	进给下刀到切削层高度	
N130 M98 P4320；	调用子程序铣削第二层轮廓	
N140 G68 X0.0 Y0.0 R240.0；	工件旋转 240°	铣削第三个键槽
N150 M98 P4320；	调用子程序铣削第一层轮廓	
N160 G01 Z26.5；	进给下刀到切削层高度	
N170 M98 P4320；	调用子程序铣削第二层轮廓	
N180 G00 G49 Z150.0；	快速抬刀到安全高度	
N190 M69；	取消旋转	
N200 M30；	主程序结束	
O4320	子程序号	
N10 G41 X-13.5 Y-7.5 D08；	建立刀具半径补偿（可改变刀补地址中设置值来实现粗精加工）	
N20 X13.5；	铣削右端键槽轮廓（含切向切入和切向切出）	
N30 Y7.5；		
N40 X-13.5；		
N50 G01 G40 Y-13.5；	取消刀具半径补偿	
N60 G00 Z31；	快速抬刀到切削起始层高度	
N70 M99；	子程序结束	

（3）采用 CAXA 制造工程师 2008 软件编制数控铣削部分加工程序

1）双击桌面上 CAXA 制造工程师 2008 软件图标，进入 CAXA 制造工程师 2008 主页面，如图 4-3-22 所示。

2）单击主页面上的"保存"图标，保存建立的文件，如图 4-3-23 所示。

3）单击主页面上的"零件特征"图标，进入软件造型页面，如图 4-3-24 所示。

4）单击主页面上的"绘制草图"图标，进入绘制草图页面，如图 4-3-25 所示。

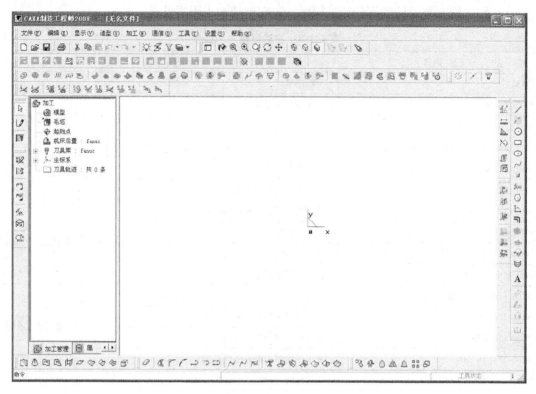

图 4-3-22 CAXA 制造工程师 2008 软件主页面

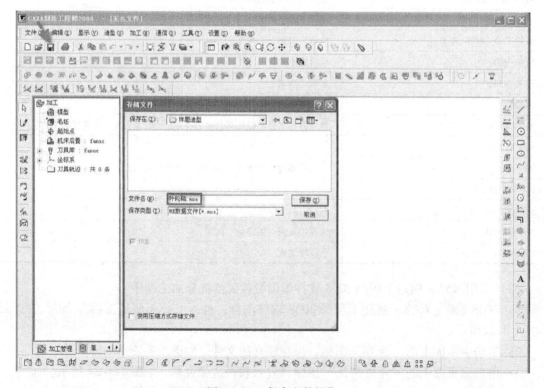

图 4-3-23 保存文件操作

项目 4　曲面类零件数控编程与加工

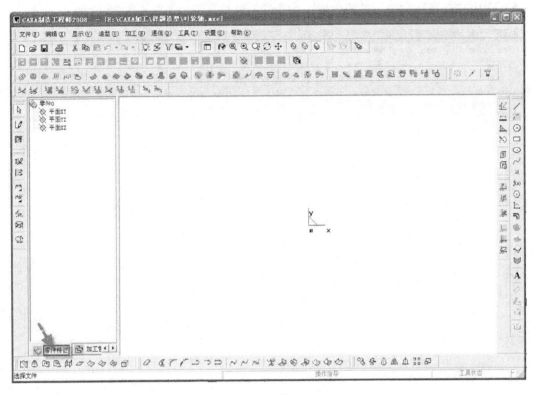

图 4-3-24　软件造型页面

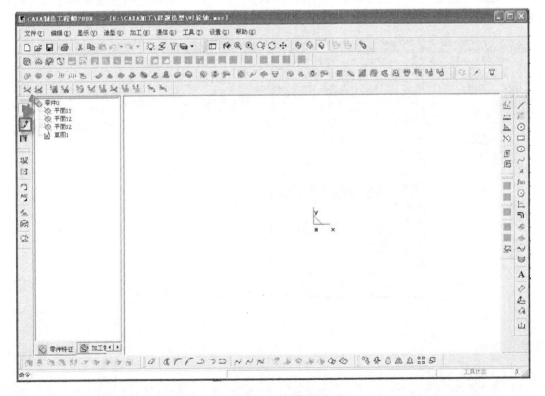

图 4-3-25　绘制草图页面

5）运用"造型"中的"曲线生成"命令绘制叶片草图，如图 4-3-26 所示。

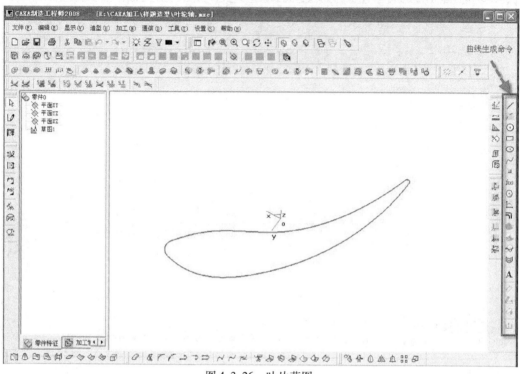

图 4-3-26　叶片草图

6）运用"造型"中"特征生成"中的"增料"中"拉伸增料"命令绘制单个叶片实体，设定拉伸增料参数，生成单个叶片实体，如图 4-3-27 所示。

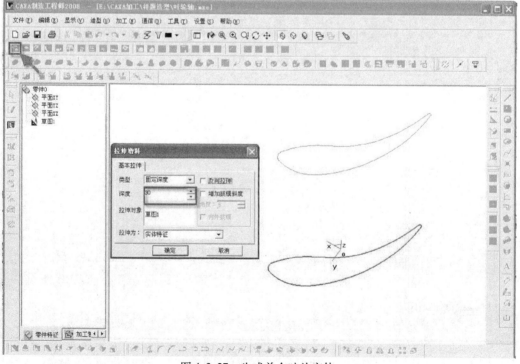

图 4-3-27　生成单个叶片实体

7）运用"造型"中"曲面生成"中的"实体表面"命令绘制单个叶片曲面，如图4-3-28所示。

图 4-3-28　绘制单个叶片曲面

8）运用"造型"中"几何变换"中的"旋转"命令绘制所有叶片曲面，设定旋转参数，生成叶片曲面，如图4-3-29所示。

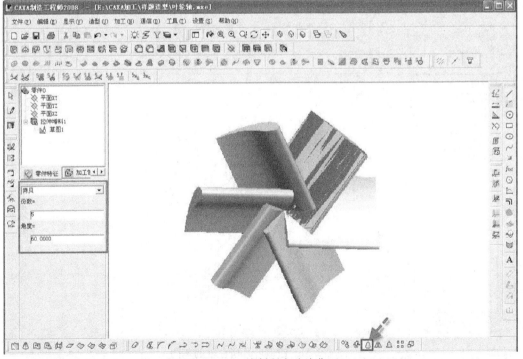

图 4-3-29　绘制所有叶片曲面

9)运用"造型"中"特征生成"中"增料"中的"曲面加厚"命令绘制所有叶片实体,设定曲面加厚参数,生成所有叶片实体,如图4-3-30所示。

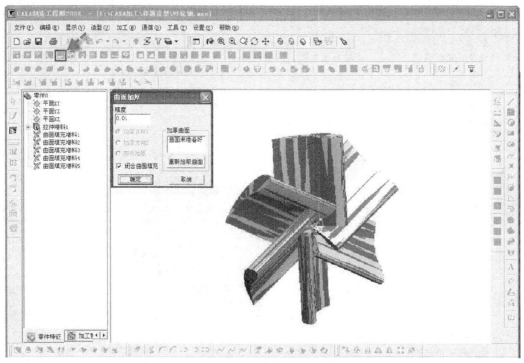

图4-3-30 绘制所有叶片实体

10)单击主页面上的"绘制草图"图标,进入软件绘制草图页面,运用"造型"中"曲线生成"中的"圆"命令绘制叶片所在轴的草图,如图4-3-31所示。

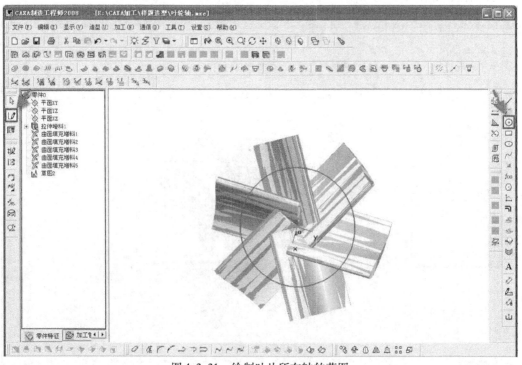

图4-3-31 绘制叶片所在轴的草图

11)运用"造型"中"特征生成"中"增料"中的"拉伸增料"命令绘制叶片所在轴的实体,设定拉伸增料参数,生成叶片所在轴的实体,如图 4-3-32 所示。

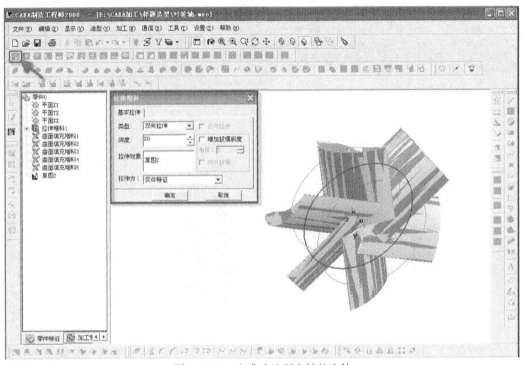

图 4-3-32　生成叶片所在轴的实体

12)单击主页面上的"绘制草图"图标,进入软件绘制草图页面,运用"造型"中"曲线生成"中的"矩形"命令绘制叶片外圆除料的草图,如图 4-3-33 所示。

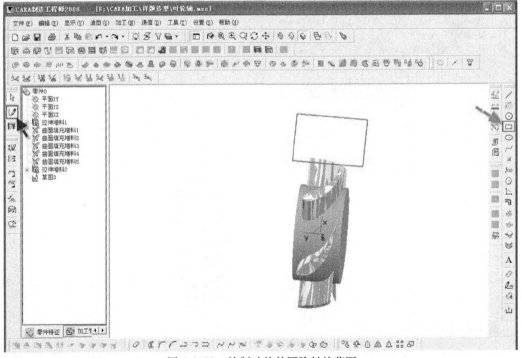

图 4-3-33　绘制叶片外圆除料的草图

13)退出软件绘制草图页面,运用"造型"中"曲线生成"中的"直线"命令绘制1条空间直线,如图4-3-34所示。

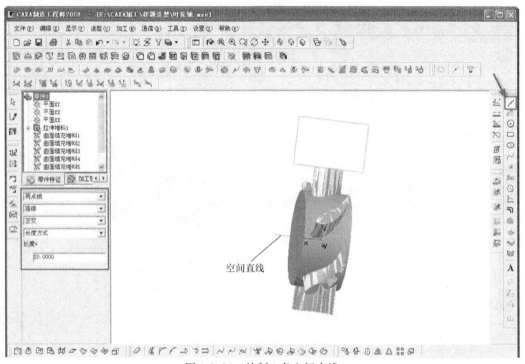

图4-3-34 绘制1条空间直线

14)运用"造型"中"特征生成"中"除料"中的"旋转"命令绘制叶片外圆表面,设定旋转除料参数,生成叶片外圆表面,如图4-3-35所示。

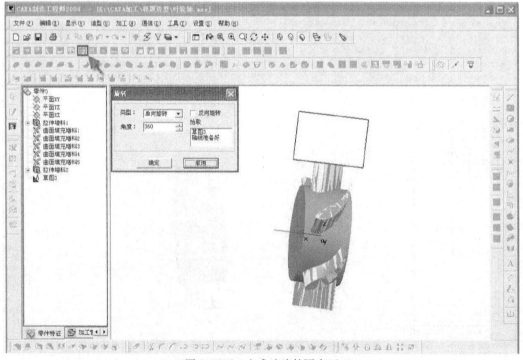

图4-3-35 生成叶片外圆表面

15）运用"造型"中"特征生成"中的"过渡"命令绘制叶片与所在轴外圆表面的连接曲面，拾取需要过渡的边，生成叶片与所在圆柱面的连接曲面，如图4-3-36所示。

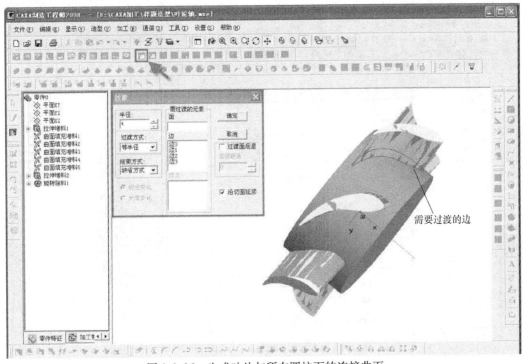

图4-3-36　生成叶片与所在圆柱面的连接曲面

16）运用"造型"中"曲面生成"中的"实体表面"命令绘制单个要加工的叶片所在轴圆柱面，如图4-3-37所示。

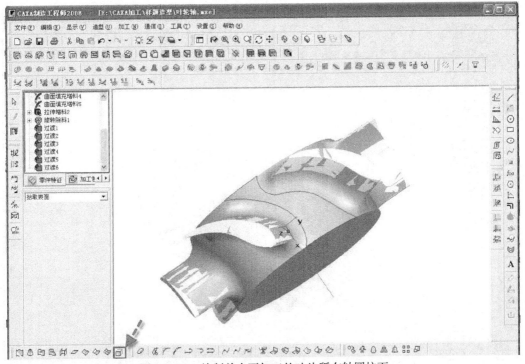

图4-3-37　绘制单个要加工的叶片所在轴圆柱面

17）运用"加工"中"多轴加工"中的"四轴平切面加工"命令对单个叶片所在轴外圆表面进行加工参数设定，如图 4-3-38 所示。

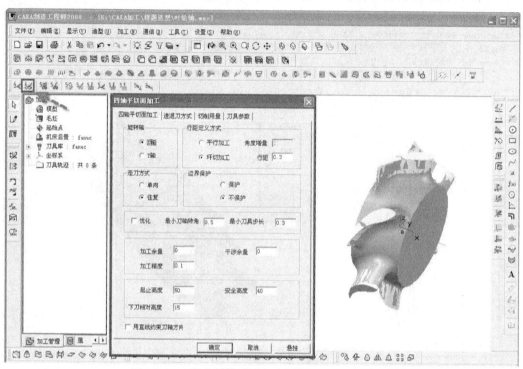

图 4-3-38　设定单个叶片所在轴外圆表面加工参数

18）拾取叶片所在轴外圆表面，设定刀具路径参数，生成单个叶片所在轴外圆表面的刀具路径，如图 4-3-39 所示。

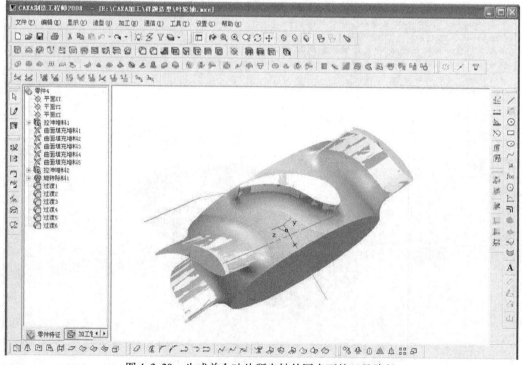

图 4-3-39　生成单个叶片所在轴外圆表面的刀具路径

19)运用"造型"中"曲线生成"中的"相关线"命令绘制单个叶片轮廓线,如图 4-3-40 所示。

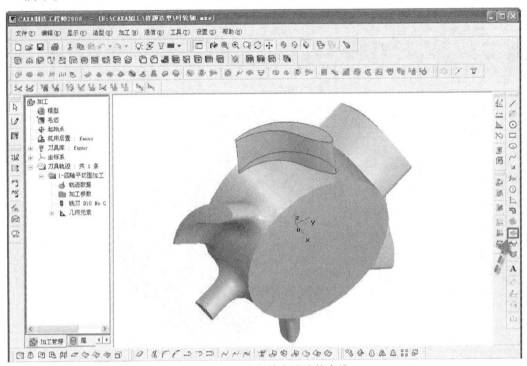

图 4-3-40 绘制单个叶片轮廓线

20)运用"造型"中"曲线生成"中的"圆"命令绘制叶片加工时的保护面圆,如图 4-3-41 所示。

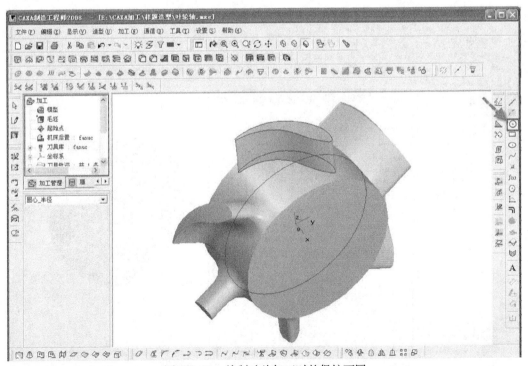

图 4-3-41 绘制叶片加工时的保护面圆

21) 运用"造型"中"曲面生成"中的"扫描面"命令绘制叶片加工时的保护面，设定相关参数，生成该保护面，如图 4-3-42 所示。

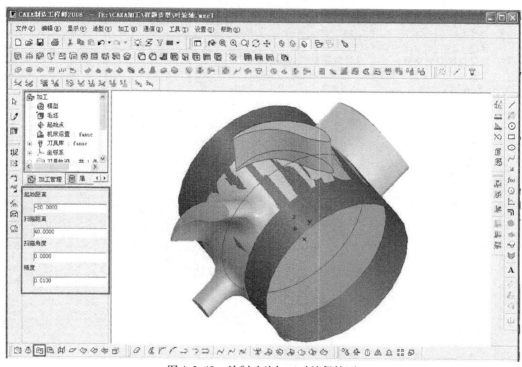

图 4-3-42　绘制叶片加工时的保护面

22) 运用"加工"中"多轴加工"中的"五轴侧铣加工"命令加工叶片，设定加工参数，如图 4-3-43 所示。

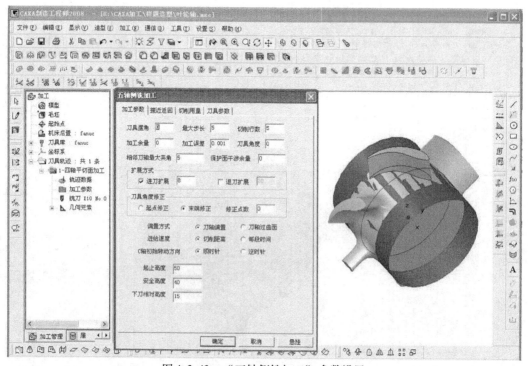

图 4-3-43　"五轴侧铣加工"参数设置

23) 拾取单个叶片对应的轮廓线，设定刀具路径参数，生成单个叶片的刀具路径，如图 4-3-44 所示。

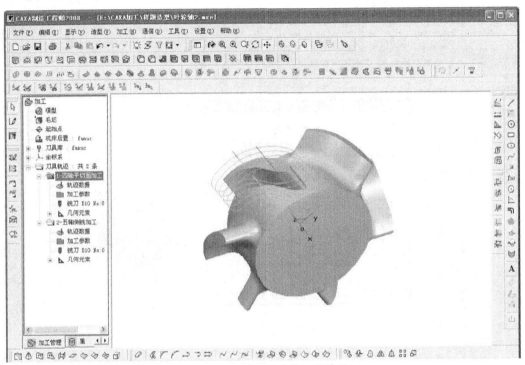

图 4-3-44　单个叶片的刀具路径

24) 生成单个叶片的刀具路径后使用"五轴转四轴轨迹"命令重新生成叶片刀具路径，再运用"造型"中"几何变换"中的"旋转"命令生成叶轮刀具路径，如图 4-3-45 所示。

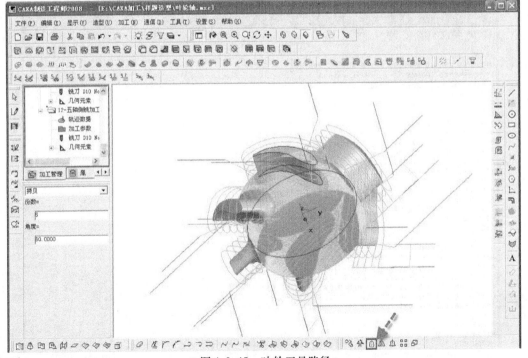

图 4-3-45　叶轮刀具路径

25）选择刀具路径，运用"加工"中的"生成后置代码"功能生成叶轮的加工程序，如图 4-3-46 所示。

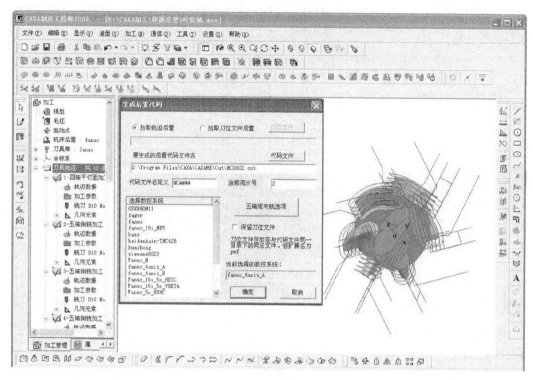

图 4-3-46　设置"生成后置代码"

26）所生成的叶轮加工程序如图 4-3-47 所示。

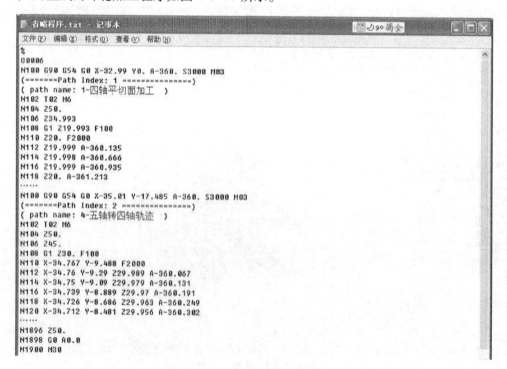

图 4-3-47　所生成的叶轮加工程序

项目4 曲面类零件数控编程与加工

步骤4 工具材料领用

完成本任务零件加工所需的工、刃、量、辅具清单见表4-3-9。

表4-3-9 工、刃、量、辅具清单

序号	名称	规格	数量	备注
1	卡盘钥匙	分别和数控车床、四轴联动加工中心上的卡盘匹配	各1把	
2	刀架钥匙	和数控车床刀架匹配	1把	
3	垫刀片	各种规格	若干	
4	指示表	0~8mm/0.01mm	1块	
5	磁性表座	CA-Z3	1套	
6	整形锉	5180mm（10支装）	1套	
7	外圆车刀	93°	1把	
8	切槽刀	3mm	1把	
9	内孔车刀	细杆	1把	
10	内螺纹车刀	60°	1把	
11	中心钻	A3	1把	
12	钻头	ϕ8mm、ϕ10.3mm	各1把	
13	立铣刀	ϕ10mm	1把	
14	球头铣刀	ϕ8mm	1把	
15	游标卡尺	0~150mm/0.02mm	1把	
16	螺纹塞规	M12×1.75	1套	
17	游标深度卡尺	0~200mm/0.02mm	1把	
18	R规	15.5~25mm	1副	
19	表面粗糙度样板	N0~N1 12级	1副	
20	材料	ϕ85mm×92mm 2A12	1段	
21	其他辅具	铜棒、铜皮、毛刷等；计算器、相关指导书等	套	选用

步骤5 零件加工

1）按照工、刃、量、辅具清单领取相应的工、刃、量、辅具。

2）开机上电。

3）复位。

4）返回机床参考点。

5）装夹工件毛坯。

6）装夹刀具并找正。

7）对刀，建立工件坐标系。

8）程序的输入。

9）程序校验。

10）零件加工。

11）零件测量。

12）校正刀具磨损值。

13）加工合格后对机床进行相应的保养。

14）按照工、刃、量、辅具清单归还相应的工、刃、量、辅具。

15）填写工作日志并关闭机床电源。

注意事项：

1）程序编好后，待教师检查无误方可运行。

2）运行时要用单段方式进行，且注意将机床的防护罩关闭。

3）出现紧急情况马上按急停按钮。

4）注意进给倍率的控制。

【检查评价】

加工完成后对零件进行去毛刺和尺寸的检测，叶轮轴零件检测的评分表见表4-3-10。

表4-3-10 叶轮轴零件检测的评分表

项目	序号	技术要求	配分	评分标准	得分
程序与工艺（15%）	1	程序正确完整	5	不规范每处扣1分	
	2	切削用量合理	5	不合理每处扣1分	
	3	工艺过程规范合理	5	不合理每处扣1分	
机床操作（20%）	4	刀具选择安装正确	5	不正确每次扣1分	
	5	对刀及工件坐标系设定正确	5	不规范每处扣1分	
	6	机床操作规范	5	不正确每次扣1分	
	7	工件加工正确	5	不正确每次扣1分	
工件质量（40%）	8	尺寸精度符合要求	30	不合格每处扣3分	
	9	表面粗糙度符合要求	8	不合格每处扣1分	
	10	无毛刺	2	不合格不得分	
文明生产（15%）	11	安全操作	5	出错全扣	
	12	机床维护与保养	5	不合格全扣	
	13	工作场所整理	5	不合格全扣	
相关知识及职业能力（10%）	14	数控加工基础知识	2	视情况酌情给分	
	15	自学能力	2		
	16	表达沟通能力	2		
	17	合作能力	2		
	18	创新能力	2		

【拓展训练】

根据图4-3-48所示小叶轮轴零件（叶轮数据参照图4-3-2b，改成5个叶片均布），编写其加工工艺、程序并加工。

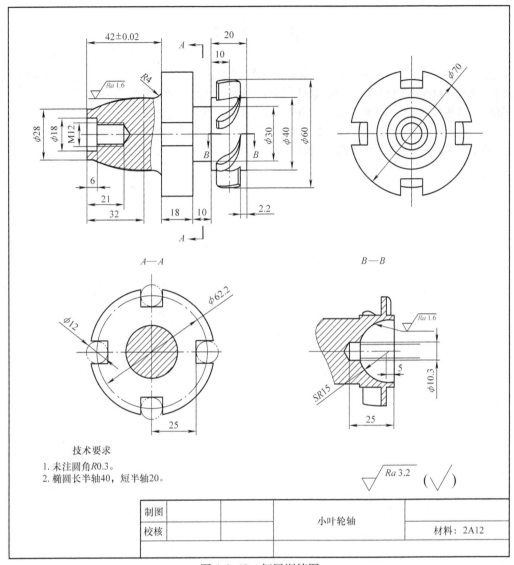

图 4-3-48　拓展训练图

教学实施建议：

1）本书建议采用行动导向的教学方法，按照咨询、计划、决策、实施、检查和评估的工作过程进行教学，在传授专业知识的同时提升学生的师范职业技能。

2）教学中采用小组工作法、案例法、项目教学法、探索法和角色扮演等方法，可以更好地使用本书。

3）教学过程中应以学生为主体、教师为主导，注意观察和引导学生，提升学生解决问题的能力。

4）学生的学习考核应包括过程考核和终结性考核，过程考核中可以采用学生自评、小组互评方式和教师终评相结合。

5）教师在教学中，尽量使用多媒体教学设备，配备丰富的课件、教学视频等教学辅助资源。

参 考 文 献

［1］孙连栋，王祥祯．数控车工实训［M］．北京：高等教育出版社，2011．
［2］汪程，顾晔．数控加工技术项目化实训教程［M］．南昌：江西高校出版社，2010．
［3］杨静云．数控编程与加工［M］．北京：高等教育出版社，2010．
［4］顾晔，张秀玲，金山．数控编程与操作［M］．北京：人民邮电出版社，2010．
［5］张文华，段明忠，刘战术．数控机床与操作［M］．武汉：华中科技大学出版社，2012．